U0315773

高职高专“十四五”规划教材

电子线路 CAD 项目化教程
——基于 Altium Designer 20 平台

主编　刘旭飞　刘金亭
参编　孙康明　龚猷龙

扫一扫查看
全书数字资源

扫一扫查看
附带彩图

扫一扫查看
配套视频

北　京
冶　金　工　业　出　版　社
2021

内容提要

Altium Designer 20 是 Altium 公司新推出的完整的板卡级设计系统，包括原理图设计、印制电路板（PCB）设计、混合信号电路仿真、布局前后信号完整性分析、规则驱动 PCB 布局与编辑、改进型拓扑自动布线及计算机辅助制造（CAM）输出和 FPGA 设计等。

本书以项目的形式系统地介绍了应用 Altium Designer 20 进行电路原理图设计、印制电路板（PCB）设计的方法和操作步骤，特别对 Altium Designer 20 新增功能做了透彻的讲解。全书内容编排由浅入深、结构合理、图文并茂，并配有丰富的教辅资料，含实战案例、配套微视频、习题以及教学使用 PPT 等。

本书可作为高职院校电子、通信、物联网及相关专业的教学用书和有关培训教材，也可供从事电子、电气、自动化设计工作的工程技术人员参考。

图书在版编目（CIP）数据

电子线路 CAD 项目化教程：基于 Altium Designer 20 平台/刘旭飞，刘金亭主编．—北京：冶金工业出版社，2021.6
高职高专“十四五”规划教材
ISBN 978-7-5024-8825-3

Ⅰ.①电… Ⅱ.①刘… ②刘… Ⅲ.①电子电路—计算机辅助设计—AutoCAD 软件—高等职业教育—教材 Ⅳ.①TN702

中国版本图书馆 CIP 数据核字（2021）第 092038 号

出版人　苏长永
地　　址　北京市东城区嵩祝院北巷 39 号　邮编　100009　电话　(010)64027926
网　　址　www.cnmip.com.cn　电子信箱　yjcbs@cnmip.com.cn
责任编辑　王　颖　美术编辑　吕欣童　版式设计　禹　蕊
责任校对　郑　娟　责任印制　李玉山
ISBN 978-7-5024-8825-3
冶金工业出版社出版发行；各地新华书店经销；三河市双峰印刷装订有限公司印刷
2021 年 6 月第 1 版，2021 年 6 月第 1 次印刷
787mm×1092mm　1/16；13.75 印张；329 千字；210 页
59.00 元

冶金工业出版社　投稿电话　(010)64027932　投稿信箱　tougao@cnmip.com.cn
冶金工业出版社营销中心　电话　(010)64044283　传真　(010)64027893
冶金工业出版社天猫旗舰店　yjgycbs.tmall.com
（本书如有印装质量问题，本社营销中心负责退换）

前　言

本书以2019年Altium公司推出的电子线路CAD软件Altium Designer 20软件为基础，介绍了该软件用于原理图和PCB的设计（含实战案例、配套微视频、习题以及PPT），是一本高职院校学生的教学用书。本书采用项目式，由浅入深、层层递进的方式编排。

本书分为6个项目，项目1为认识电子线路CAD，介绍了电子线路CAD的概念，常用电子线路CAD软件，Altium Designer发展历史和Altium Designer 20的特点；项目2通过绘制简单放大电路介绍了Altium Designer 20原理图编辑器的使用方法，原理图快捷菜单使用方法，如何绘制简单的原理图；项目3通过绘制单片机原理图的实例介绍了原理图库的制作，原理图绘制基本技巧，网络标记的使用等；项目4通过绘制蓄电池充电电路原理图介绍了层次化结构原理图的绘制方法，介绍了电气检查规则，绘图工具的使用，原理图编辑的高级技巧等；项目5通过简单的PCB设计介绍了SCH到PCB的基本流程，PCB文件的建立，PCB库的制作，以及PCB设计的基本流程；项目6通过STM32工程实例综合了前面5个项目的知识点，进一步介绍了原理图的设计，原理图库的制作，原理图库和PCB库的映射，集成库的制作，PCB设计的总体流程、实例简介、创建工程文件、位号标注及封装匹配、原理图编译及导入、板框绘制、电路模块化设计、器件模块化布局、PCB的叠层设置、PCB布线、PCB设计后期处理（铺铜和泪滴）、生产文件的输出、STM32检查表等步骤来演示整个设计过程。实例讲解过程包含了工程设计经验，能够帮助读者快速地掌握PCB设计知识点。

本书由重庆工商职业学院刘旭飞、刘金亭担任主编，其中，项目1由刘金亭、孙康明、龚猷龙共同编写，项目2、项目3由刘金亭编写，项目4、项目5、项目6由刘旭飞编写。本书在编写过程中，得到了PCB工程师甘云萍的技术支持，参考了有关学者的文献资料，在此一并表示真诚谢意。

本书使用的原理图图形和PCB图形来自Altium Designer软件库里的图形或工程应用中符合行业规范的自制通用图形，特此证明。

由于编者水平所限，书中不足之处，敬请广大读者批评指正。

编　者

2021年1月

目　录

项目 1　认识电子线路 CAD

【教学方式】

采取实物演示的方式引入本项目，通过印制电路板，引入电子线路 CAD 的概念，教师讲授电子线路 CAD 的软件特点等，然后演示操作软件安装和使用，建议学时为 3 学时。

【项目任务】

- 了解电子线路 CAD 的发展历史和各种软件的优缺点；
- 了解 Altium Designer 20 设计电路原理图的基本流程。

【教学目标】

知识目标

- 了解电子线路 CAD 的概念。
- 了解各种电子线路 CAD 软件的特点。
- 了解电子线路 CAD Altium Designer 的发展历史。

技能目标

- 学会 Altium Designer 20 的安装。
- 掌握 Altium Designer 20 的基本使用流程。

1.1　理论知识学习

1.1.1　电子线路 CAD 概念

CAD 是计算机辅助设计（Computer Aided Design）的简称，电子线路 CAD 的基本含义是使用计算机来完成电子线路设计的过程，包括了元器件电气图形符号的创建、电路原理图的编辑、电路功能仿真、工作环境模拟、PLD 以及 FPGA 器件仿真与编程、印制电路板设计（自动布局、自动布线）与检测（布局、布线规则的检测和信号完整性分析）等。电子线路 CAD 软件还能迅速形成各种各样的报表文件，如用于采购生产的元器件清单报表，用于生产测试的光绘文件等。电子线路 CAD 最终的目的是设计生产出可用的印制电路板。印制电路板又称印刷电路板、印刷线路板（Printed Circuit Board），英文简称 PCB，是重要的电子部件，是电子元器件的支撑体，是电子元器件电气连接的提供者。由于它是采用电子印刷术制作的，故被称为“印刷”电路板，所有的元器件焊接在印刷电路板上后才能更好地、长久地工作，因此印刷电路板的制作非常重要。

在印制电路板出现之前，电子元器件之间的互连都是依靠面包板通过电线直接连接实现的。而现在，电路面包板只是作为一种实验工具而存在，印制电路板在电子工业中已经占据了绝对统治的地位。

印制电路板的设计是以电路原理图为根据，实现电路设计者所需要的功能。印制电路板的设计主要指PCB设计，需要考虑PCB外部连接的布局、PCB电子元器件的优化布局、电磁辐射、功耗散热、经济性等。

1.1.2 常用电子线路CAD软件简介

电子线路CAD设计软件目前常用的有立创EDA、Mentor PADS、Cadence、Altium Designer等。

立创EDA前身是EasyEDA，基于JavaScript，完全由中国团队独立研发，并拥有完全的独立自主知识产权的EDA工具。立创EDA专注于国内，EasyEDA专注于国外，立创EDA也是国内最领先的云端PCB设计工具，拥有强大的库文件，协同开发等功能，其简单易学，高效的设计方式广受电子工程师和学生的喜爱。立创EDA算是互联网上一个特别存在的PCB设计软件，不仅终生免费，无版权困扰，而且功能十分强大，每个阶段都提供了虚拟环境，其中包括PCB封装库设计、原理图编辑器、PCB编辑器、生产效果预览、多种文件的导入导出。与大多数本地软件不同的是，立创EDA采用的是在线设计的方式，所有文件都实时存储在云端服务器上，不用担心遗失等情况，只需登录账户，无论是出差、回家加班做项目，都十分方便。

PADS软件是MentorGraphics公司的电路原理图和PCB设计工具软件。目前该软件是国内从事电路设计的工程师和技术人员主要使用的电路设计软件之一，是PCB设计高端用户最常用的工具软件。PADS作为业界主流的PCB设计平台，以其强大的交互式布局布线功能和易学易用等特点，在通信、半导体、消费电子、医疗电子等当前最活跃的工业领域得到了广泛的应用。PADS Layout/Router支持完整的PCB设计流程，涵盖了从原理图网表导入，规则驱动下的交互式布局布线，DRC/DFT/DFM校验与分析，直到最后的生产文件（Gerber）、装配文件及物料清单（BOM）输出等全方位的功能需求，确保PCB工程师高效率地完成设计任务。

Cadence（Cadence Design Systems，Inc；NASDAQ：CDNS）是一个专门从事电子设计自动化（EDA）的软件公司，由SDA Systems和ECAD两家公司于1988年兼并而成，1992年进入国内。是全球最大的电子设计技术（Electronic Design Technologies）、程序方案服务和设计服务供应商。其解决方案旨在提升和监控半导体、计算机系统、网络工程和电信设备、消费电子产品以及其他各类型电子产品的设计。产品涵盖了电子设计的整个流程，包括系统级设计、功能验证、IC综合及布局布线、模拟、混合信号及射频IC设计、全定制集成电路设计、IC物理验证、PCB设计和硬件仿真建模等。其总部位于美国加州圣何塞（San Jose），在全球各地设有销售办事处、设计及研发中心。Cadence allegro高速信号设计是实际上的工业标准，PCB Layout功能非常强大。仿真方面也非常强大，自带仿真工具，可实现信号完整性仿真，电源完整性仿真。据统计，60%的电脑主板、40%的手机主板都是Cadence画的，可见它的市场占有率有多高。

Altium Designer的前身是Protel，从最初的TANGO版本到Protel 99 SE，是最早的EDA软件，在2004年推出了风靡一时的Protel DXP 2004版本。在很多大学里都有Protel DXP

2004 软件的课程，但是不得不承认，Protel DXP 2004 在 EDA 软件家族中的确是非常低端的软件之一，制作单面板、两层板尚能得心应手，但是 4 层就开始感觉到不好用了，更多层就更不必说了，如果面对高频、高速的多层板，Protel DXP 2004 就力不从心了。但是现在使用 Protel DXP 2004 的人还是有一定规模的，学习 Protel DXP 2004 是学习高端 PCB 软件的基础。而现今的 Protel DXP 2004 已发展到 Altium Designer 系列，Altium Designer 就是 DXP 的延伸，Altium Designer 不再是只适合设计简单以及中端的 PCB，Altium Designer 一直在往高速、高密度、软硬结合、团队协同、ECAD/MCAD 协同等复杂 PCB 设计方面发展，为了挤进利润丰厚的高端 EDA 市场，近几年，Altium Designer 不断更新，不断增加功能。从单板到多板、软硬结合板的设计，从低频到高速，从 FPGA 逻辑设计一直到强大的 3D PCB 设计功能，Altium Designer 的功能日趋丰富。该系列是个庞大的 EDA 软件，是个完整的板级全方位电子设计系统，它包含了电路原理图绘制、模拟电路与数字电路混合信号仿真、多层印制电路板设计（包含印制电路板自动布线）、可编程逻辑器件设计、图表生成、电子表格生成、支持宏操作等功能，并具有 Client/Server（客户/服务器）体系结构，同时还兼容一些其他设计软件的文件格式，如 ORCAD、PSPICE、EXCEL 等，其多层印制电路板的自动布线可实现高密度 PCB 的 100%布通率。

1.1.3 Altium Designer 简述

1.1.3.1 发展历史

Altium Designer 是澳大利亚的 Altium 公司推出的强大的 EDA 设计软件，Altium 公司的前身为 Protel 国际有限公司，由 Nick Martin 于 1985 年始创于澳大利亚塔斯马尼亚州霍巴特，致力于开发基于 PC 的软件，为印制电路板提供辅助设计。公司总部位于澳大利亚悉尼，Protel 国际有限公司于 2001 年变更为 Altium 公司。

1988 年，美国 ACCEL Technologies Inc 推出了第一个应用于电子线路设计软件包——DOS 版 EDA 设计软件：TANGO；后来，Protel 国际有限公司推出 Protel for DOS；1991 年，Protel 国际有限公司推出 Protel for Windows；1998 年，Protel 国际有限公司推出 Protel 98；它是第一个包含 5 个核心模块的 EDA 工具，这 5 种核心 EDA 工具包括原理图输入、可编程逻辑器件设计（PLD）、仿真、板卡设计和自动布线；1999 年，Protel 国际有限公司推出 Protel 99；功能进一步完善，从而构成从电路设计到板级分析的完整体系；2000 年 Protel 国际有限公司推出 Protel 99 SE；性能又进一步提高，可对设计过程有更大的控制力。

2002 年，Altium 公司推出 Protel DXP；引进“设计浏览器（DXP）”平台，允许对电子设计的各方面（如设计工具、文档管理、器件库等）进行无缝集成，它是 Altium 建立涵盖所有电子设计技术的完全集成化设计系统理念的起点；2004 年，Altium 公司推出 Protel 2004，对 Protel DXP 进一步完善；2006 年，Altium 公司推出 Altium Designer 6.0；2019 年 12 月 3 日，Altium 正式推出了新版 PCB 设计软件 Altium Designer 20。Altium Designer 20 博采众长，吸收了 Orcad、Cadence Allegro 的一些优点，修正了自己的一些缺点，逐渐占领一些小的企业市场，新的版本进一步节省了布线时间。

1.1.3.2 Altium Designer 功能

（1）元器件库管理。Altium Designer 提供完整的器件库管理方法，可快速、便捷、灵活地搜索器件，并自动生成设计库文件报告。其具体内容有：包含原理图元器件符号与 PCB 封装器件的集成库；可智能创建原理图符号库和 PCB 封装库；查找供应商器件库；IPC 标准封装向导；完全数据库驱动的器件信息系统数据库（DBLib）；版本可控的元器件库。

（2）原理图设计。可导入其他版本的设计项目；多样化工程管理模式；原理图环境中的 PCB 规则定义；高亮显示联通网络；强大的全局编辑功能；在工程中链接相关文档；可传输数据的智能粘贴；多种文件格式输出；材料清单 BOM 输出；开放总线 OpenBus 系统；版本控制；原理图层次化设计。

（3）PCB 设计。差分对布线；蛇形走线功能；交互式长度调整；总线布线；智能走线；支持 BGA 逃逸式布线；推挤功能及绕线引擎；PCB 走线切割和智能拖曳；自定义交互式布线；阻抗布线功能；图形硬件加速器（DirectX）；增强敷铜管理系统；敷铜多边形放置和编辑；器件重新装配；图元文件粘贴；显示动态网络；支持 TrueType 字体；反转文本；槽形和方形焊孔；PCB 翻转布局布线；提供 Board Insight™洞察功能；PCB 放大镜功能；增强的 PCB 设计规则检查；自动布线支持；PCB 中拼板功能。

（4）信号仿真与分析。新增 SIMetrix/SIMPLIS 仿真引擎；仿真分析；支持 PSPICE 仿真模型；确保高速信号的完整性分析。

（5）FPGA 设计。跨平台的 FPGA 设计；虚拟仪器实时交互式调试；边界扫描 Live 交互式调试；图形化的系统控制功能；混合 HDL 和原理图输入；原理图、PCB 和 FPGA 协同设计；嵌入式软件设计；嵌入式软硬件系统协同设计；在物理层调试 JTAG 器件；新增 FPGA 外设核；NanoBoard-NB2。

（6）CAM 输出制造。支持 274X 格式的 Gerber 文件输出及查看；支持 Gerber 文件的编辑修改；支持 DFM 设计；支持 CAM 文件转换 PCB 文件。

（7）机电一体化设计。融合 ECAD-MCAD 的设计集成；机电一体化设计流程；支持 3D 数据中的新一代 STEP 格式；3D 显示面板。

1.1.3.3 Altium Designer 20 特点

随着元器件技术的改进和持续提高产品性能的需求，高速信号设计也日益常见。Altium Designer 对高速设计也提供了越来越多强有力的支持，在 Altium Designer 中，包含多个网络和系列元器件的信号路径可被定义为扩展信号，也称为 xSignals，它可以作为高速设计规则的目标对象。器件本身造成的信号延迟通常称为引脚/封装延迟，现在可在整个 xSignal 长度中体现这种延迟。智能 xSignals 向导可根据用户指示迅速检测和定义大量的 xSignals，通过启发式的操作指示，能够为 DDR3/DDR4 接口标准及其他接口类型创建 xSignal。对差分对等长匹配的改进，提高了差分对之间和差分对内部的长度匹配速度和精度。

在 Altium Designer 16 版本的时候，Altium 与知名的三维电磁仿真软件公司 CST 合作，将 CST 的场解器整合到 Altium Designer 设计软件中，Altium Designer 也拥有了信号完整性/电源完整性的仿真功能，已经在向高端 EDA 软件看齐。

从 Altium Designer 17 版本开始，Altium Designer 加入了 64 位系统的支持，当然，像 XP 这样的系统就无法享用了。增强型交互式布线工具、先进的层堆管理、新的元器件搜索面板、ActiveBOM 等新特性都非常好用。由于增加过多新的高级功能，Altium Designer 也引入了很多 BUG，运行速度也比较耗计算机的资源，这也是新的 Altium Designer 版本被人诟病的地方。不过，对比 Altium Designer 每更新一次版本，相对来说，布线和修线效率明显提高了许多，当然，在选中元器件开始计算走线的那一瞬间，还是有个等待时间，不过等待的时间已经很短了。

同时，Altium Designer 20 还带来了若干新的改进，如下所述。

（1）交互式布线的改进：新的“推挤”功能的改进可对复杂的高密度互连板进行走线，即使是简单的 PCB，相对过往，设计时间也可缩短 20%以上，表现非常优秀，推挤功能如图 1-1 所示。

对走线进行编辑以改善信号完整性是很耗费时间的，尤其是必须对单个弧线以及蛇形调整线进行编辑的时候。Altium Designer 20 合并了新的布线优化引擎和高级的推挤功能以帮助加快该过程，从而提高生产率，优化布线如图 1-2 所示。

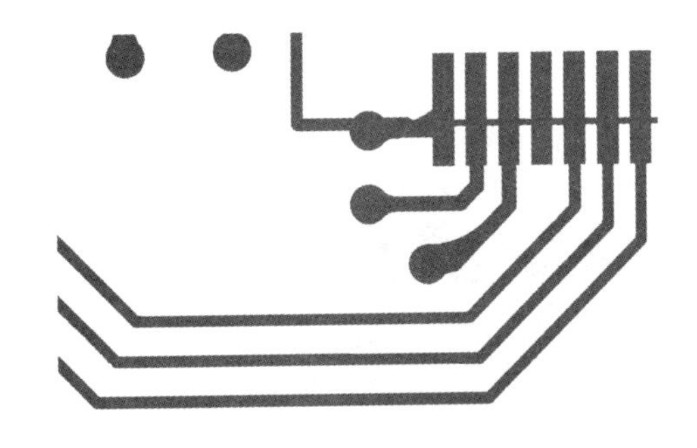

图 1-1　推挤功能

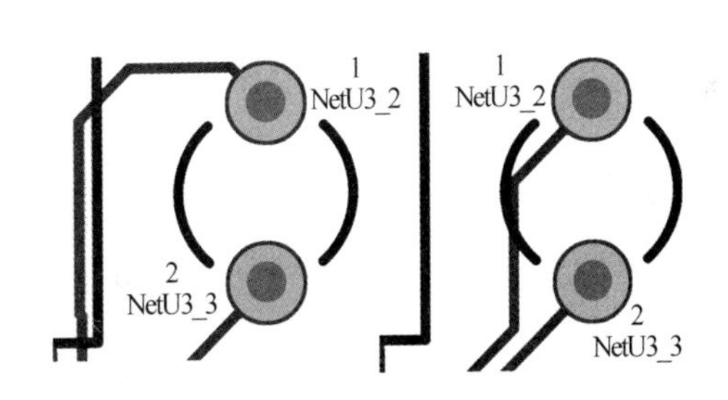

图 1-2　优化布线

（2）新的针对高速 PCB 优化的布线功能：加入 DDR 3/4/5、100GBit 以太网和 SerDes PCIe 4.0/5.0 的高密度和高速板的设计支持。

（3）基于时间的长度匹配：高速数字电路取决于准时到达的信号和数据。如果走线调整不当，飞行时间会有所变化，并且数据错误可能会很多。Altium Designer 20 计算走线上的传播时间，并为高速数字信号提供同步的飞行时间，时间长度匹配如图 1-3 所示。

（4）多板组件设计：最新版本利用 ActiveBOM 功能，包括 BOM 搜索、BOM 规则检查和在线元器件选择，还能导出 3D PDF 文档。

（5）全新的高压设计功能：对于需要进行高压设计的应用场景，Altium Designer 20 提供了新的爬电设计规则，有助于在整个 PCB 表面保持高压间隙，以防止电源和混合信号设计的电弧隐患。几乎所有 PCB 设计软件工具都将所有间隔通称为间距 Clearance。实际上一切在绝缘表面上的导电对象之间应用的间距，比如焊盘到焊盘，焊盘到导线，导线到导线的间隔参数，都是爬电距离，而不是常说的间距，通过空气在导电元器件之间的间隔才是间距。毫无疑问，通用术语“间距规则（Clearance）”将继续用于工程师的设计和 EDA 工具中，作为通常意义下的间距（不管它到底是爬电距离 creepage 还是间距 Clearance），爬电距离如图 1-4 所示。

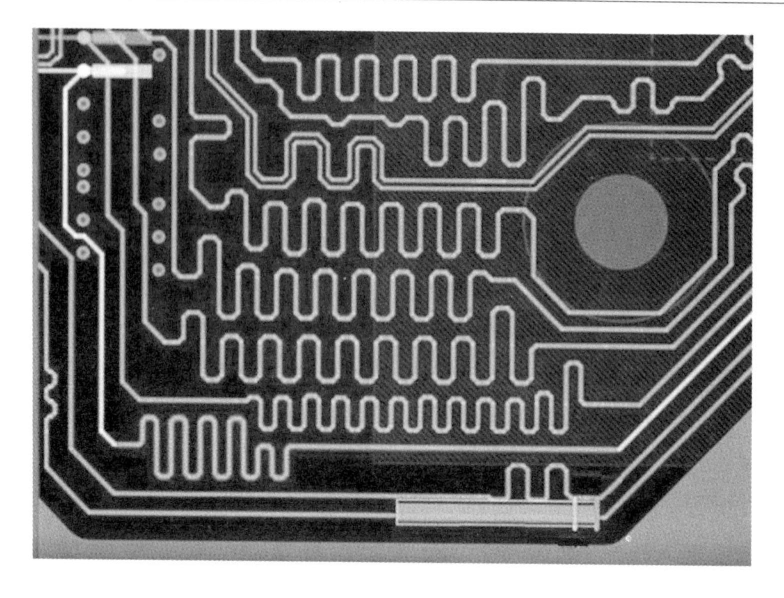

图 1-3　时间长度匹配

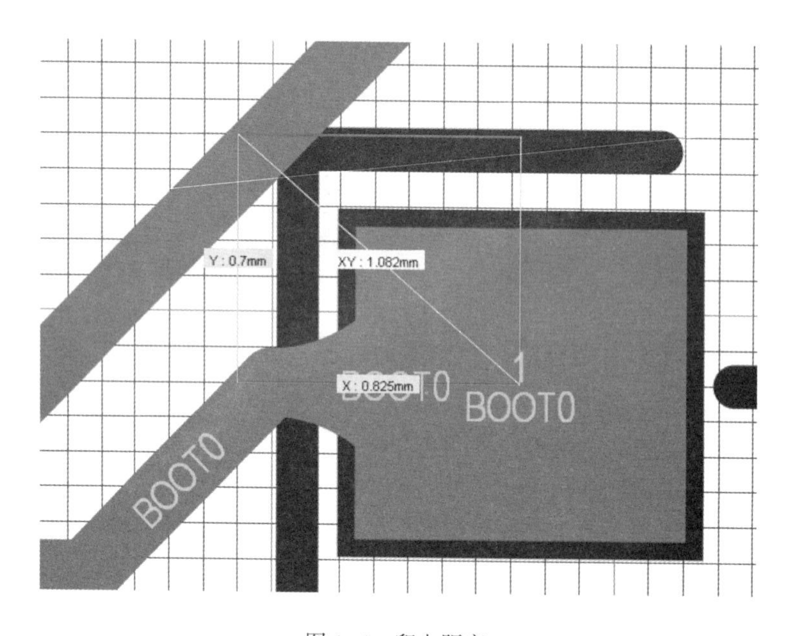

图 1-4　爬电距离

(6) 任意角度布线：在高密度板上绕开障碍物进行专业操作，并且深入到 BGA 中走线，从而无须额外的信号层。借助智能避障算法，可以使用切向弧避开障碍物，从而最有效地利用您的电路板空间。不光走线的过程中可以任性地以任意角度走线，自动使用切线和弧线在走线过程中遵守规则保持安全间距，对于之前已经走好的折来折去不够机动灵活的走线可以一键修正，任意角度布线如图 1-5 所示。一键修正如图 1-6 所示。

1.1.3.4　Altium Designer 安装

(1) 解压安装软件，找到 AltiumDesigner20Setup. exe 可执行文件，双击，弹出窗口，

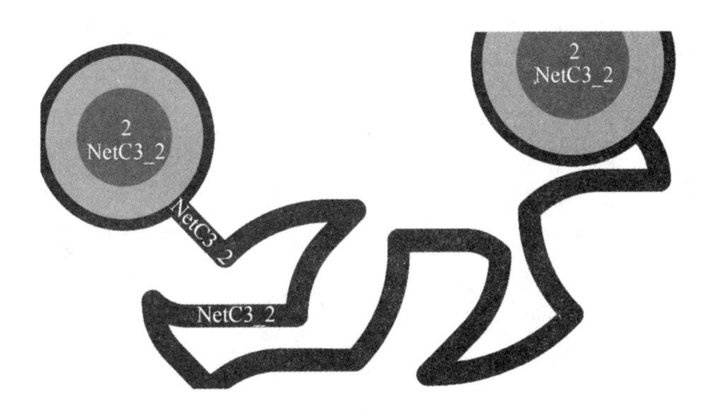

图 1-5 任意角度布线

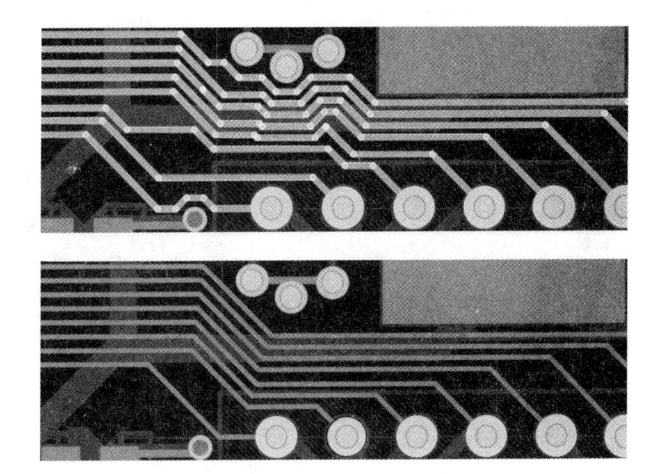

扫一扫查看
软件安装与设置

图 1-6 一键修正

如图 1-7 所示。

(2) 界面提示：单击“下一步”按钮继续，如果退出选择取消安装，选择“Next”继续安装，弹出窗口如图 1-8 所示。

(3) 这时候可以选择语言为 Chinese，用户许可协议将变为中文说明，勾选“I accept the agreement”，单击下一步，弹出窗口如图 1-9 所示。

(4) 继续单击“Next”按钮，显示图 1-9 所示安装功能选择对话框，选择需要安装的组件功能。一般选择安装图示箭头指示的 PCB Design、Importers \ Exporters 两项即可，弹出窗口如图 1-10 所示。

(5) 如图 1-10 所示，选择“安装路径”对话框，选择安装路径和共享文件路径，推荐使用默认设置的路径，也可以选择 D 盘目录安装，弹出窗口如图 1-11 所示。

(6) 单击“Next”按钮，安装开始，等待几分钟，如图 1-12 所示。

(7) 安装完成，不要运行（勾选），有些用户电脑应配置要求，会自动安装“Microsoft NET4. 6. 1”插件，安装之后重启电脑或者会出现如图 1-13 所示安装完成界面，表示安装成功。

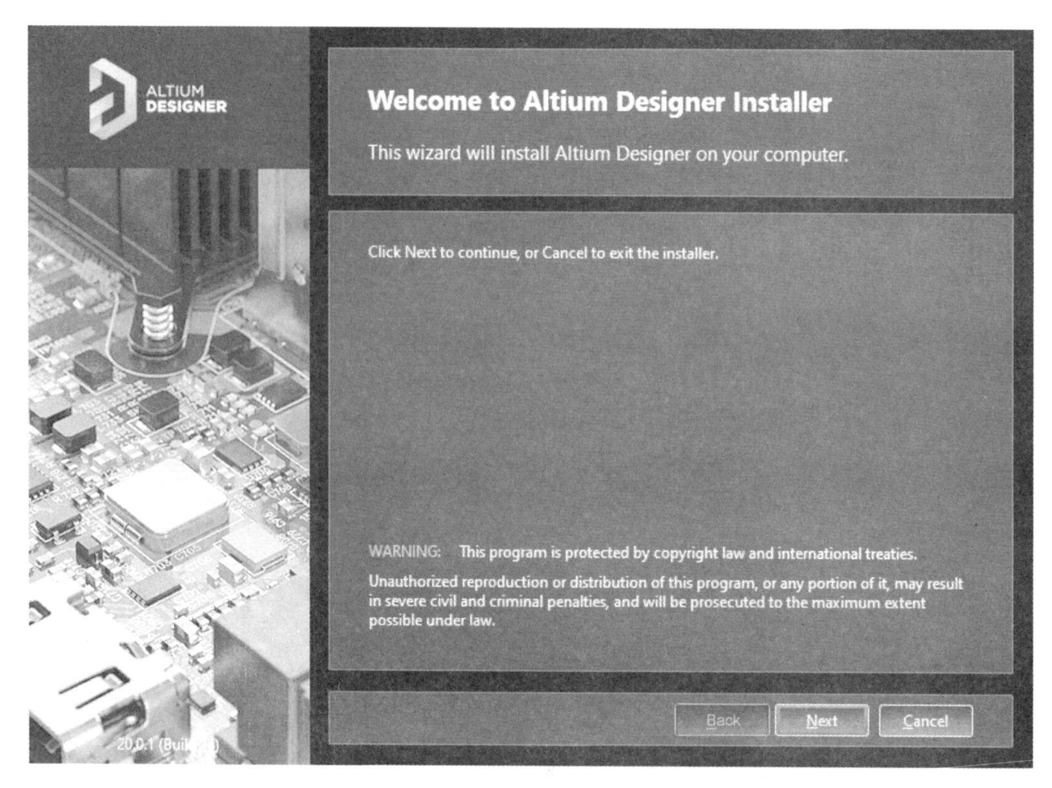

图 1-7　安装示意图

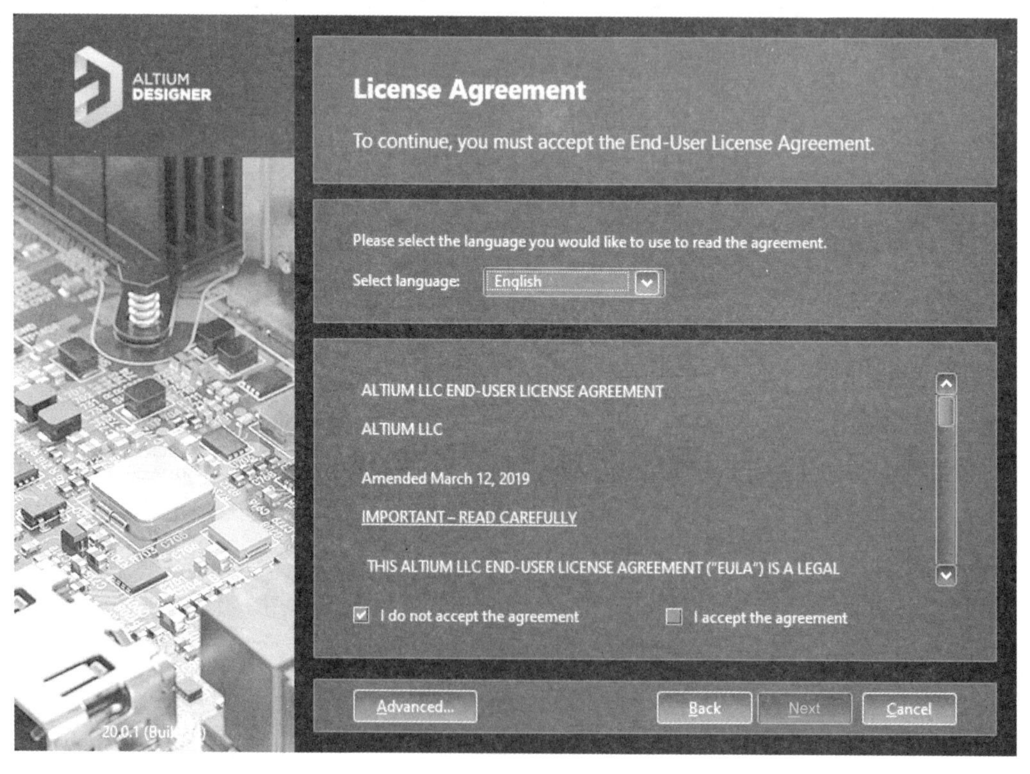

图 1-8　License 协议

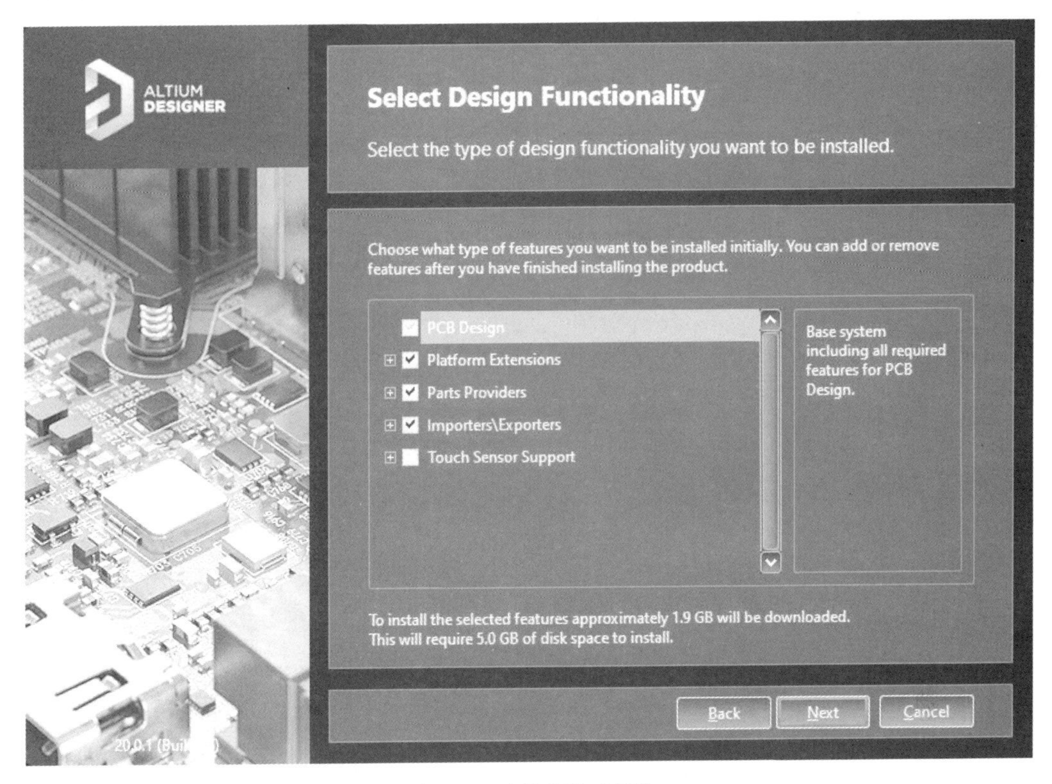

图 1-9 选择安装功能块

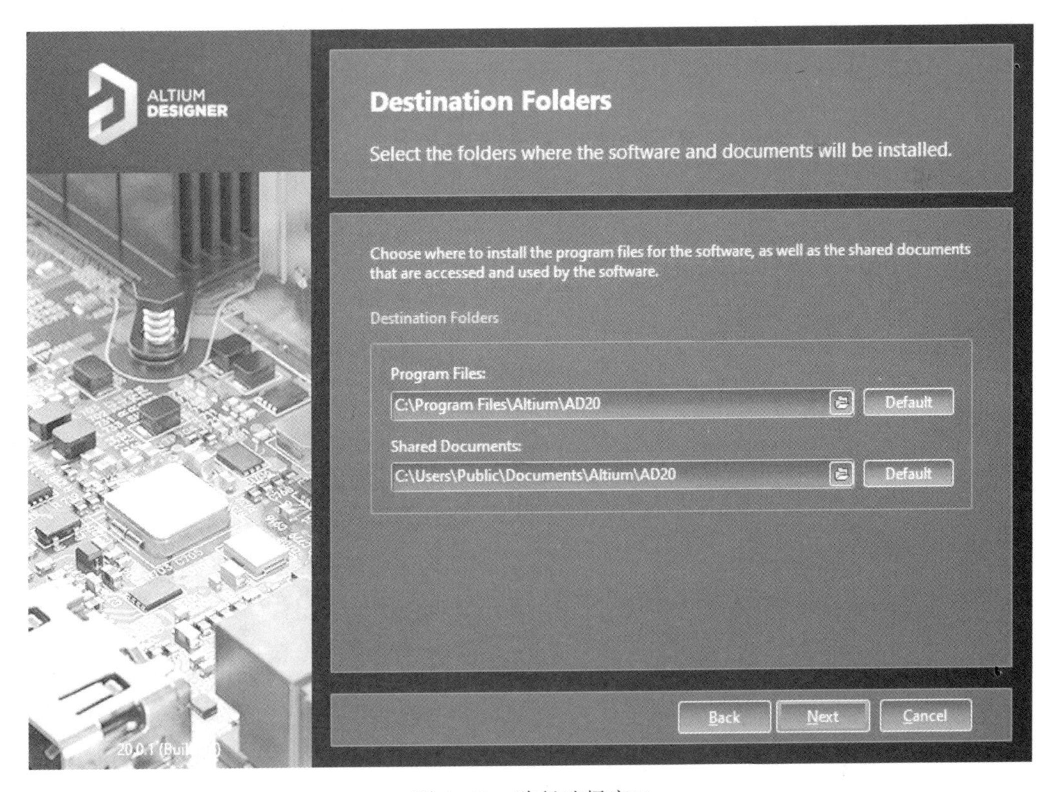

图 1-10 路径选择窗口

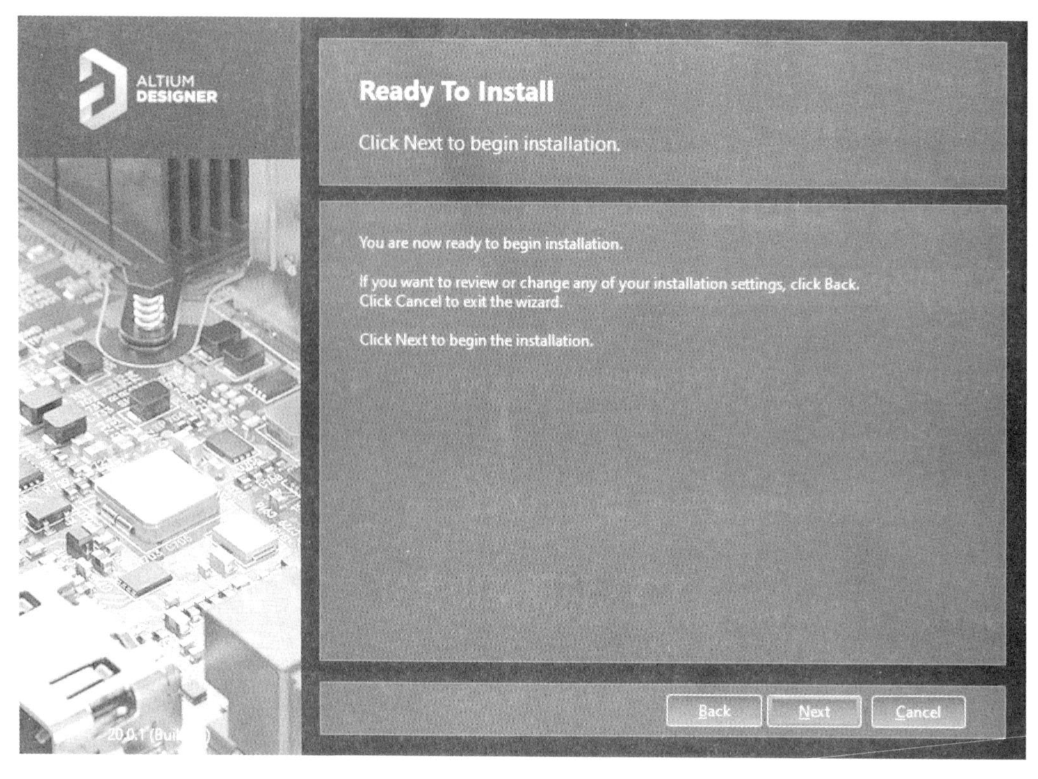

图 1-11　准备安装

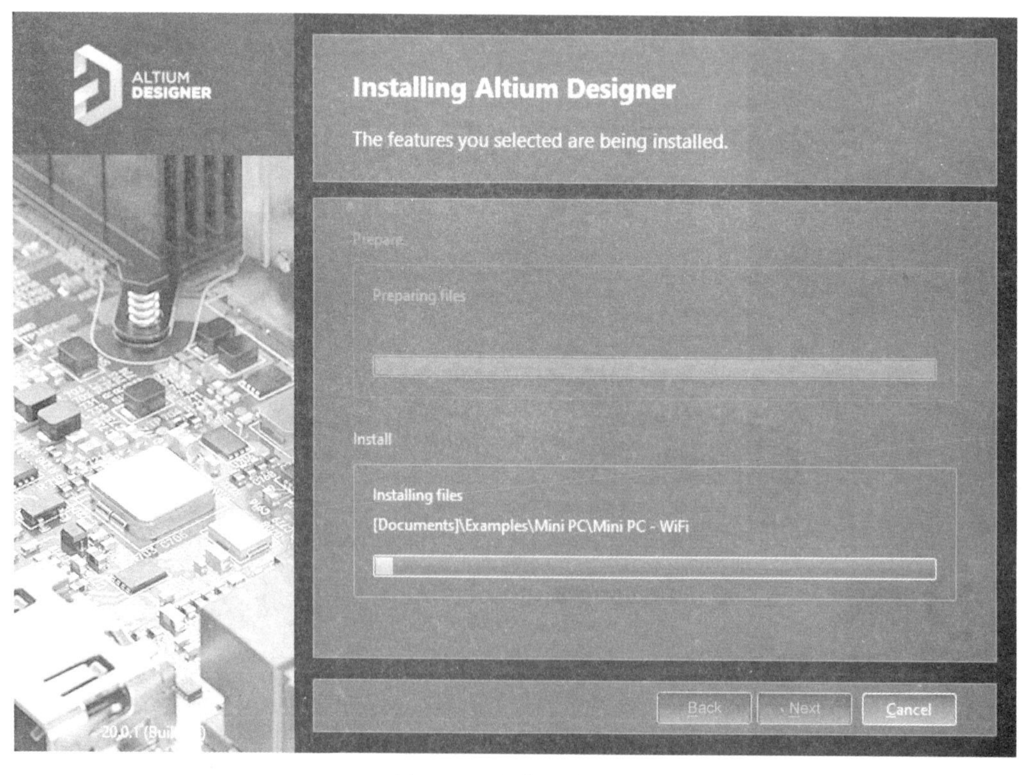

图 1-12　安装进度窗口

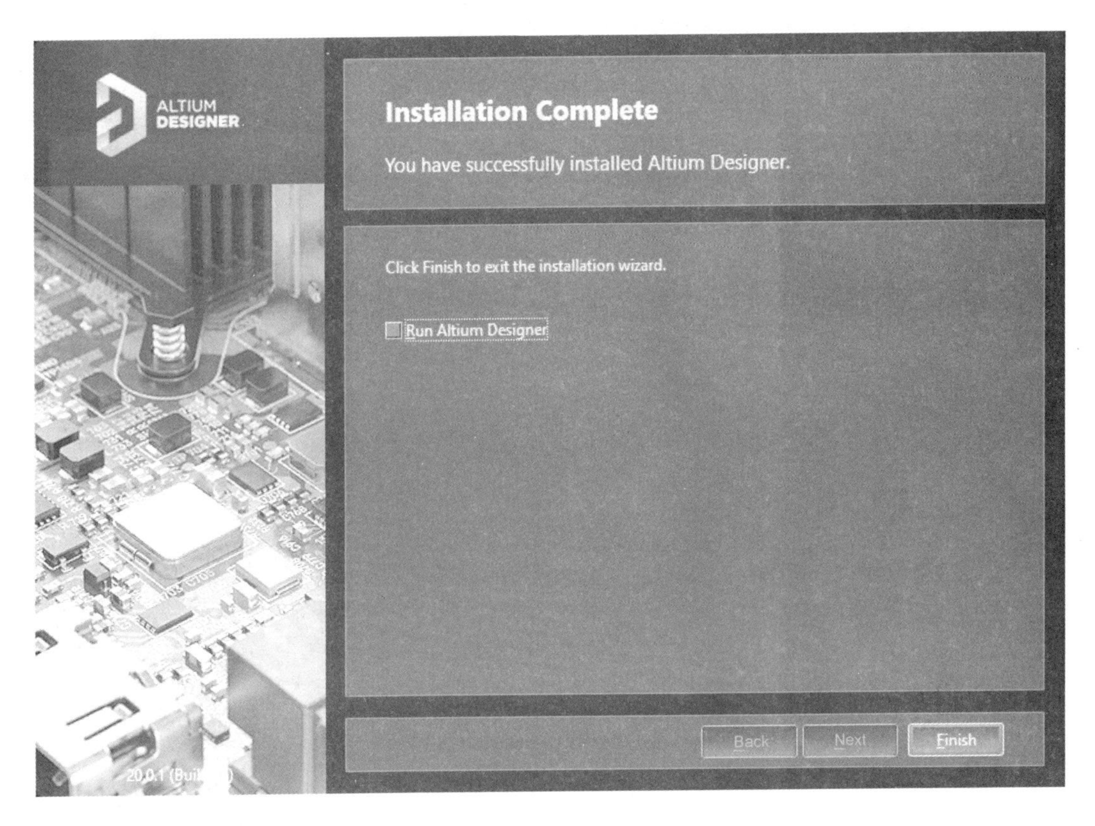

图 1-13 安装完成

1.2 技能操作学习

下面简单介绍在 Altium Designer 20 中如何建立工程。

1.2.1 启动程序

在计算机开始菜单里面找到 Altium Designer 20 程序，单击就可以启动程序，如图 1-14 所示。

1.2.2 启动汉化功能

在界面右上角选择 图标，弹出汉化窗口选项，如图 1-15 所示。

在图 1-16 所示窗口中 Localization 那里勾选 Use localized resources，单击“OK”按钮，重新启动软件就实现汉化了。

特别提示：

该软件无法实现全面汉化，一般第三层界面无法汉化。

在启动软件后可以用鼠标右键在图 1-16 所示的空白处单击，选择“add new project”或者“文件”→“新的”→“项目”，弹出的窗口如图 1-17 所示。

在 Project Type 里可以选择 PCB 尺寸大小，根据需求进行选择。

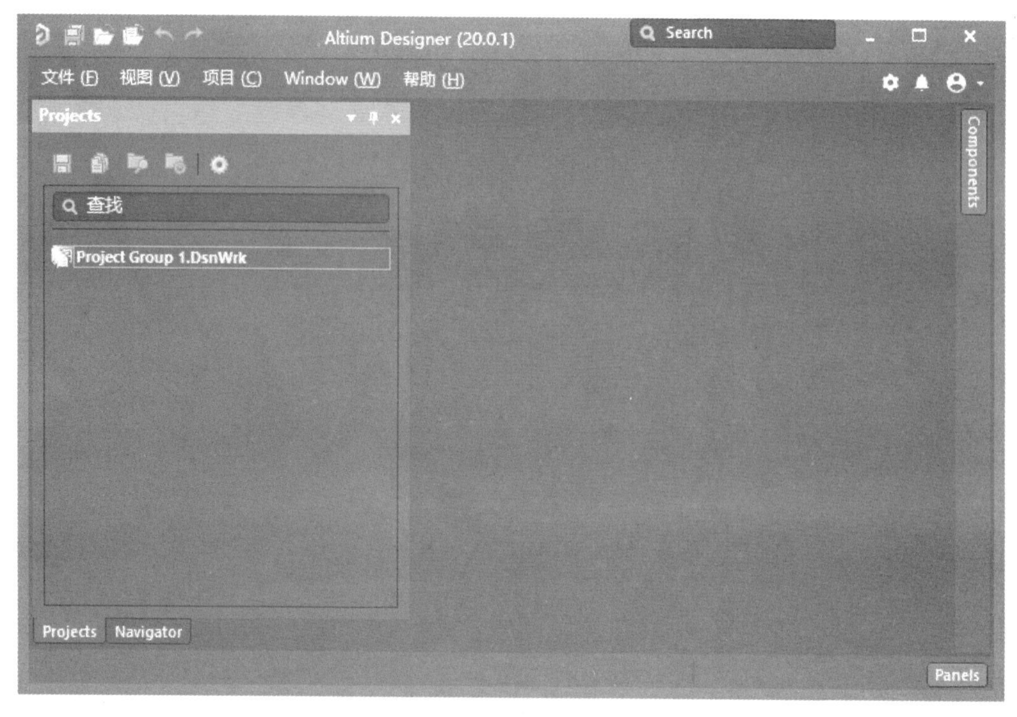

图 1-14　启动窗口

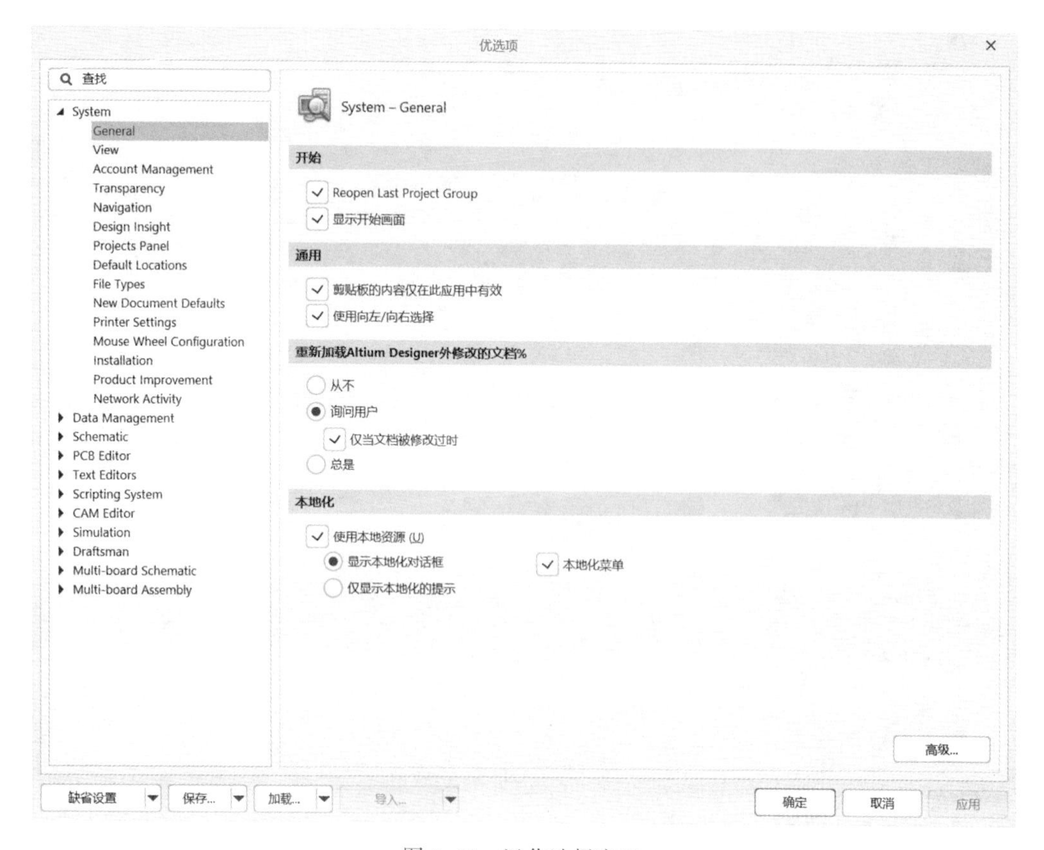

图 1-15　汉化选择窗口

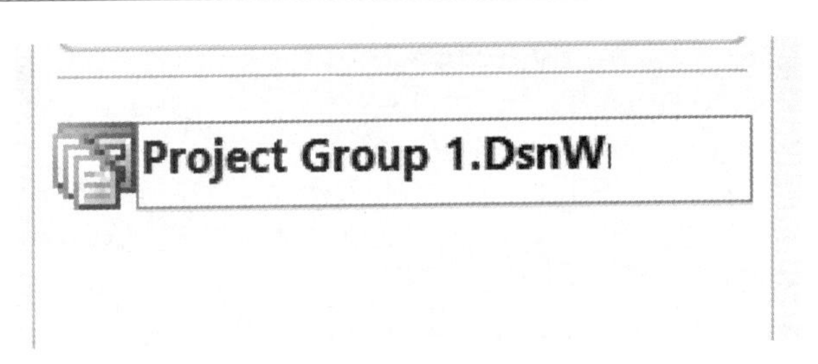

图 1-16 建立工程文件窗口

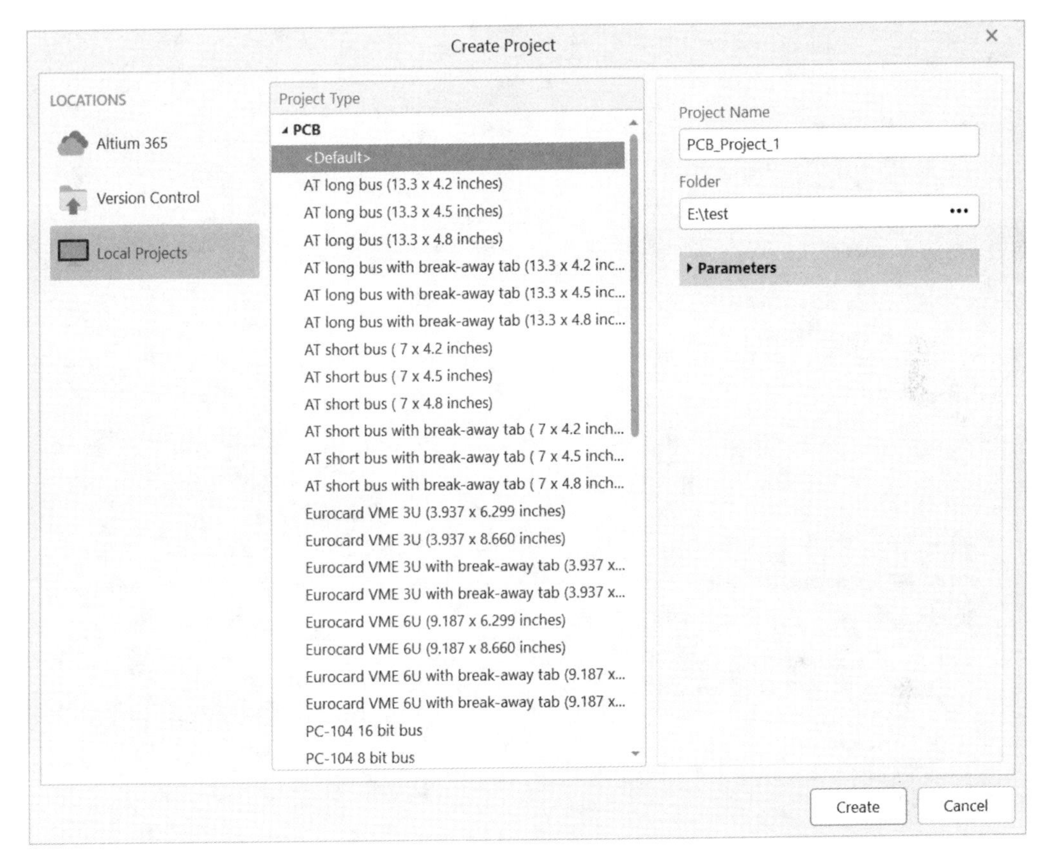

图 1-17 工程文件类型选择

特别注意:

这里所有尺寸均为英寸，1inches = 25.4mm。如果不知道 PCB 尺寸需要多大可以直接选择 default 尺寸，后期再做修改。

在 Project name 这里可以直接修改工程文件名字，直接修改为需要保存的工程文件名字，也可以不修改，后期再修改，在这里我们举例把工程名字修改为 test。

在 Folder 这里是整个工程存储的路径，存储路径可以全部不修改，也可以选择修改文件夹（folder），在这里我们修改路径为 E:\ test，选择 create，就可以生成工程文件，然后把鼠标放在 PCB_project 上，用右键单击，选择添加到新的工程，选择第一个选项 Schematic，就建立了电路原理图，如图 1-18 所示。

建立好的原理图如图 1-19 所示。

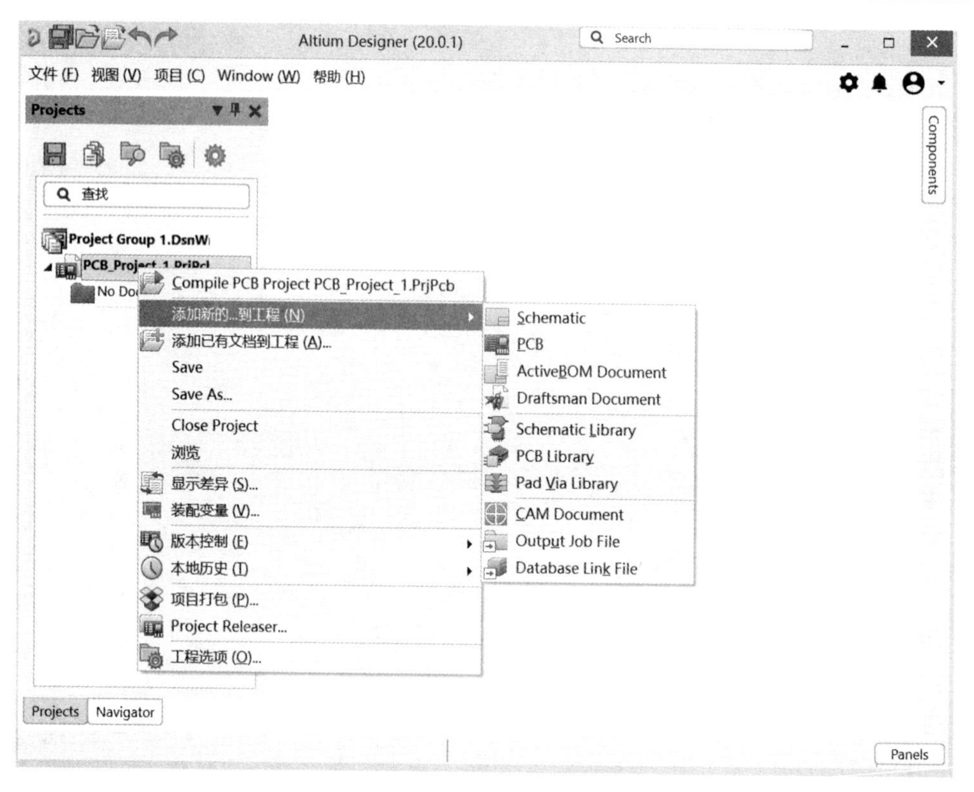

图 1-18　建立电路原理图操作命令

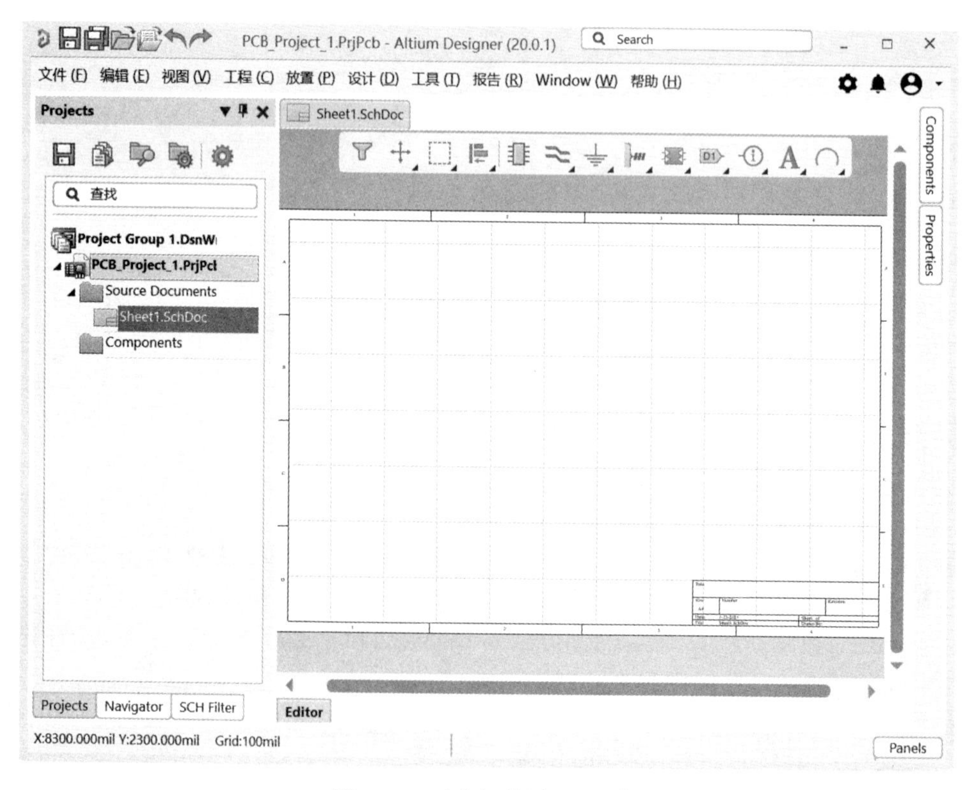

图 1-19　建立好的原理图文件

小结

电子线路 CAD 软件是用于设计原理图和 PCB 的软件，目前流行的软件主要有 Cadence、Mentor PADS 和 Altium Designer。通过本项目的学习，了解 Altium Designer 的发展历史，最新版本的新特点，学会如何安装 Altium Designer，并掌握基本使用方法。

习题

1-1　电子线路 CAD 的概念是什么？

1-2　谈一谈常用的电子线路 CAD 软件有哪些，优缺点有哪些？

1-3　如何建立一个简单的电路原理图文件？

项目 2　绘制简单放大电路

【教学方式】

采用项目引领、任务驱动方式，教师授课采取理论讲授、技能操作演示，学生边学边做的方式完成任务，建议学时为 6 学时。

【教学目标】

知识目标

- 掌握电路原理图的概念；
- 掌握 Altium Designer 20 的主窗口知识；
- 掌握 Altium Designer 20 的文件管理系统；
- 掌握原理图编辑器的界面。

技能目标

- 会创建和管理项目文件；
- 会原理图编辑器的使用；
- 会原理图快捷菜单的使用。

【项目任务】

绘制图 2-1 所示的一个简单放大电路。

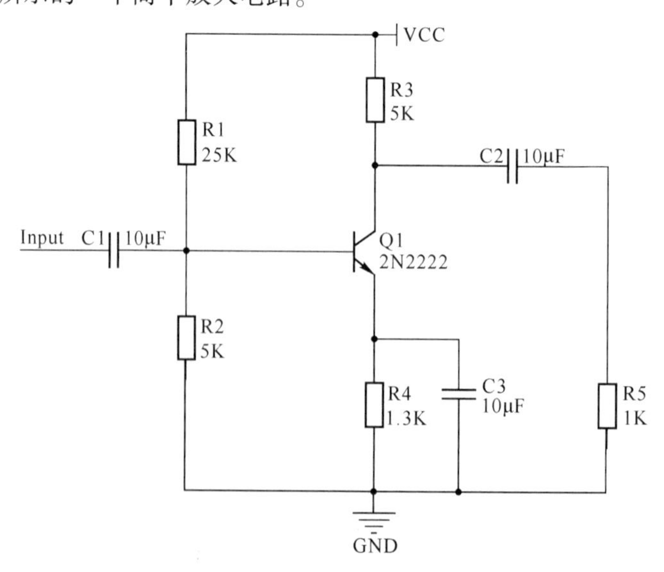

图 2-1　一个简单放大电路

2.1 理论知识学习

2.1.1 电路原理图概念

电路原理图就是使用电子元器件的电气图形符号以及绘制电路原理图所需的导线、总线等示意性绘图工具来描述电路系统中各元器件之间的电气连接关系，是一种符号化、图形化的语言，如图 2-1 所示。

图 2-1 是电子技术人员非常熟悉的单管放大电路的电原理图，它由 5 个电阻、3 个电容和一个 NPN 型晶体管组成，在图中使用了导线、电气节点、接地符号、电源符号 VCC 和网络标记 5 种绘图工具将电阻、电容、晶体管等元器件的电气图形符号连接在一起。

既然电原理图是一种图形化、符号化的语言，那么在电原理图中使用的电气图形符号必须是当时某一地区或全世界范围内电气及电子工程技术人员所接受的、通用的图形符号，更方便进行技术协作和交流，这就涉及元器件电气图形符号的标准和电路原理图的绘制规则问题。

$$1\text{mil}=0.0254\text{mm},\ 1\text{mm}=39.37\text{mil}$$

2.1.2 主菜单栏

扫一扫查看
主菜单栏的使用

Altium Designer 20 设计系统对于不同类型的文件进行操作时，主菜单的内容会发生相应的改变，在原理图编辑环境中，主菜单会改变成图 2-2 所示的样式。在设计过程中，对原理图的各种编辑操作都可以通过菜单中的相应命令来完成。每个菜单的功能如下所述。

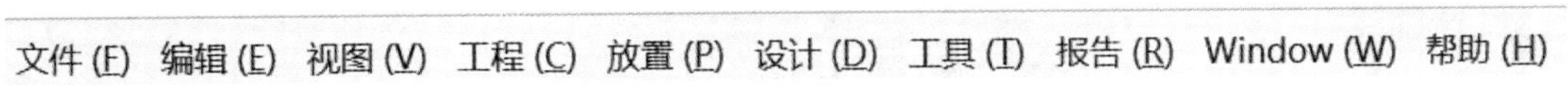

文件 (F) 编辑 (E) 视图 (V) 工程 (C) 放置 (P) 设计 (D) 工具 (T) 报告 (R) Window (W) 帮助 (H)

图 2-2 原理图编辑环境主菜单栏

（1）“文件”菜单：主要用于文件的新建、打开、关闭、保存与打印等操作。

（2）“编辑”菜单：用于对象的选取、复制、粘贴与查找等编辑操作。

（3）“视图”菜单：用于视图的各种管理，如工作窗口的放大与缩小，各种工具、面板、状态栏及节点的显示与隐藏等。

（4）“工程”菜单：用于与工程有关的各种操作，如工程文件的打开与关闭、工程的编译比较等。

（5）“放置”菜单：用于放置原理图中的各种组成部分。

（6）“设计”菜单：对元器件库进行操作、生成网络报表等操作。

（7）“工具”菜单：可为原理图设计提供各种工具如元器件快速定位等操作。

（8）“报告”菜单：可进行生成原理图中各种报表的操作。

（9）“Window（窗口）”菜单：可对窗口进行各种操作。

（10）“帮助”菜单：帮助功能。

2.1.3　快捷菜单栏

如图 2-3 所示，快捷菜单栏主要用于绘图时候快捷方便使用所需对象，可以通过鼠标快速单击调用该资源。具体操作和说明见项目操作部分。

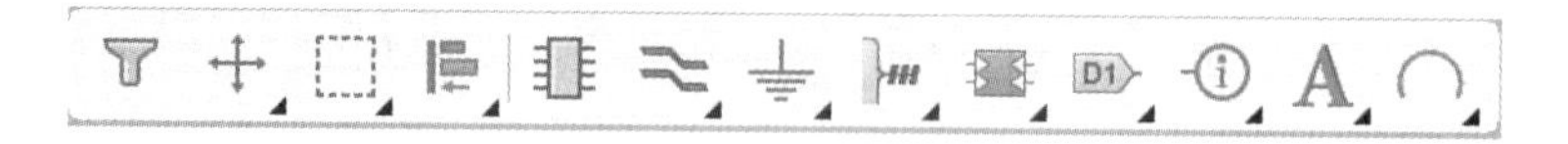

图 2-3　原理图快捷菜单栏

2.1.4　工作面板简介

在原理图设计中经常用到的工作面板有 Project（工程）面板、Navigator（导航）面板、Sch Filter（原理图过滤器）面板、Components（库）面板、Properties（属性）面板。

2.1.4.1　Project（工程）面板

工程面板中列出了当前打开工程的文件列表及所有的临时文件，提供了工程相关的操作功能，比如打开、关闭和新建各种文件，也可以在工程中导入文件、比较工程文件等，如图 2-4 所示。

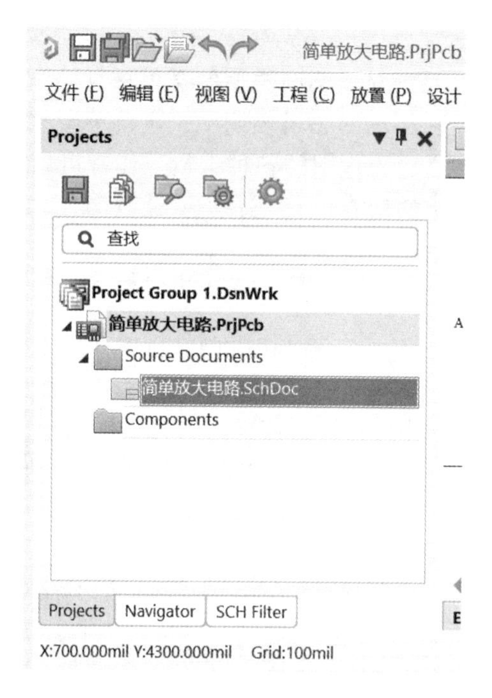

图 2-4　工程面板

2.1.4.2　Navigator（导航）面板

导航面板能够分析和编译原理图后提供关于原理图的所有信息，可以用于原理图的检查，比如生成相应的工程文件中的文件，原理图的元器件类型、编号、元器件的网络关系等，如图 2-5 所示。

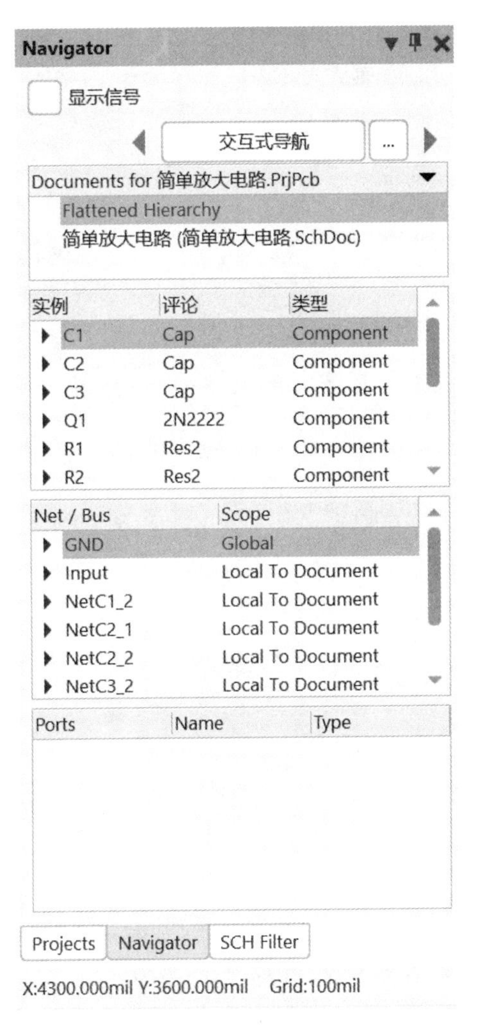

图 2-5 导航面板

2.1.4.3 Sch Filter（原理图过滤器）面板

Sch Filter 过滤器如图 2-6 所示，在当前 SCH 图中选中符合条件的对象、元器件，过滤也就是选中的意思，选中的结果在 SCH 图中高亮显示，并不在 Filter 面板中显示过滤结果。

（1）顶部 limit search to 指搜索的范围。

1）All Objects：在当前文档的全部对象中搜索（常用）。

2）Selected Objects：在已经选定的对象范围内搜索。

3）Non Selected Objects：在非选定的范围内搜索。

（2）Filter 面板的中部 Find items matching these criteria 指寻找符合标准的项。

在下边的空白方框内输入符合语法要求的搜索语句，因为一般人不懂 Filter 搜索语句，因此可采用下边帮助器 Helper 来输入搜索语句。空白方框下边有 3 种：Helper、Favorites，

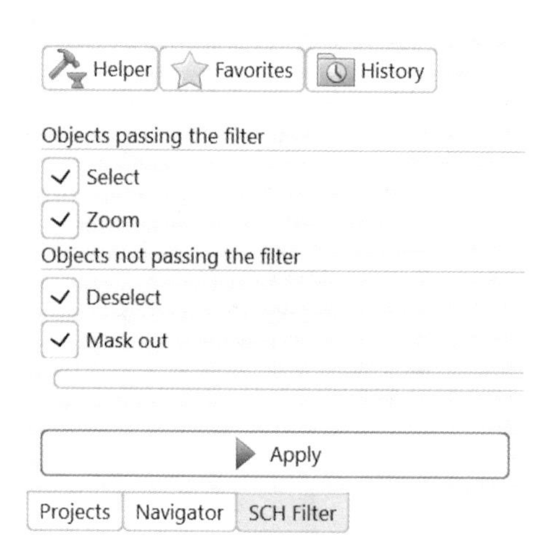

图 2-6 Sch Filter 过滤器

History。这是输入搜索语句的三种方法。最常用的是 Helper。

1）Helper：用帮助器输入搜索语句。

2）Favorites：用以前收藏的语句搜索。

3）History：用以前曾经用过的语句搜索。

（3）Filter 面板下部。

1）Objectos passing the filter+Select：把通过过滤器搜索出来的对象在 SCH 图中选中。

2）Objectos passing the filter+Zoom：把通过过滤器搜索出来的对象放大在 SCH 图中显示。

3）Objects not passing the filter+Deselect：在 SCH 图中，过滤器没有选中的对象撤销选中状态。

4）Objects not passing the filter+Mask out：在 SCH 图中，过滤器没有选中的对象屏蔽掉。

SCH 环境的 Filter 过滤器是在 SCH 图中寻找目标对象用的，搜索到的对象或元器件以选中的状态显示在 SCH 图中。它的使用方法有两种。

1）在任意时刻调用 Filter。SCH 环境下，用鼠标左键单击 SCH 编辑窗口右下角的 SCH \ SCH Filter，弹出图 2-6 SCH Filter 面板，再单击 Helper，弹出 Helper 窗口，如图 2-7 所示。

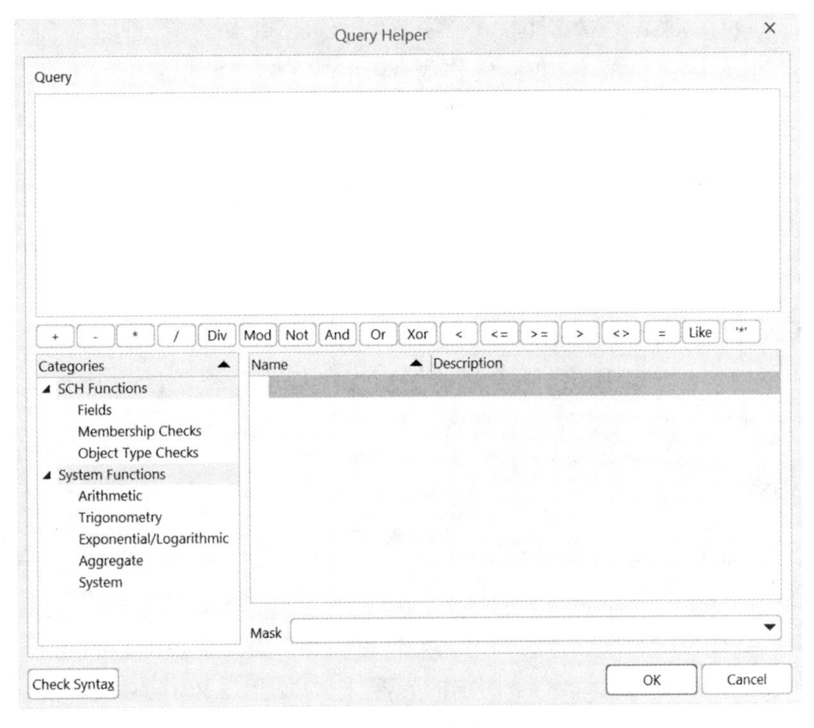

图 2-7　Helper 弹出窗口

利用 Helper 帮助器输入搜索语句搜索元器件。单击图 2-7 中 Object Type Checks（对象类型检查），弹出对话窗口如图 2-8 所示。

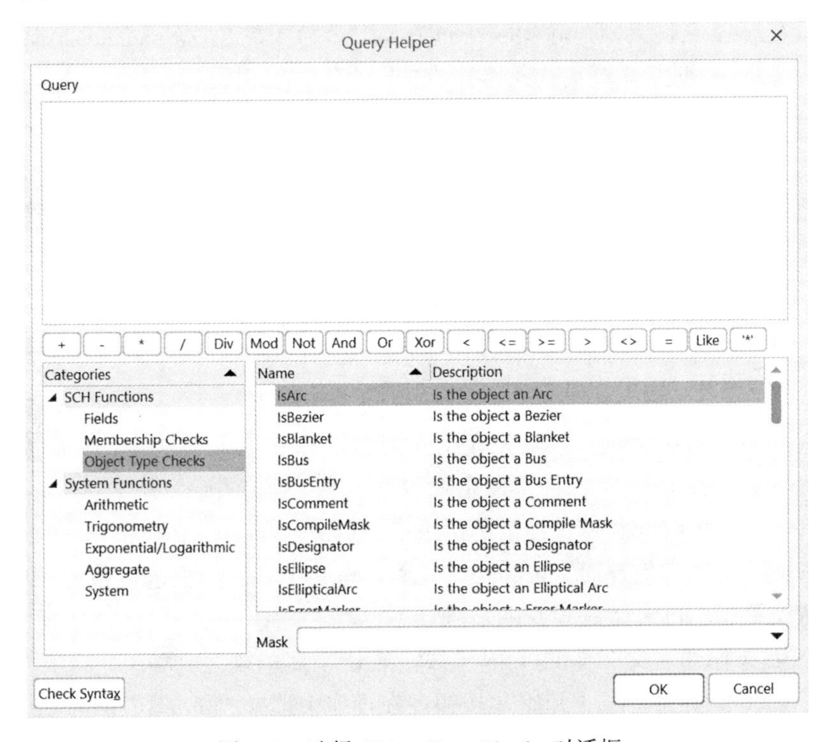

图 2-8　选择 Object Type Checks 对话框

向下拉右边的滚动条，双击 Ispart（零件），Ispart 上跳到上面的查询 Query 框内，单击底部的“OK”按钮，单击 Filter 底部的 APPLY 应用，SCH 图中的零件全部被选中。

2）利用右键菜单，发现相似目标功能，自动启动 Filter。Filter 是 Altium Designer 软件中对同类对象、同类元器件选中的指令。在 SCH 窗口，鼠标对准 SCH 图的元器件，单击鼠标右键弹出窗口选择发现相似对象，弹出发现相似目标面板，选择在 Symbol Reference 右端的下拉箭头，选择 Same（或者在 Part Comment 右侧选择 Same），发现相似目标面板底部有几个复选框。

选择匹配框打勾：符合条件的 N 个元器件将被同时选中。

创建表达框打勾：自动弹出 Filter 过滤器面板（选中符合条件的元器件且呈高亮状态），被选中的同类对象、元器件被高亮显示。

2.1.5　原理图库

在 Altium Designer 20 中，元器件库的组织、管理方式与 DXP 2004 版本有一些差别，大部分元器件库已经不再保留，需要自己去网站下载集成库文件放置在路径中，在 Altium Designer 20 中，软件将绘制原理图所需的元器件电气图形符号、PCB 设计所需要件封装图（FootPrint）、PCB 3D 视图显示状态下所需的元器件 3D 图形（PCB 3D）、电性能仿真分析模型（Simulation）、信号完整性分析模型（Signal Integrity）等元器件信息集成在形成了所谓的集成元器件库（Integrated Library），其文件扩展名是 . IntLib。

Altium Designer 收集的元器件种类繁多，数目庞大，几乎涉及了世界范围内所有知名半导体器件生产商。为便于管理，Altium Designer 将所有集成元器件库文件存放在 Altiumener 安装目录下的 Library 文件夹内，除 Miscellaneous Devices. IntLib，Miscellaneousectors. Intib 集成元器件库文件外，一般按生产商或元器件功能分类存放在不同的文件夹，比如安装在 D 盘下目录是 D：\ Users \ Public \ Documents \ Altium \ Altium Designer 20 \ Library，而 Altium Designer 20 版本下面只有几种原理图库文件，如果想要库文件可以把以前 DXP 2004 的原理图文件复制到相应的目录下使用，具体操作将在项目 3 加载原理图库中详细讲解。

2.2　技能操作学习

2.2.1　PCB 工程建立

扫一扫查看
基本原理图的绘制

在绘制电路原理图的时候，一般先在工作目录下建立一个文件夹，把所有的工程文件存储在该目录下，在企业里面一般还需要进一步规范，比如文件夹写一个时间命名，甚至包括版本，也可以单独建立一个说明文件，方便后期的维护管理，否则经过几天甚至几个月之后自己也找不到哪一个版本是正确的工程文件了，PCB 工程建立的步骤如下：

（1）在 E 盘下面建立文件夹 E：\ 电子线路 CAD \ 简单放大电路。

（2）在 Windows 桌面单击“开始”按钮，在程序中选择 Altium Designer 20，就可以启动 Altium Designer 20 了。

(3) 执行菜单命令文件→新的→项目，更改项目名字“PCB_Project_1”为“简单放大电路”，文件夹选择 E:\ 电子线路 CAD \ 简单放大电路。

(4) 可以在工程文件下单击右键，选择“添加到新的工程”，选择 Schematic 建立电路原理图文件，这时候出来的原理图文件名是 Sheet1，单击“保存”按钮，修改文件名为简单放大电路，后缀名为 . SchDoc。如果文件和工程没有保存或者有修改，则在工程文件名的地方显示 * 号，否则就没有 * 号，如图 2-9 所示。

图 2-9 工程文件管理窗口

特别提示：

在绘制原理图的时候可以直接创建一个原理图文件，但是在后续的 PCB 设计时候一定要将原理图文件移到项目工程文件中，并且保证工程中不含其他无关的原理图，否则在后续的 PCB 设计时候可能把与工程无关的原理图的网表文件导入到 PCB 文件中。

2.2.2 原理图绘制

2.2.2.1 栅格设置

建立了项目文件和原理图文件后，进入了原理图编辑环境，在默认设置情况下，可以通过菜单或者快捷键调整画图的可视范围。在原理图编辑环境下，工作界面有许多小方格，在该软件中我们称之为栅格，在主菜单的“视图”里面通过“放大”“缩小”或者直接用键盘上的“Page Up”和“Page Down”键实现画面的放大和缩小，其中“Page Up”实现放大功能，“Page Down”实现缩小功能。

如果觉得这些栅格影响视觉效果，可以通过菜单命令修改为点状。可以通过右键单击原理图空白处，选择“原理图”→“Schematic”，在弹出窗口选择“原理图优先项”→“Schematic Preferences”，也可以在主菜单“工具（Tool）”栏选择进入“原理图优先项

(Schematic Preferences)”界面。在弹出窗口的左侧菜单“Schematic”里面选择 Grids 选项。在栅格选项里面选择“Dot Grid”，就可以把显示的小方格修改为小圆点。栅格更改设置窗口如图 2-10 所示。

图 2-10 栅格更改设置窗口

2.2.2.2 库文件调用

根据现有的设计图纸绘制电路原理图，首先要把所需的元器件放置到原理图界面中，而初学者往往不知道元器件放置在哪里，从而无从下手，下面简单介绍一下系统默认的器件库文件。

系统一般自带两个常用的元器件库，分别是 Miscellaneous Devices. InLib（杂项库）和 Miscellaneous Connectors. InLib（杂项连接器库），一般分离元器件均放置在 Miscellaneous Devices. InLib（杂项库）中，包括常见的二极管、晶体管、电阻、电容、电感等，而各种插装的连接器放置在 Miscellaneous Connectors. InLib（杂项连接器库）库中，比如电源插座、信号连接器等。

用鼠标选择 Components，弹出库文件窗口，默认情况加载了 Miscellaneous Devices. InLib（杂项库），鼠标单击其中任何一个器件或者按右边的滑动条滑动找到相应器件就可以开始绘制原理图了，下面我们列出其中原理图的元器件和对应的库的信息，见表 2-1，元器件库图如图 2-11 所示。

表 2-1 原理图的元器件和对应库的信息表

元器件名称	编号	库名称	封装	元器件库
电阻	R1~R4	Res2	AXIAL-0.4	Miscellaneous Devices. IntLib
电容	C1~C3	CAP	RAD-0.3	
NPN 晶体管	Q1	2N3904	TO-92A	

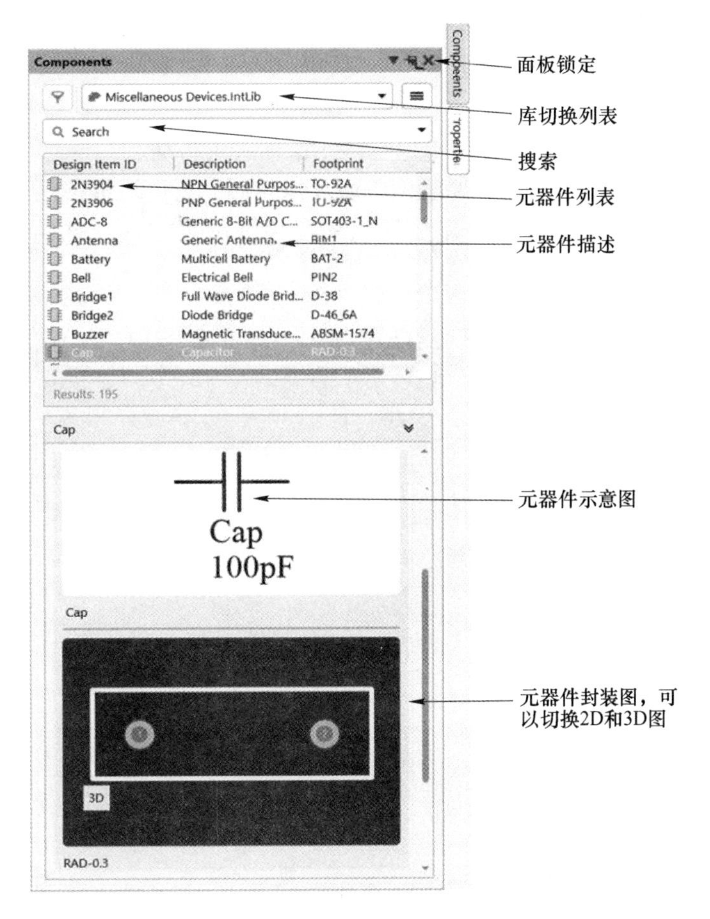

图 2-11 元器件库图

2.2.2.3 元器件放置

以电容 CAP 为例介绍元器件的放置。

在元器件库列表中选定 CAP，双击或者鼠标右键单击选择“Place CAP”按钮，这时候光标跳到了图纸上，并且电容符号附在光标上并跟随鼠标移动，单击原理图中一个位置就可以放在原理图中了，这个时候如果要继续放置器件，可以再单击空白位置放置电容，如果要结束直接单击鼠标右键，通过这种方法可以把该原理图的电阻、电容和晶体管放在图纸中。

注意：

在 Miscellaneous Devices. IntLib 并没有 2N222 晶体管，可以放置 2N3904 代替，通过后面的属性修改为 2N222 即可。

2.2.2.4 元器件位置调整

扫一扫查看
元器件的调整

在 Altium Designer 20 中，元器件位置调整有两种情况：一种是移动；另一种是旋转。而移动又可以划分为“平移”和“层移”。

平移就是一个元器件在同一水平面内移动，这种叫“平移”，而如果这个元器件被另外一个元器件遮住的时候，同样需要移动位置来调整它们之间的位置关系，这种元器件的上下移动叫“层移”。

元器件移动可以执行菜单命令也可以直接用鼠标实现移动。

（1）使用菜单移动元器件。在原理图编辑环境界面，选择编辑→移动→移动命令，然后光标就会呈十字形，这时候选中需要移动的器件就可以实现器件的移动，如图 2-12 所示。

图 2-12　菜单“移动”命令

（2）使用鼠标移动元器件。使用命令移动元器件比较慢，我们一般不使用命令移动元器件，用鼠标移动元器件是最便捷的方式。

光标指向需要移动的元器件，按下鼠标左键不放，此时光标会自动滑到元器件的电气节点上，显示为绿色的“√”的符号，拖动鼠标，元器件随之移动，到达合适位置后，松开鼠标，元器件就可以放到相应的位置上，如图 2-13 所示。

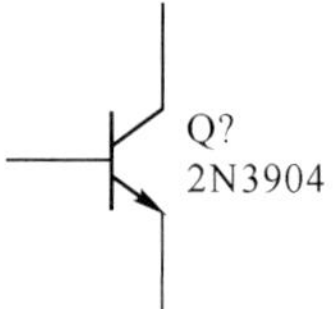

图 2-13　移动元器件

如果需要移动的元器件已经处于被选中状态，将光标指向该元器件，同时按下鼠标左键不放就可以拖动元器件到指定位置。如果是要移动多个元器件，按住鼠标左键不放选中需要移动的多个元器件，然后放开鼠标左键，把鼠标放到被选中的任何一个元器件上面按住鼠标左键拖动，到适当的位置放开鼠标左键，则所选中的元器件都移动到了当前位置。

（3）元器件旋转。Altium Designer 20 中元器件的旋转可以通过两种方式实现。

第一种方式是鼠标左键选中需要旋转的元器件，然后用鼠标右键单击弹出菜单中选择 Properties（属性），或者直接双击所需要旋转的元器件，也会弹出 Properties（属性）菜单，在 Rotation 中选择需要旋转的角度即可旋转元器件，如图 2-14 所示。

第二种方式是用快捷键实现元器件的旋转（如果有快捷键和其他软件设置冲突，则有快捷方式失灵的可能）。

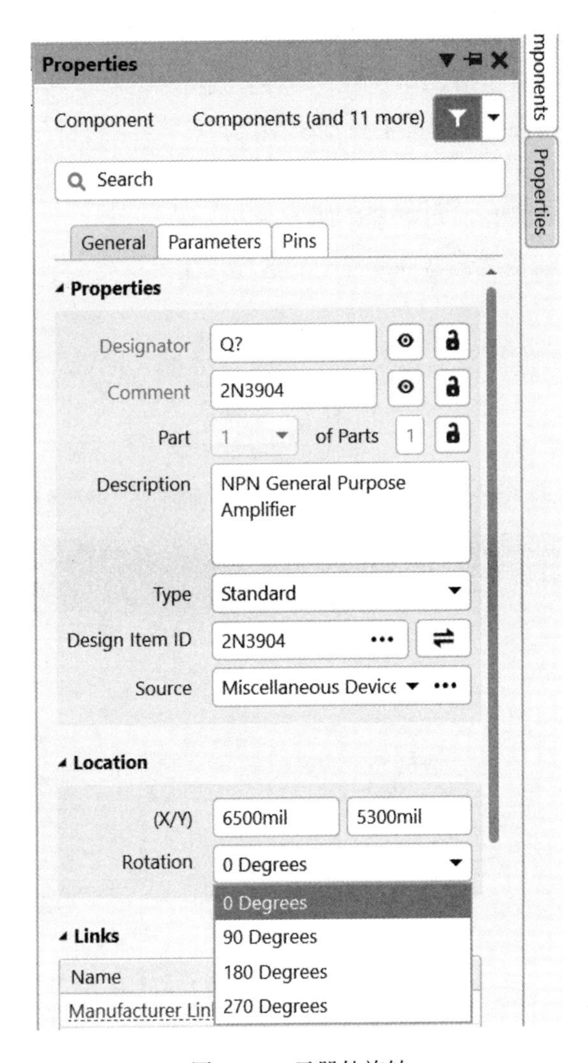

图 2-14 元器件旋转

Space 键：用鼠标左键单击选中元器件，松开鼠标左键，按<Space>键可以实现逆时针90°旋转。

用鼠标左键单击需要旋转的元器件，当元器件有绿色的框出现的时候不要放开鼠标键，直接按相应的键盘上的键。

X 键：被选中的元器件左右对调。

Y 键：被选中的元器件上下对调。

如果涉及多个元器件的旋转和上述操作一样，需要先选中然后执行相应的操作。

2.2.2.5 元器件属性设置

扫一扫查看
元器件属性设置

当元器件放置在原理图页面内，我们需要修改元器件属性满足原理图绘制要求。这时候可以选择双击原理图中的元器件更改属性，这个弹出窗口和 DXP 2004 有较大的差别，DXP 2004 是直接弹出对话框，而 Altium Designer 20 则在最右侧，而且 Altium Designer 20 的编辑操作更加便捷，可以快速地实现一些操作功能。元器件属性设置包括 5 个方面的内容：元器件的基本属性设置、元器件的外观属性设置、元器件扩展属性设置、元器件的模型设置、元器件引脚的编辑，下面简单介绍一下属性的功能。

（1）元器件注释：可选项，可以是原件大小或型号。

（2）元器件编号栏：更改元器件编号，一般建议用大写英文字符。

特别提示：

缺省编号与元器件属性有关，例如，习惯电阻用“R?”、电感用“L?”、电容用“C?”（无极性电容）、“E?”（有极性电容）、晶体管用“Q?”、集成电路用“U?”或“D?”作为元器件缺省编号。

（3）是否可视：眼睛图形如果点亮就表示可视，眼睛图形灰色就表示不可视；元器件属性基本设置参数如图 2-15 所示。

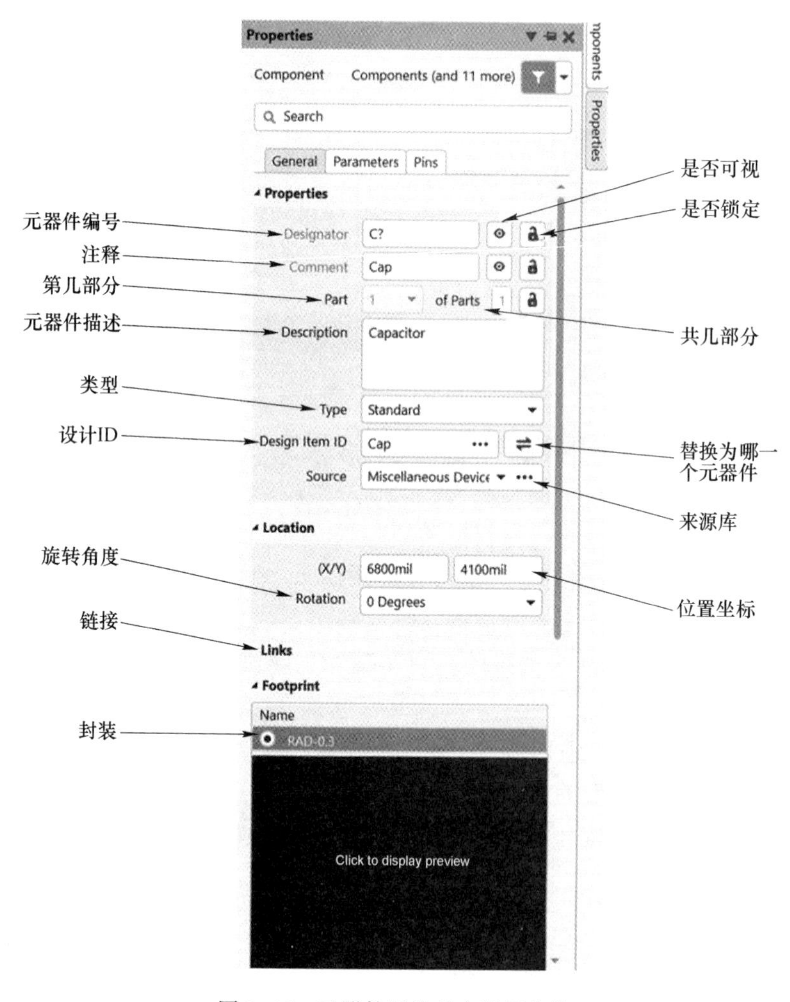

图 2-15　元器件属性基本设置参数

（4）是否锁定：如果选择锁定，则元器件属性不可更改，元器件属性修改如图 2-16 所示。

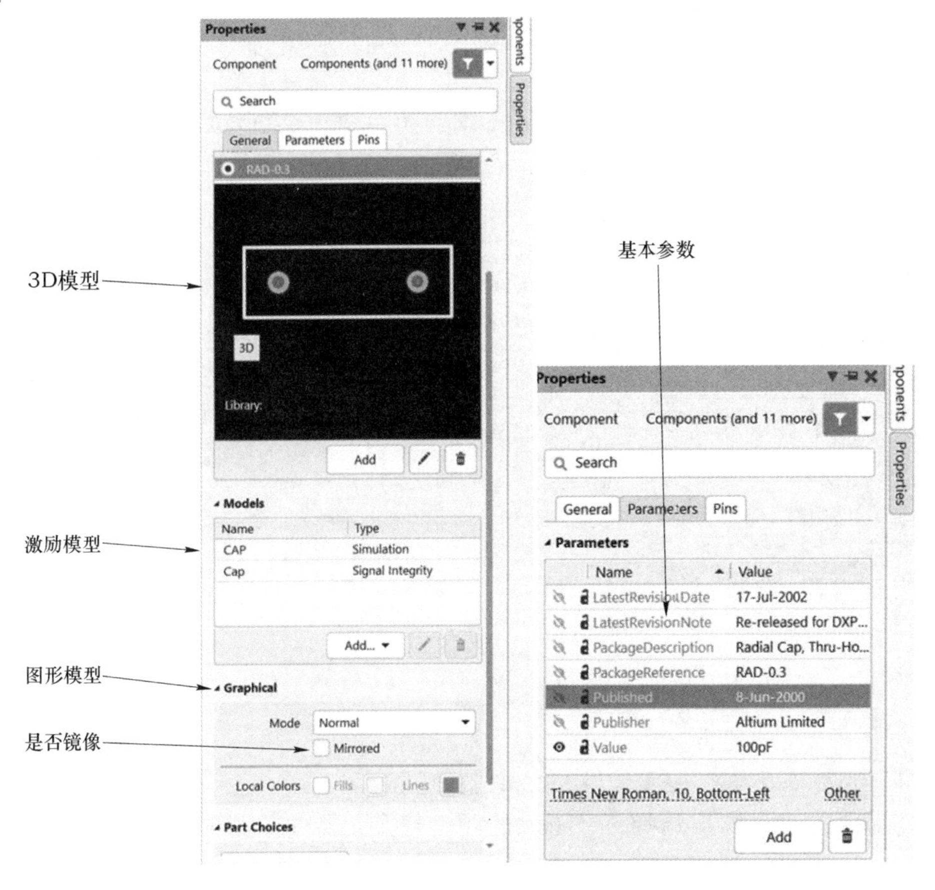

图 2-16 元器件属性更改

（5）共几部分：元器件图形共有几部分，集成电路可以分成几部分绘制，方便后期绘图。

（6）第几部分：属于元器件图形中的哪一部分。

（7）元器件描述：该元器件的简单描述，如图 2-15 所示，该元器件是一个电容器。

（8）类型：包括标准、机械、图形、BOM 网表，无 BOM 网表、无 BOM 标准、跳线。

（9）设计 ID：如果选中该项则可以直接选择弹出窗口中的元器件替代该 ID。

（10）来源库：该器件来源于哪一个库文件。

（11）位置坐标：该器件目前在原理图编辑器里的 X、Y 轴坐标位置，一般用 mil 表示。

（12）旋转角度：元器件旋转角度。

（13）链接：元器件机械特性、datasheet 等链接，用鼠标右键双击元器件，在该菜单栏里单击链接路径可以通过浏览器打开需要查看的链接，自己也可以添加所需链接。

（14）封装：该元器件的封装名字是哪一种，一般第一次打开软件里面显示 Click to Display Preview（单击这里显示预览），如果单击这里则显示图 2-17 所示的图形，图形可以在 2D 和 3D 之间切换，如图 2-17 所示。

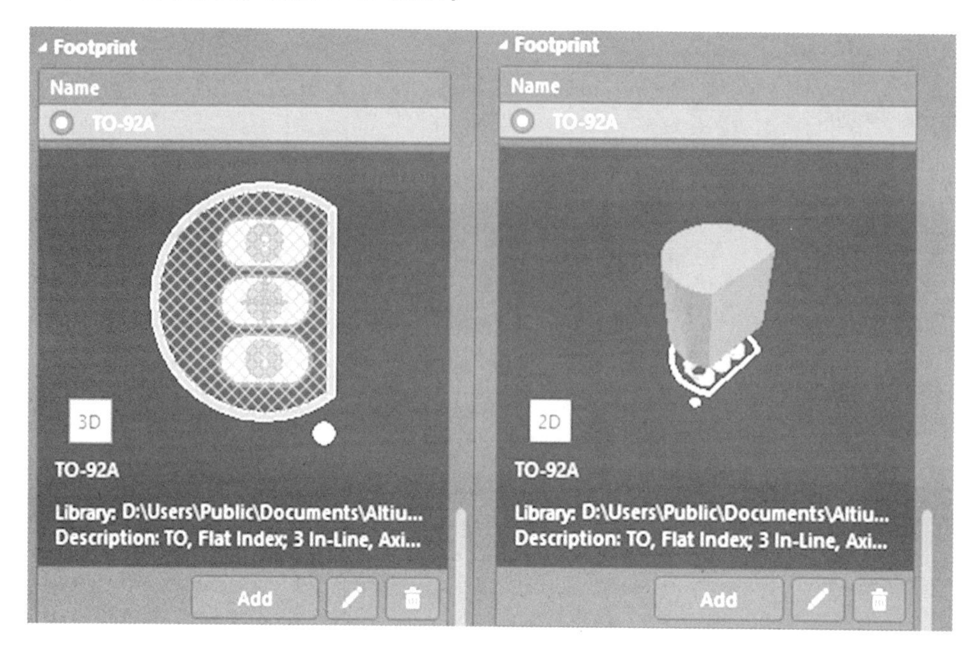

图 2-17　3D 和 2D 图形切换

（15）激励模型：做仿真使用的激励模型。

（16）图形模型：正常。

（17）Mirror（镜像）：是否镜像，如果镜像则打√。

（18）颜色更改：可以选择自己喜欢的颜色替换元器件的图形颜色，引脚颜色不可更改。

（19）Parameters（参数）：主要描述软件版本、封装参数、软件版权人等信息，如图 2-16 所示。

（20）Pins：引脚参数，如图 2-18 所示。

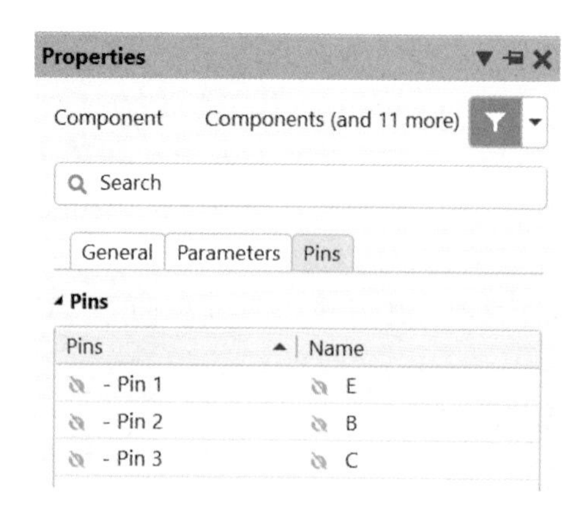

图 2-18　元器件引脚属性

用鼠标左键双击图 2-18 所示的任意引脚，均可以进入图 2-19 引脚编辑器窗口。在引脚编辑器窗口里面，可以编辑引脚的长度，引脚的名称，引脚的形状等信息。具体操作将在项目 4 里面详细介绍。

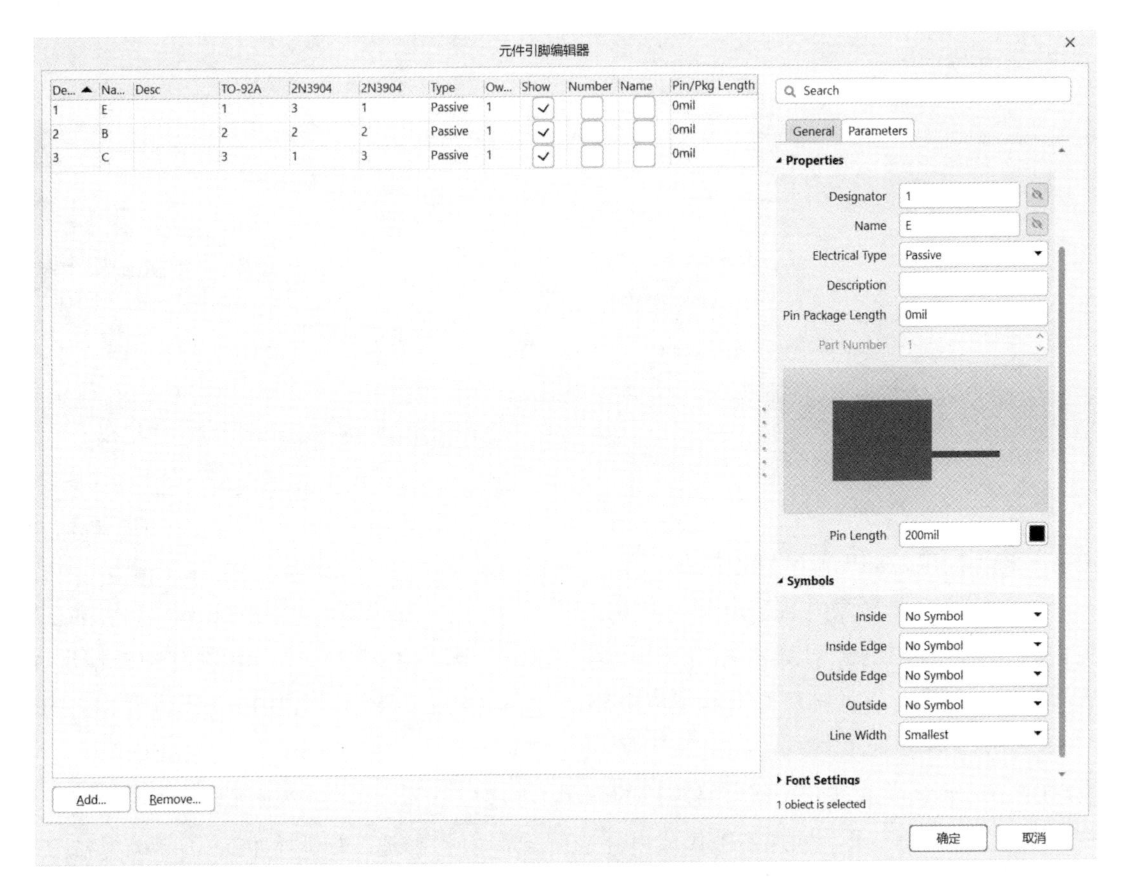

图 2-19　元器件引脚编辑器

2.2.2.6　电源和地的放置

扫一扫查看
电源和地的放置

电源器件及接地元器件不同于一般的电气元器件，执行菜单“Place”→“Power Port”命令或者在快捷工具栏中单击 ⏚ 符号，之后单击鼠标左键即可放置。

对于没有放置好的电源和地信号可以在放置之前出现十字符号的时候直接按键盘<Tab>键，进入图 2-20 所示电源/地信号编辑栏。

（1）Name：信号名称，一般为 VCC 或者 GND。

在 Altium Designer 20 软件中，将电源、地视为一个元器件，通过电源或者地线符号或名称来区分，也就是说即使符号形状不同，但只要它们的网络标号相同，也认为是彼此相连的电气节点。因此，在放置电源、地线符号时要特别小心，否则电源和地线网络会通过具有相同网络标号的电源和地线符号连在一起，造成短路，或通过具有相同网络标号的电

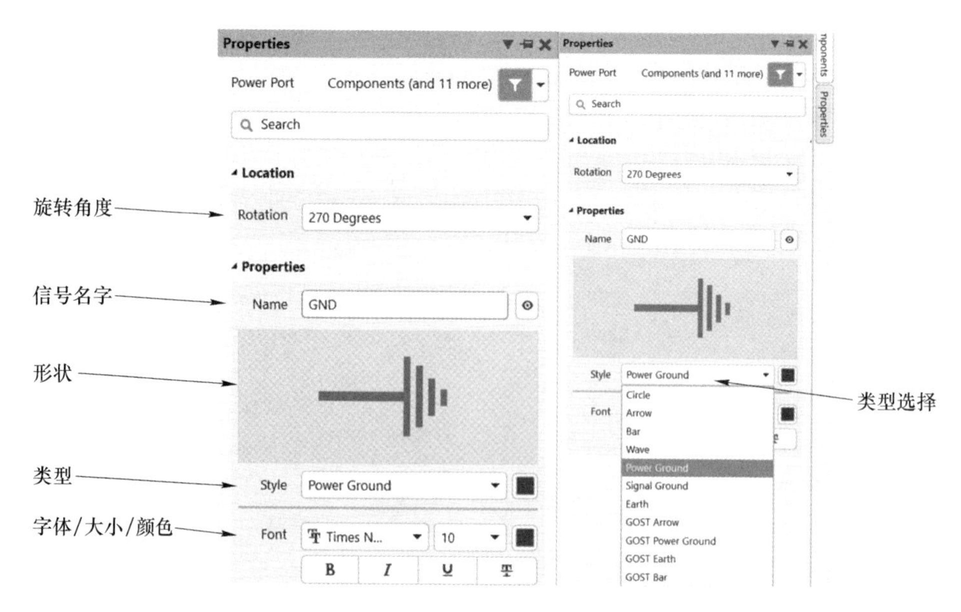

图 2-20　电源/地信号属性编辑器

源符号将不同电位的电源网络连接在一起，造成短路。

一般情况下，电源的名字定义为“VCC”，地线的网络标号定义为“GND”，因为多数集成电路芯片的电源引脚名称为“VCC”，地线引脚名为“GND”，但也有例外情况，有些集成电路芯片，如多数 CMOS 集成电路芯片的电源引脚名为“VDD”，地线引脚名为“VSS”，另一些集成电路芯片的电源引脚名为“VS”，甚至为“VSS”，而地线引脚名为“GND”，又如集成运算放大器电路芯片的电源引脚为“V+”（正电源引脚）、“V-”（负电源引脚）。因此，了解原理图中集成电路芯片电源引脚和地线引脚名称最可靠的办法是进入 SCHLib 编辑状态，打开相应元器件的电气图形符号确定。

（2）Style，选择电源、地的形状。

Altium Designer 20 提供了多种电源、地的形状的选择，如图 2-20 所示，通过图 2-20 下拉列表框下拉按钮选择即可。

（3）Font（字体），可以修改 VCC、GND 名字的字体大小和颜色。

2.2.2.7　导线设置

扫一扫查看原理图中的导线

放置好电源地之后需要把放置的元器件通过导线连接起来，在 Altium Designer 20 软件中有两种常见的导线，一种是 Wire（快捷操作方式是 P+W），另一种是 Line。Wire 是电气连接线，用于元器件之间关系的连接，而 Line 是绘图线，仅仅是绘图使用，无任何电气连接关系。在该原理图中我们用 Wire 把放置好的元器件连接起来即可。如果需要加注释框或者绘图框可以用 Line 实现。如果要连接的两个引脚不在同一水平线或者同一垂直线上，则绘制导线的过程中需要单击鼠标确定导线的拐弯位置，而且可以通过按<Shift>+<Space>键来切换选择导线的拐弯模式，共有 3

种：直角、45°角、任意角，导线绘制完毕之后，单击鼠标右键或按<Esc>键即可退出绘制导线操作。

2.2.2.8 完成原理图绘制

该原理图还有最后一个 Input 网络标记没有放置，可以通过主菜单放置/网络标记(Net Label)，在鼠标变为十字形的时候按<Tab>键修改网络名字为 Input 即可。也可以用快捷键<P>+<N>实现网络标记的放置。完成的原理图如图 2-1 所示。实际上放置元器件和导线除了上述方法外还可以通过快捷栏操作，下面介绍快捷栏操作方式。

2.2.2.9 快捷栏操作与简介

Altium Designer 20 原理图编辑界面上有快捷操作工具栏，如图 2-21 所示。

图 2-21 快捷操作栏

(1) ：默认情况下是全部打开，如果关闭其中一个，则在原理图中该对象不可以选择，如图 2-22 所示。

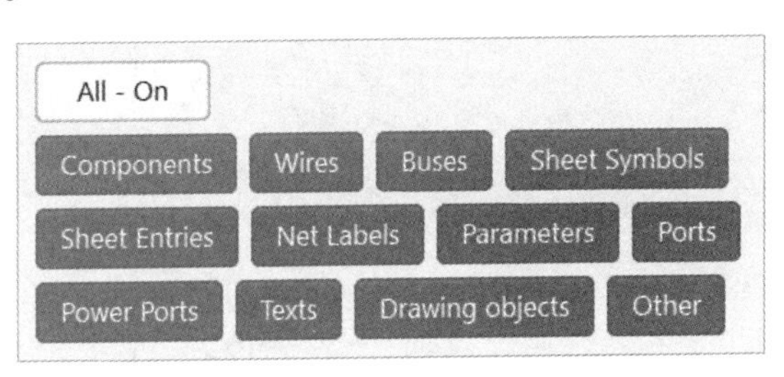

图 2-22 对象选择

(2) ：拖动目标，快速移动被选对象。

(3) ：用绳索工具选择对象，鼠标左键单击选中该功能，在原理图中绘制一个任意绳圈，则该绳圈中的对象被选中。

(4) ：对齐选中目标，如果原理图中几个元器件被选中，可以按照一定方式进行对齐，具体功能在后续章节中详细阐述。

(5) ：放置元器件，功能和在元器件库中放置器件等同。

(6) ：放置 Wire，等同于<P>+<W>功能。

(7) ：放置电源、地。

(8) ：放置信号线束，代表不同信号抽象连接关系，用于连接设计中不同的信号，信号线束操作起来就像单根线一样，但是可以含不同的信号，简化成了单根线。

(9) ：放置页面符，如果有多页原理图，需要放置该符号。

（10）：放置端口符号，多页原理图的时候该端口号表示输入输出信号。

（11）：放置参数设置。

（12）A：放置注释，对原理图进行说明。

（13）：放置弧形，放置一个圆或者弧形圈。

2.2.2.10　软件环境设置

软件打开默认是灰色商务风格界面，略微偏黑色，可以根据自己的喜好设置成白色。打开软件后初始颜色如图 2-23 所示。单击选择软件右侧 图标，弹出图 2-24 所示的对话框，在对话框中的 System 里面选择 View。

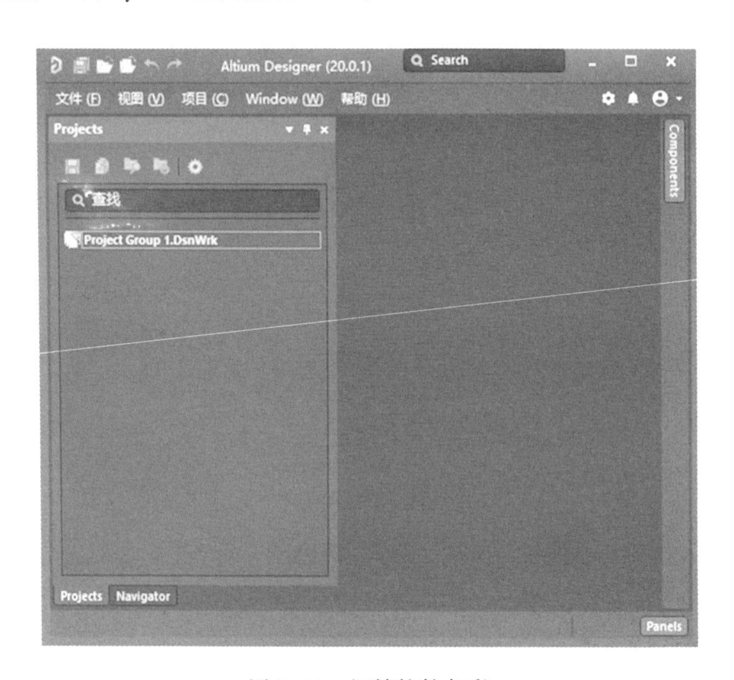

图 2-23　初始软件色彩

在 UI 主题的 电流: Altium Light Gray 里面选择可以切换界面的颜色，如果选择 Altium Dark Gray，则弹出图 2-25 所示对话框，警告提示，对于新的系统设置你将不得不重新启动软件，即按确定之后，选择应用，选择确定，关闭软件，然后再打开软件，系统界面将会变成图 2-26 所示的界面。

小结

本项目用最少的知识和技能完成基本的原理图的设计。主要介绍了如何创建原理图、如何调用元器件库、如何放置导线、如何使用管理工程文件，最后简单介绍了如何使用快捷菜单栏。

图 2-24　系统设置对话框

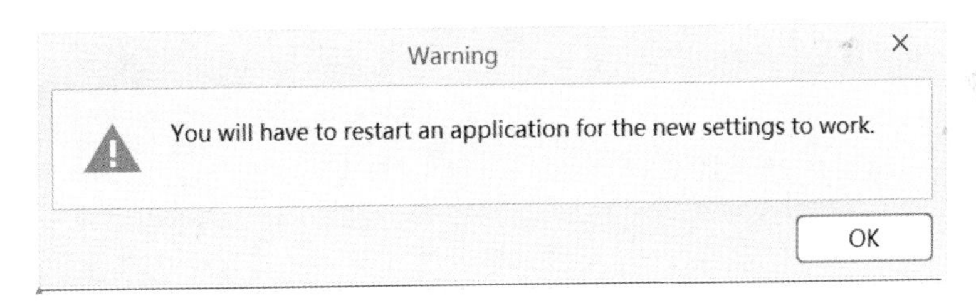

图 2-25　警告对话框

习题

2-1　在项目文件中，创建的 SCH 文件如何保存？

2-2　在 D 盘下创建一个测试文件夹，命名为 test，然后使用 Altium Designer 20 软件创建一个 test 工程，并创建一个 test. Sch 文件均保存在 D：\ test 目录下。

2-3　怎样调用原理图元器件库？

2-4　怎样正确地绘制元器件之间的导线？

2-5　如果项目文件中，无意间创建了几个 SCH 文档，怎么删除呢？试一试如何操作。

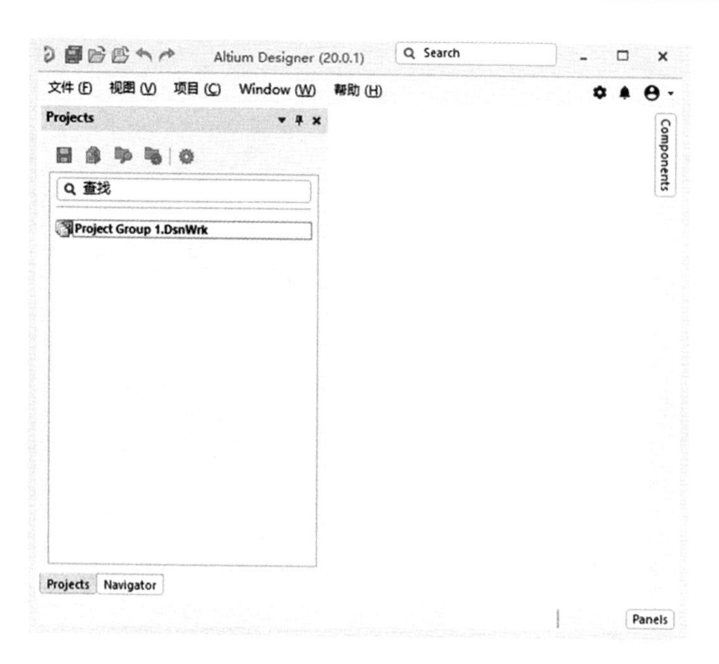

图 2-26　亮灰色系统界面

项目3　绘制单片机电路原理图

【教学方式】

采用项目引领、任务驱动方式，教师授课采取理论讲授、技能操作演示，学生边学边做的方式完成任务，建议学时为9学时。

【教学目标】

知识目标

- 熟悉 Altium Designer 20 软件中各种集成电路厂家的元器件库；
- 了解捕获栅格、网络标签、电气检查规则和网络表的概念；
- 了解集成库的概念。

技能目标

- 会项目工程文件建立；
- 会网络标签的使用；
- 会网络表的生成；
- 会电气检查规则使用；
- 会原理图库的使用；
- 会使用 Altium Designer 20 创建原理图库；
- 会利用电路图生成原理图库。

【项目任务】

绘制图3-1所示电路原理图，进行编译生成网络表文件。

3.1　理论知识学习

3.1.1　原理图环境参数

在 Altium Designer 20 电路设计软件中，原理图编辑器的工作环境设置对于快速绘制原理图，实现原理图特定功能有重大的作用，通常在 Preferences（参数选项）里面进行设置。

执行“Tool”（工具）→“Preferences”（原理图优先项）菜单命令，或者直接在原理图中用鼠标右键单击选择“Preferences”（原理图优先项）就打开了环境参数设置选项对话框，如图3-2所示。该对话框包括8个选项：General（常规设置）、Graphical Editing（图形编辑）、Compiler（编译器）、AutoFocus（自动聚焦）、Grids（栅格）、Library Auto-

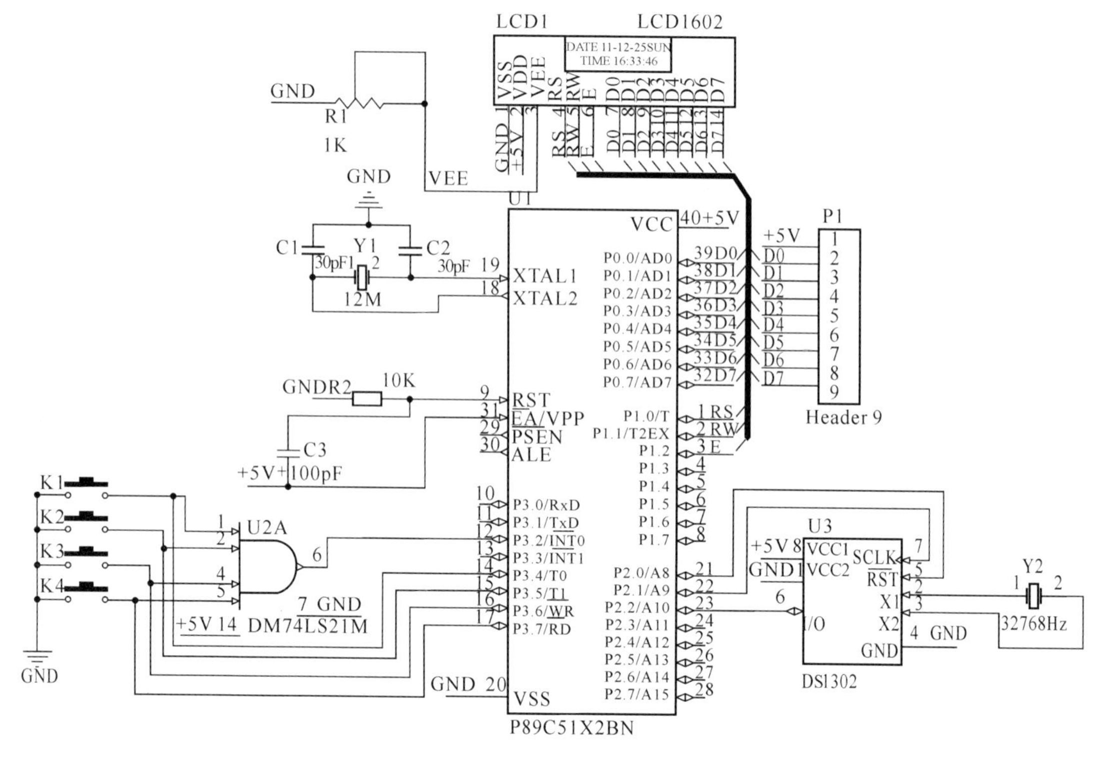

图 3-1　单片机电路原理图

Zoom（库扩充方式）、Break Wire（切割连线）和 Default（默认）。下面以具体设置为例介绍这些参数的设置。

3.1.1.1　General（常规设置）

扫一扫查看
原理图参数设置 I

电路原理图的常规环境参数设置通过 General（常规设置）窗格来实现，如图 3-2 所示。

（1）“单位”选项组。图纸单位可通过“单位”选项组来设置，可以设置为公制（millimeter），也可以设置为英制（mil）。一般在绘制和显示时设为 mil，因为元器件库大部分都是用英制尺寸绘制的。

（2）“选项”选项组。在结点处断线复选框：选中该复选框，在两条交叉线处自动添加节点后，节点两侧的导线将被分割成两段。

优化走线和总线复选框：选中该复选框后，在进行导线和总线的连接时，系统将自动选择最优路径，并且可以避免各种电气连线和非电气连线的相互重叠。此时，“元器件割线”复选框也呈现可选状态，若不选中该复选框，则用户可以自己进行连线路径的选择。

“元器件割线”复选框：选中该复选框后，会启动使用元器件切割导线的功能，即当放置一个元器件时，若元器件的两个引脚同时落在一根导线上，则该导线将被切割成两段，两个端点自动分别与元器件的两个引脚相连。

“使能 In-Place 编辑（启用即时编辑功能）”复选框：选中该复选框之后，在选中原理图中的文本对象时，如元器件的序号、标注等，连续两次单击后可以直接进行编辑、修

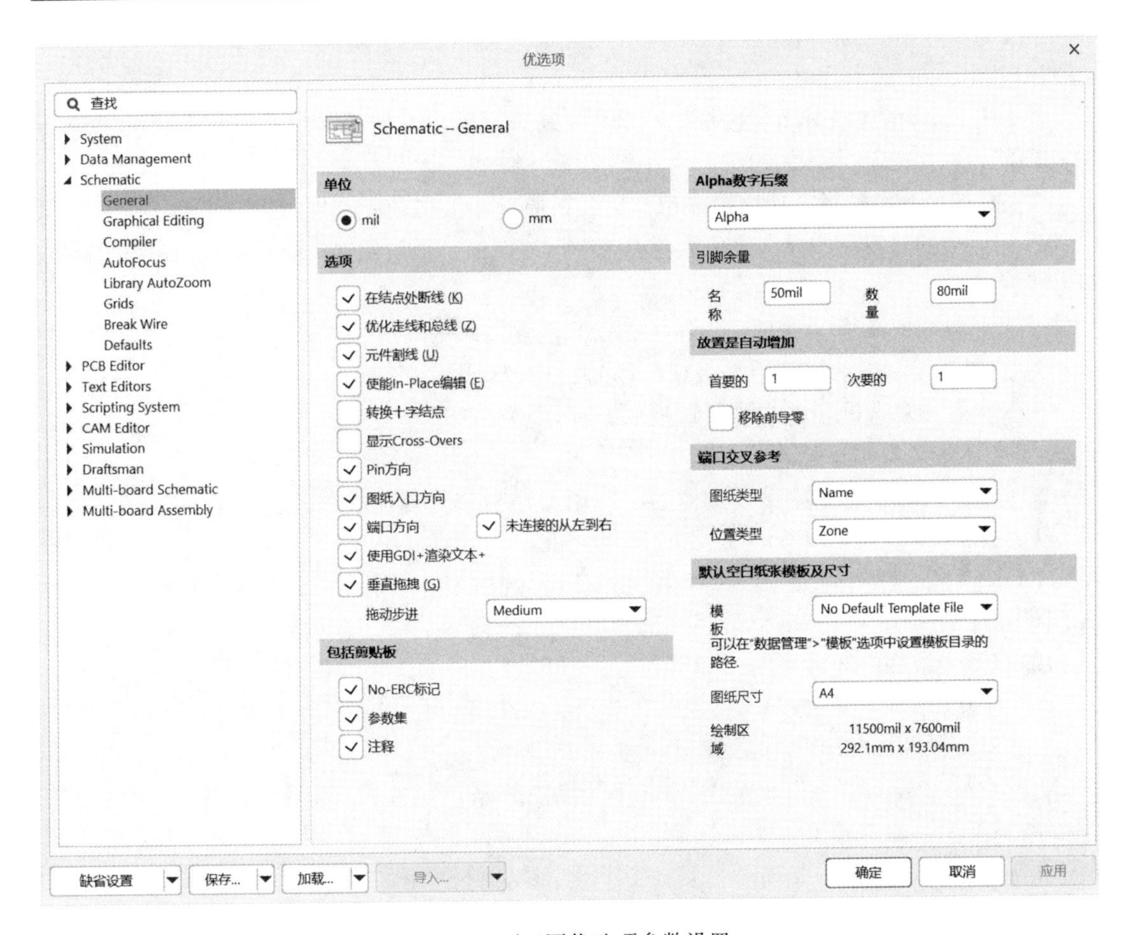

图 3-2 原理图优选项参数设置

改，而不必打开相应的对话框。

“转换十字结点”复选框：选中该复选框后，用户在绘制导线时，在相交的导线处自动连接并产生节点，同时终止本次操作。若没有选中该复选框，则用户可以任意覆盖已经存在的连线，并可以继续进行绘制导线的操作。

“显示 Cross-overs（显示交叉点）”复选框：选中此复选框后，则非电气连线的交叉处会以半圆弧显示出横跨状态，和办公软件 Visio 的类似。

“Pin 方向（引脚说明）”复选框：选中该复选框后，单击元器件某一引脚时，会自动显示该引脚的编号及输入输出特性等。

“图纸入口方向”复选框：选中该复选框后，在顶层原理图的图纸符号中，会根据子图中设置的端口属性显示是输出端口、输入端口或其他性质的端口。图纸符号中相互连接的端口部分则不跟随此项设置改变。

“端口方向”复选框：选中该复选框后，端口的样式会根据用户设置的端口属性显示是输出端口、输入端口或其他性质的端口。

“未连接的从左到右”复选框：选中该复选框后，由子图生成顶层原理图时，左右可以不进行物理连接。

扫一扫查看
原理图参数设置Ⅱ

“拖动步进”下拉列表框：在原理图上拖动元器件时，拖动速度包括 4 种，包括 Medium（适中）、Large（大）、Small（小）、Smallest（最小）。

“使用 GDI+渲染文本+复选框”：选中该复选框后，可使用 GDI 字体渲染功能，可精细到字体的粗细、大小等功能。

“垂直拖拽”复选框：选中该复选框后，在原理图上拖动元器件时，与元器件相连接的导线只能保持直角。若不选中该复选框，则与元器件相连接的导线可以呈现任意的角度。

（3）“包括剪贴板”选项组。No-ERC 标记（忽略 ERC 检查符号）复选框：选中该复选框后，则在复制、剪切到剪贴板或打印时，均包含图纸的忽略 ERC 检查符号。

“参数集”复选框：选中该复选框后，使用剪贴板进行复制操作或打印时，包含元器件的参数信息。

“注释”复选框：选中该复选框后，使用剪贴板进行复制操作或打印时，包含注释说明信息。

（4）“Alpha 数字后缀”（字母和数字后缀）选项组。用来设置某些元器件中包含多个相同子部件的标识后缀，每个子部件都具有独立的物理功能。在放置这种复合元器件时，其内部的多个子部件通常采用“元器件标识：后缀”的形式来加以区别。

“Alpha（字母）”选项：选中该单选按钮，子部件的后缀以字母表示，如“U：A”“U：B”等。

“Numeric，separated by a dot‘.’（字间用点间隔）”选项：选择该选项，子部件的后缀以数字表示，如“U. 1”“U. 2”等。

“Numeric，eparte by a colon‘：’（用冒号间隔）”选项：选择该选项，子部件的后缀以数字表示，如“U：1”“U：2”等。

（5）“引脚余量”选项组。“名称”文本框：用来设置元器件的引脚名称与元器件符号边缘之间的距离，系统默认值为 50mil。

“数量”文本框：用来设置元器件的引脚编号与元器件符号边缘之间的距离，系统默认值为 80mil。

（6）“放置是自动增加”选项组。该选项组用于设置元器件标识序号及引脚号的自动增量数。

“首要的”文本框：用于设定在原理图上连续放置同一种元器件时，元器件标识序号的自动增量数，系统默认值为 1。

“次要的”文本框：用于设定创建原理图符号时引脚号的自动增量数，系统默认值为 1。

“移除前导零”复选框：选中该复选框，元器件标识序号及引脚号去掉零。

（7）“端口交叉参考”选项组。“图纸类型”复选框：用于设置图纸中端口类型，包括“Name（名称）”、“Number（数字）”。

“位置类型”下拉列表框：用于设置图纸中端口放置位置依据，系统设置包括“Zone（区域）”和“Location X，Y（坐标）”。

（8）“默认空白纸张模板及尺寸”选项组。该选项组用于设置默认的模板文件。可以在“模板”下拉列表中选择模板文件，之后模板文件名称将出现在“模板”文本框中。

每次创建一个新文件时，系统将自动套用该模板。

如果不需要模板文件，则“模板”列表框中显示 No Default Template File（没有默认的模板文件），在“图纸尺寸”下拉列表中选择模板文件，之后模板文件名称将出现在“图纸尺寸”文本框中，在文本框下显示具体的尺寸大小。一般如果原理图不是太大，我们选择 A4 图纸即可，如果在一张图纸中我们想绘制更多的原理图，则可以选择 A3，同时我们要考虑打印机是否支持相应的尺寸打印。

3.1.1.2 Graphical Editing（图形编辑）

扫一扫查看
图形编辑参数设定

（1）设置图形编辑的环境参数。图形编辑的环境参数设置通过 Graphical Editing 图形编辑选项卡来完成，如图 3-3 所示，主要用来设置与绘图有关的一些参数。

图 3-3 图形编辑窗口

“剪贴板参考”复选框：选中该复选框后，在复制或剪切选中的对象时，系统将提示确定一个参考点，建议用户选中。

“添加模板到剪切板”复选框：选中该复选框后，用户在执行复制或剪切操作时，系统将会把当前文档所使用的模板一起添加到剪贴板中，所复制的原理图包含整个图纸。建议用户不必选中。

“显示没有定义值的特殊字符串的名称”复选框：用于设置将特殊字符串转换成相应的内容。若选定此复选项，则当在电路原理图中使用特殊字符串时，显示时会转换成实际字符；否则将保持原样。

“对象中心”复选框：选中该复选框，移动元器件时，光标将自动跳到元器件的参考点上（元器件具有参考点时）或对象的中心处（对象不具有参考点时），若不选中该复选框，则移动对象时光标将自动滑到元器件的电气节点上，建议用户选中该复选框。

“对象电气热点”复选框：选中该复选框后，当用户移动或拖动某一对象时，光标自动滑动到离对象最近的电气节点（如元器件的引脚末端）处。建议用户选中。

“自动缩放”复选框：选中该复选框后，则在插入元器件时，电路原理图可以自动地实现缩放，调整出最佳的视图比例。建议用户选中。

“单一”“\”符号代表“负信号”复选框：一般在电路设计中，习惯在引脚的说明文字顶部加一条横线表示该引脚低电平有效，在网络选项卡上也采用此种标识方法。Altium Designer 20 允许用户使用“\”为文字顶部加一条横线，例如，“RESET 低有效”，可以采用“\ RESET”的方式为该字符串顶部加一条横线。选中该复选框后，只要在网络选项卡名称的第一个字符前加一个“\”，该网络选项卡名将全部被加上横线。

“选中存储块清空时确认”复选框：选中该复选框后，在清除选定的存储器时，将出现一个确认对话框。通过这项功能的设定可以防止由于疏忽而清除选定的存储器。建议用户选中该复选框。

“标计手动参数”复选框：用于设置是否显示参数自动定位被取消的标记点。选中该复选框后，如果对象的某个参数已取消了自动定位属性，那么在该参数的旁边会出现一个点状标记，提示用户该参数不能自动定位，需手动定位，即应该与该参数所属的对象一起移动或旋转。

“始终拖拽”复选框：选中该复选框后，移动某一选中的图元时，与其相连的导线也随之被拖动，以保持连接关系。若不选中该复选框，则移动图元时，与其相连的导线不会被拖动。建议用户选中该复选框。

“Shift +单击选择”复选框：选中该复选框后，只有在按下<Shit>键时单击才能选中图元。此时，右侧的“Primitives（元素）”按钮被激活。单击“元素”按钮，弹出图3-4所示的“必须按住 Shift 选择”对话框，可以设置哪些图元只有在按下<Shift>键时单击才能选择，使用这项功能会使原理图的编辑很不方便，建议用户不必选中该复选框，直接单击选择图元即可。

“单击清除选中状态”复选框：选中该复选框后，通过单击原理图编辑窗口中的任意位置，即可解除对某一对象的选中状态，不需要再使用菜单命令或者“原理图标准”工具栏中的（取消选择所有打开的当前文件）按钮。建议用户选中该复选框。

“自动放置页面符入口”复选框：选中该复选框后，系统会自动放置图纸入口。

“保护锁定的对象”复选框：选中该复选框后，系统会对锁定的图元进行保护。若不选中该复选框，则锁定对象不会被保护。

“粘贴时重置元器件位号”复选框：选中该复选框后，将复制粘贴后的元器件标号进

图 3-4 Shift +单击选择对话框

行重置。

“页面符入口和端口使用线束颜色”复选框：选中该复选框后，将原理图中的图纸入口与电路端口颜色设置为线束颜色。

“网络颜色覆盖”：选中该复选框后，原理图中的网络显示对应的颜色。

“类型”下拉列表：用来设置系统自动摇镜的模式。有 3 种选择：Auto Pan Off（关闭自动摇镜）、Auto Pan Fixed Jump（按照固定步长自动移动原理图）、Auto 1Recenter（移动原理图时，以光标位置作为显示中心）可以供用户选择。系统默认为 Auto Pan Fixed Jump。

“速度”滑块：通过拖动滑块，可以设定原理图移动的速度。滑块越向右，速度越快。

“步进步长”文本框：设置原理图每次移动时的步长。系统默认值为 30，即每移动 30 个像素点。数值越大，图纸移动越快。

“移位步进步长”文本框：用来设置在按住<Shift>键的情况下，原理图自动移动时的步长。一般该栏的值要大于“步进步长”的值，这样在按住<Shift>键时可以加快图纸动速度，系统默认值为 100。

（2）“颜色选项”选项组用来设置所选中对象的颜色。单击“选择颜色”选择选项中的颜色显示框，在弹出的选择颜色框中选择对象的颜色，如图 3-5 所示。

（3）“光标”选项组。该选项主要用来设置光标的类型。

“光标类型”下拉列表：光标的类型有 4 种，即 Large Cursor 90（长十字形光标）、Small Cursor 90（短十字形光标）、Small Cursor 45（短 45°交错光标）、Tiny Cursora 45（小 45°交错光标）。系统默认为 Small Cursor 90，如图 3-6 所示。

其他参数的设置读者可以参照帮助文档，这里不再赘述。

选择颜色
基本的
标准的
定制的
颜色 (C):
222
223
224
225
226
227
228
229
230
231
232
233
234
235
新的
当前的
自定义颜色:
添加到自定义
确定
取消

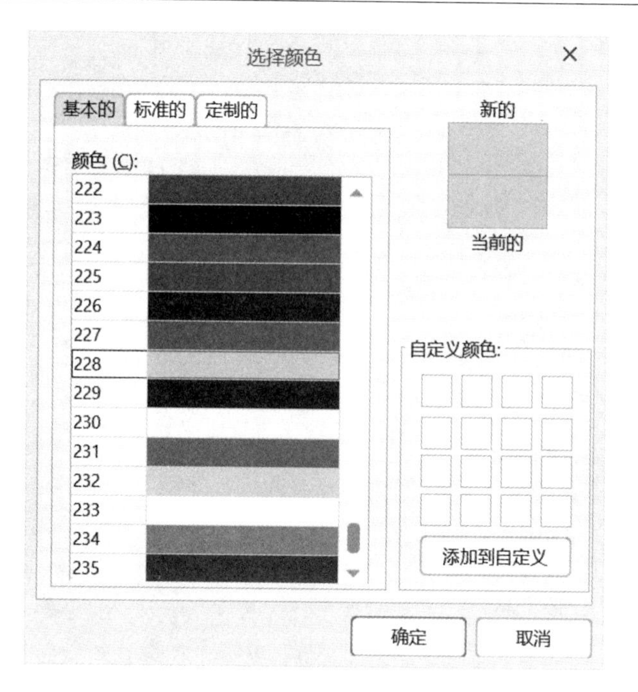

图 3-5　“选择颜色”对话框

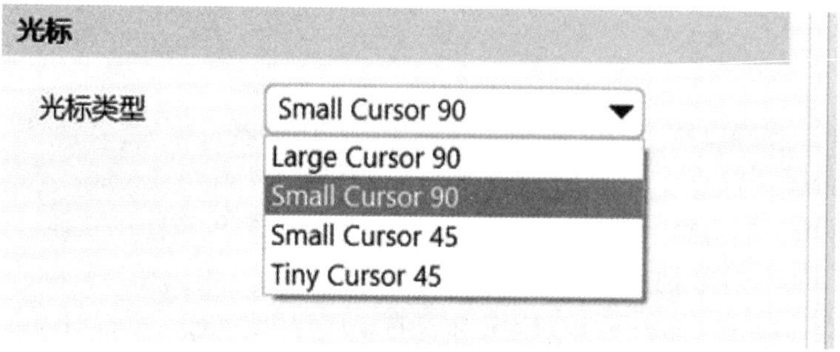

光标
光标类型
Small Cursor 90
Large Cursor 90
Small Cursor 90
Small Cursor 45
Tiny Cursor 45

图 3-6　光标选项

3.1.1.3　Compiler（编译器）

Compiler（编译器）选项卡包括在对原理图进行编译时的颜色设置及节点样式设置，如图 3-7 和图 3-8 所示。

错误和告警选项：颜色分为 3 个类别，即“Fatal Error”（严重错误）、“Error”（错误）、“Warning”（告警），一般默认分别为红色、浅红色及黄色，对比度高的颜色比较显眼，方便查找定位。

自动节点选项：此处设置布线时系统自动生成节点的样式，其中有线路节点“显示在线上”和总线上的节点“显示在总线上”，可以分别设置大小和颜色。对于编译错误提示一般设置为红色，对于总动连线节点或者总线节点一般设置为深红色。

编译扩展名选项：显示下列对象的扩展编译名，Designators（位号），Net Labels（网

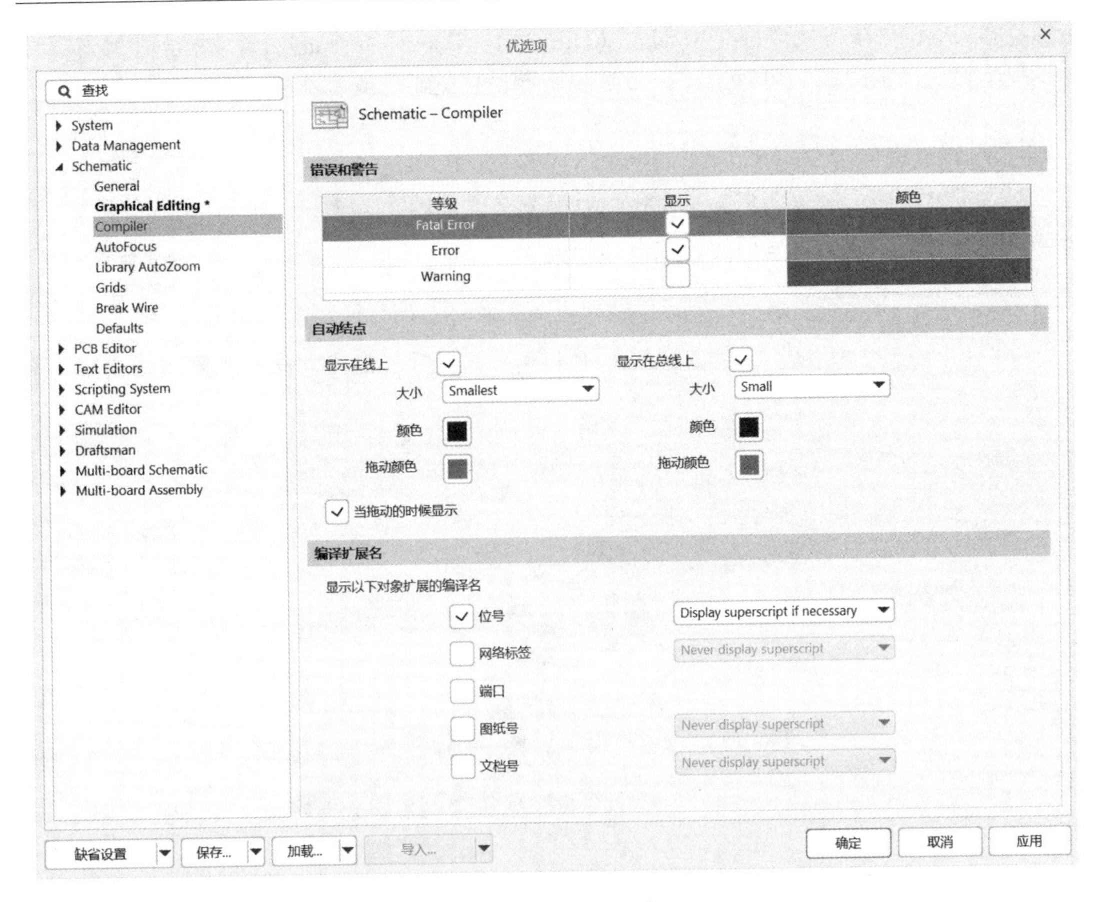

图 3-7　编译器设置窗口

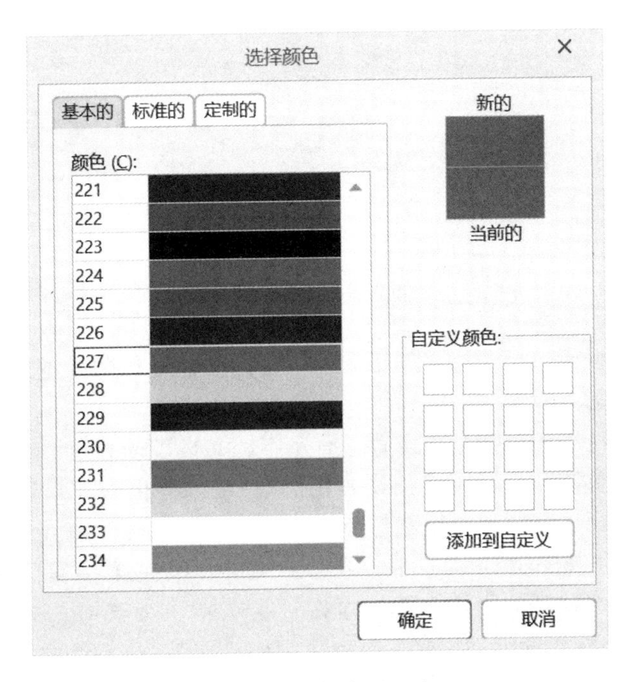

图 3-8　节点颜色设置窗口

络标签），Ports（端口），Sheet Number（图纸号），Document Number（文档号）。当设计的工程项目编译的时候，可以选择必要时候显示、总是显示或者不显示。

3.1.1.4　Grids（栅格设置）

扫一扫查看
栅格设置与切割连线

栅格设置是原理图参数中一个比较重要的参数，如图 3-9 所示，前面已经简单介绍，这里对里面的选项做详细说明。

栅格选项如下所述。

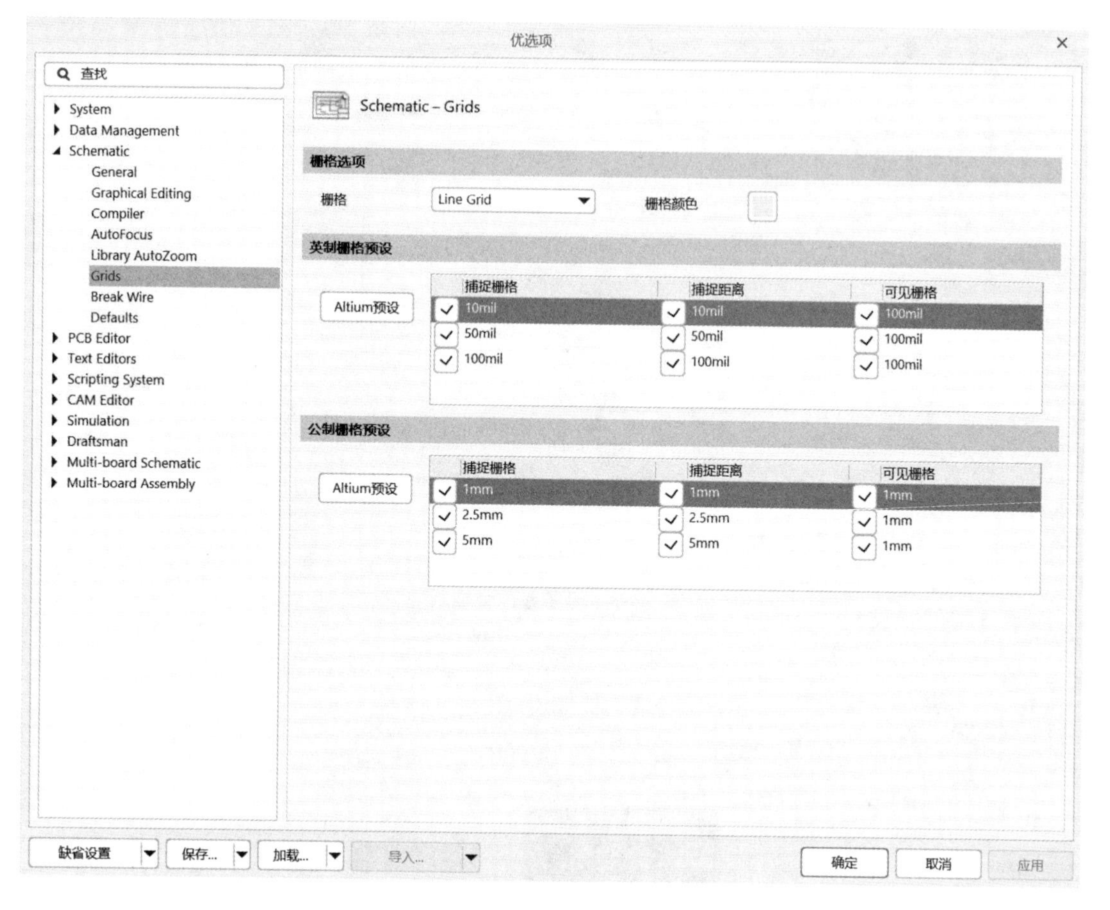

图 3-9　栅格设置

栅格：选择线性或者点型栅格，如果选择线型栅格，原理图显示为方块格子，如果选择点型栅格，则显示为点状格子。

栅格颜色：可以选择栅格的颜色设置，有基本的、标准的和自己定制的颜色选择。

栅格预设：分为英制和公制栅格预设，在前面 General 里面如果选择了英制，这里就是英制有效，如果选择了公制，这里就是公制有效。

栅格分为捕捉栅格（Snap Grid）、捕捉距离（Snap Distance）、可视栅格（Visible Grid）。

捕捉栅格：指光标移动的最小间隔。可设置 X 方向和 Y 方向。捕捉栅格，如果设定值是 10mil，鼠标的光标拖动零件引脚，距离可视栅格在 10mil 范围之内时，零件引脚自动准确跳到附近可视栅格上，捕捉栅格也叫跳转栅格，捕捉栅格是看不到的。

捕捉距离：捕捉距离的作用是在移动或放置元器件时，当元器件与周围电气实体的距离在电气栅格的设置范围内时，元器件与电气实体会互相吸住。如果设定值是30mil，按下鼠标左键，如果鼠标的光标离电气对象、焊盘、过孔、零件引脚、铜箔导线的距离在30mil范围之内时，光标就自动跳到电气对象的中心上，以方便对电气对象进行操作：选择电气对象、放置零件、放置电气对象、放置走线、移动电气对象等，捕捉距离设置的尺寸大，光标捕捉电气对象的范围就大，如果设置过大，就会错误捕捉到比较远的电气对象上。捕捉距离工作时捕获栅格不工作。

可视栅格：就是编辑过程中看到的最小的格子就是可视栅格，可视摆放的元器件整齐对齐。

3.1.1.5 Break Wire（切割连线）

有时候需要对连接的导线进行断开操作，可以利用该功能。在弹出窗口中设置显示、长度等，如图3-10所示。切割长度一般设置为线宽的5倍。

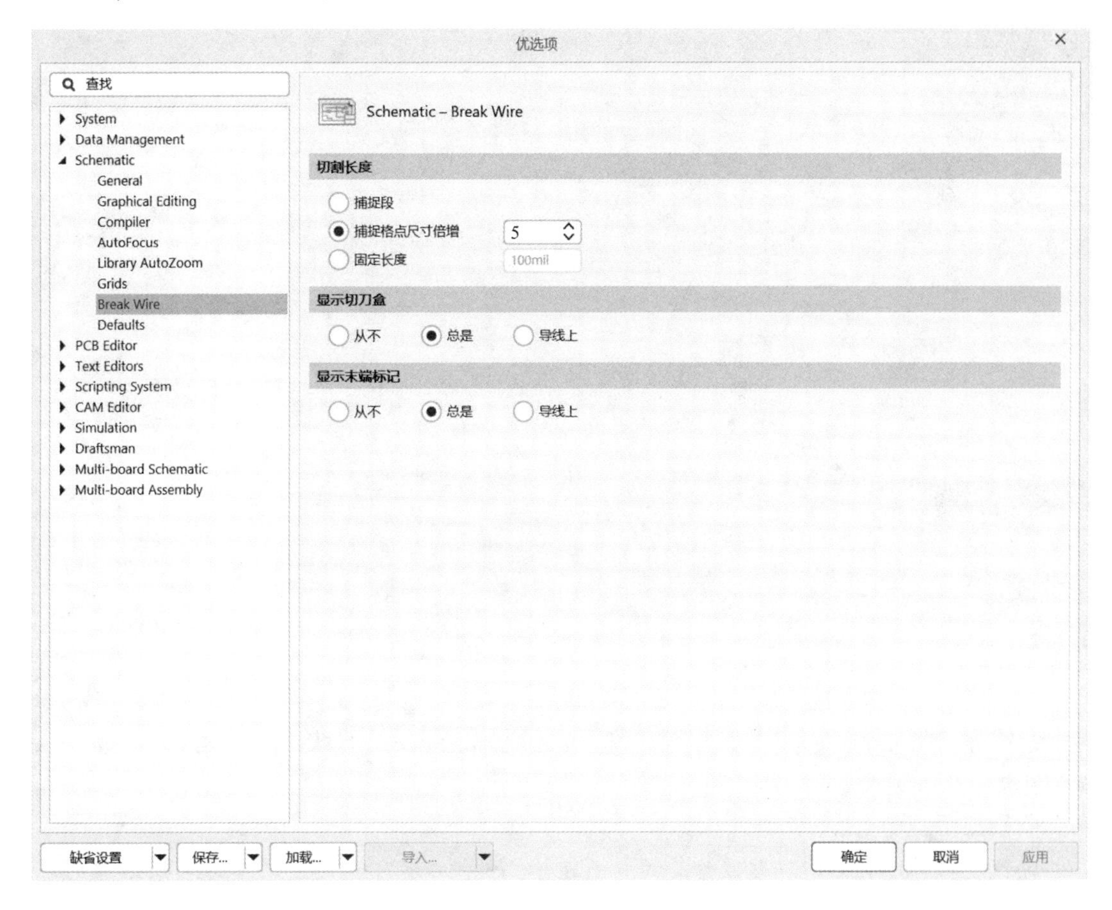

图3-10 Break Wire（切割连线）窗口

3.1.1.6 Default（默认）

该选项的设置目的在于对常用的元素（如画线宽度、引脚长度等）可以先设置自己偏好的参数，而不用在设计的时候浪费时间一个一个去设置。对于自定义这些参数也可以单独保存，方便下次进行调用。当然如果调得比较乱，也可以直接复位到系统安装状态，如图 3-11 所示，在该图中，设置了单位是 mils，圆弧初始线宽是 small，圆弧是 100mil，起始角是 30°，终止角是 330°。那么在我们绘制圆弧的时候初始值就是这种情况。

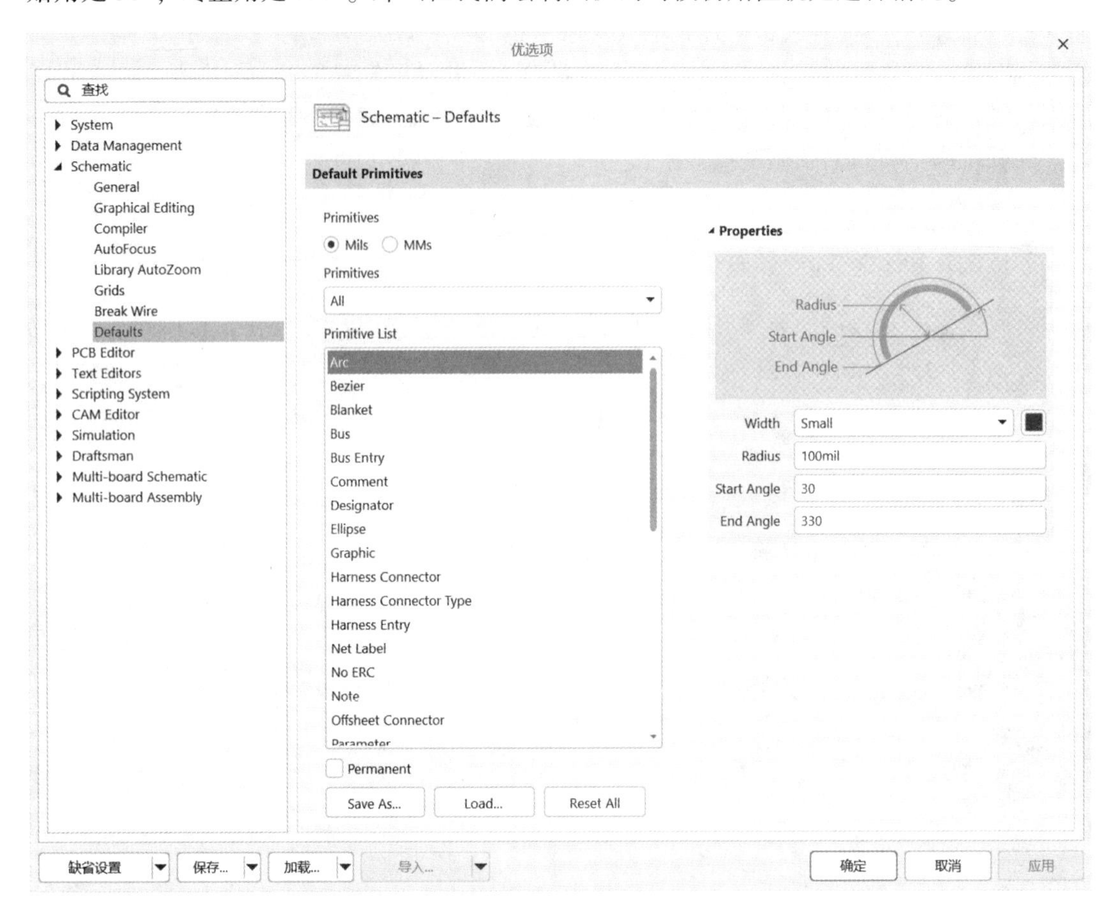

图 3-11　默认设置窗口

3.1.2　总线

扫一扫查看总线的绘制

总线是一组具有相同性质的并行信号线的组合，比如地址总线、数据总线、控制总线等。在大规模的原理图设计中，采用总线连接的方式比导线连接原理图显得更加整洁、美观。

特别提示：

总线连接并没有任何实质性意义的电气连接，仅仅是为了绘图、看图方便而采取的一种简化连线的表现形式。总线连接需要总线和总线入口两部分，而且在连接的起点和终点分支数量均应相等。

3.1.3　原理图库

原理图库是原理图元器件库的简称，原理图库是指元器件的电器性能的图形符号，没有外形要求。原理图库是为了设计的时候更加方便快捷、节约时间，提前把需要绘制的图形以一个个元器件以独立个体的方式绘制出来集中在一起形成的文件的集合，原理图库的引脚有电气特性，而外形线条等没有电气特性，有电气特性的引脚需要和 PCB 库的元器件一一对应。

3.2 技能操作学习

3.2.1 PCB 工程建立

（1）启动 Altium Designer 20。

（2）执行菜单命令“File”→“New”→“PCB Project”，在 Project 面板里出现一个虚拟的项目文件。

（3）执行菜单“File”→“Save Project As”命令，将上面出现的项目文件保存在“E：\ 单片机电路原理图\”中，文件命名为“单片机电路原理图 . PrjPCB”。

（4）在工程目录下直接用鼠标单击右键，选择“添加新的…到工程”→“Schematic”，在“单片机电路原理图”项目下创建一个电路原理图文件 sheet1. SchDoc。

（5）执行菜单命令“File”→“Save As”或者直接用鼠标右键单击 sheet1. SchDoc 选择另存为 E：\ 单片机电路原理图\，文件命名为单片机电路 . SchDoc，如图 3-12 所示。

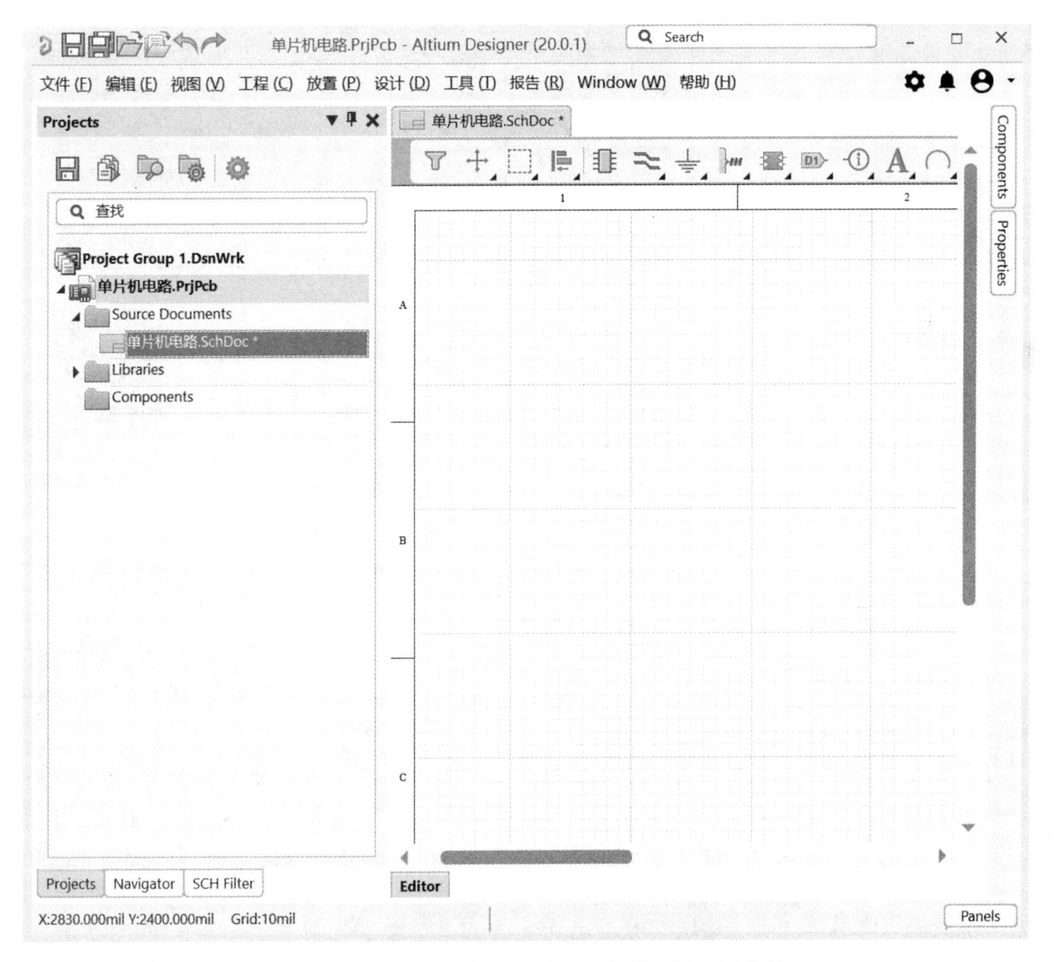

图 3-12 单片机电路原理图工程文件、原理图文件

3.2.2　原理图绘制

建立了项目文件和原理图文件后，进入了原理图编辑环境，在默认设置情况下，可以通过菜单或者快捷键调整画图的可视范围。在图 3-12 所示的 Projects 面板中，双击“单片机电路原理图”就可以绘图。

对于初学者，常常找不到元器件在哪里，本项目首先给出元器件信息表，见表 3-1。

表 3-1　元器件信息表

元器件名称	编号	库名称	封装	元器件库
电容	C1、C2	CAP	RAD-0.3	Miscellaneous Devices. IntLib
有极性电容	C3	CAP Pol2	POLAR0.8	
按键	K1～K4	SW-P8	SPST-2	
可变电阻	R1	Res Tap	VR3	
电阻	R2	Res2	AXIAL-0.4	
晶振	Y1、Y2	XTAL	R38	
连接器	P1	Header 9	HDR1X9	Miscellaneous Connector Devices. IntLib
单片机 89C51	U1	P89C51X2BN	SOT129-1	Philips Microcontroller 8-Bit. IntLib
DM74LS21M	U2	DM74LS21M	M14A	NSC Logic Gate. SchLib
DS1302	U3	DS1302	DIP8	Dallas Peripheral Real Time Clock. IntLib
LCD	LCD1	LCD1602	LCD-1	自制元器件库

3.2.3　加载原理图库

扫一扫查看常见元器件库的介绍

打开原理图库文件面板，单击面板上的 Components 按钮或者执行菜单命令“Place”（放置）→“Components”（器件）或者快捷工具栏选择元器件图形，弹出图形如图 3-13 所示。在该窗口中单击 ≡ 选择“File based Libraries Preferences”，弹出图 3-14 所示的加载删除元器件库对话框。该窗口显示已经加载了 3 个元器件库。在图 3-14 中单击下移或者上移按钮，可以改变元器件库在图 3-13 中优先显示的顺序。

也可以更改元器件库的存放路径，我们可以把库文件放在一个指定的位置，比如该项目的库文件路径是 C:\ Program Files\ Altium\ AD20\ Library，如果我们指定了不正确的路径，则可能找不到相应的元器件。

在图 3-14 中单击右下角的 Install（安装）按钮，弹出图 3-15 所示的元器件库文件添加窗口，在该目录下包括了数十家国际知名半导体元器件制造商的元器件库，比如 Xilinx、Zilog、Motorola、National Semiconductor、Philips、Amphenol、Atmel、Dallas Semiconductor、Texas Instruments 等，这是以元器件厂家作为一级分类，同时我们也可以看到 Miscellaneous Connectors. IntLib、Miscellaneous Devices. IntLib 这两个分离元器件库，系统一般默认把这两个库文件添加。

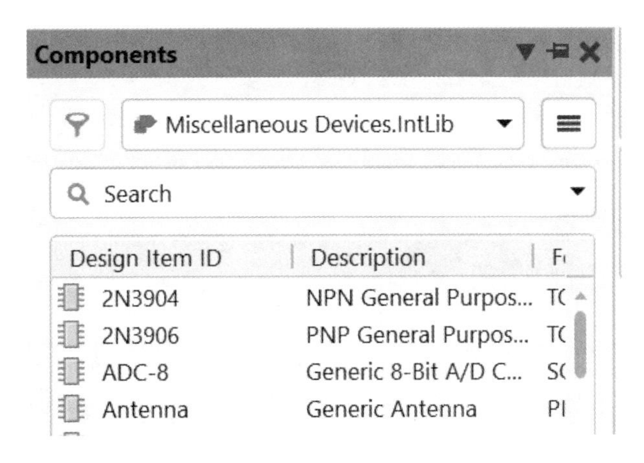

图 3-13 元器件库窗口

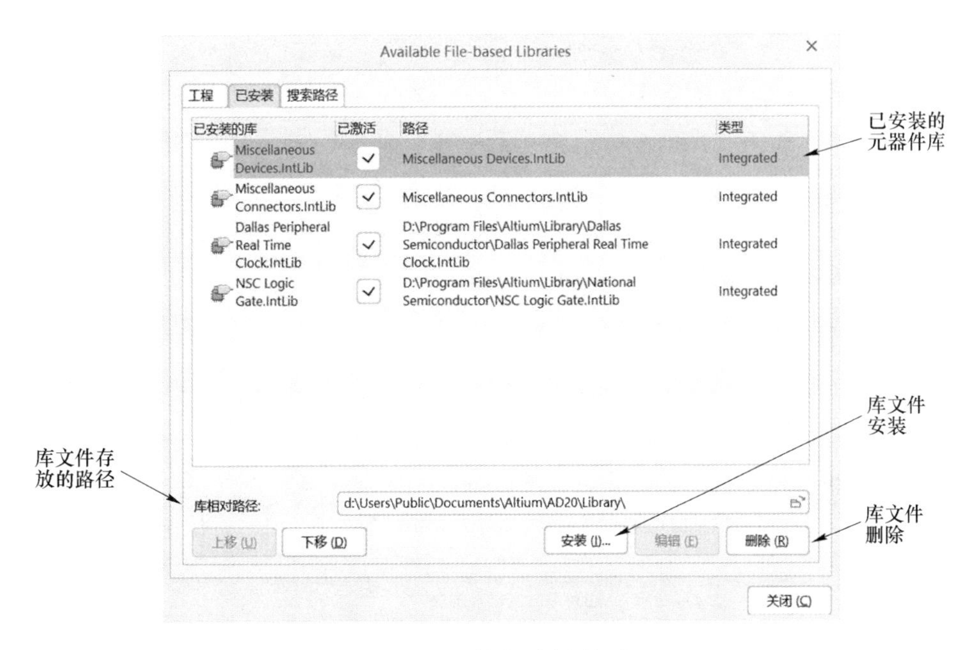

图 3-14 元器件库删除添加窗口

打开 Philips 厂商的元器件库，如图 3-16 所示。

Philips Microcontroller 8-Bit. IntLib 里面集成了许多元器件库，这是以元器件的种类进行了二级分类。根据表 3-1 选择 Philips Microcontroller 8-Bit. IntLib 元器件库并双击，此时可以看到该元器件库列表已经添加到元器件库列表中，如图 3-17 所示。

单击<Close>按钮，返回到库文件面板，看到元器件库下拉菜单中已经有了 Philips Microcontroller 8-Bit. IntLib，如图 3-18 所示，通过该办法可以把除了自制库以外都添加上去。

如果要在库面板列表中删除某个元器件库，操作方法：在图 3-14 元器件库删除添加窗口对话框中，单击选中要删除的元器件库，单击<Remove>（删除）按钮，库列表栏就删除了该库，单击<Close>按钮关闭对话框。此时查看库面板列表，已删除某元器件库。

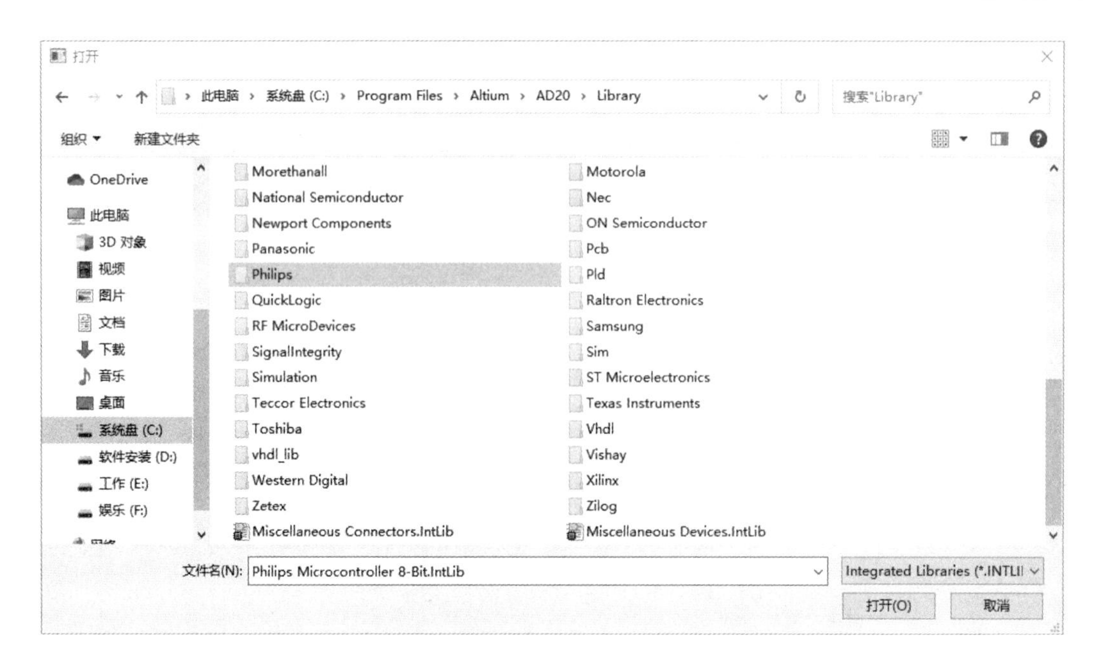

图 3-15　不同厂家的元器件库

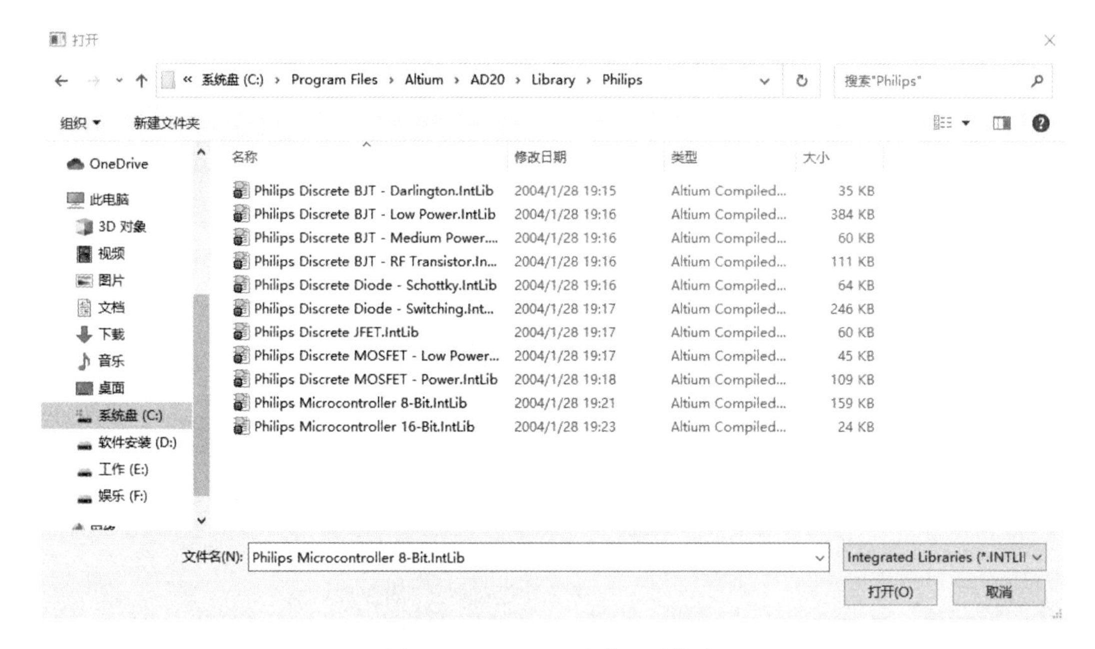

图 3-16　Philips 厂商的元器件库

删除元器件库只是从当前已添加库列表中删除，该库仍然保存在系统 Library 库文件夹下。

特别提示：

元器件库类型有三类，集成元器件库（IntLib）、原理图元器件库（SchLib）、PCB 元器件库（PcbLib）。本节我们仅学习原理图元器件库，集成元器件库和 PCB 元器件库将在后面的章节中学习。

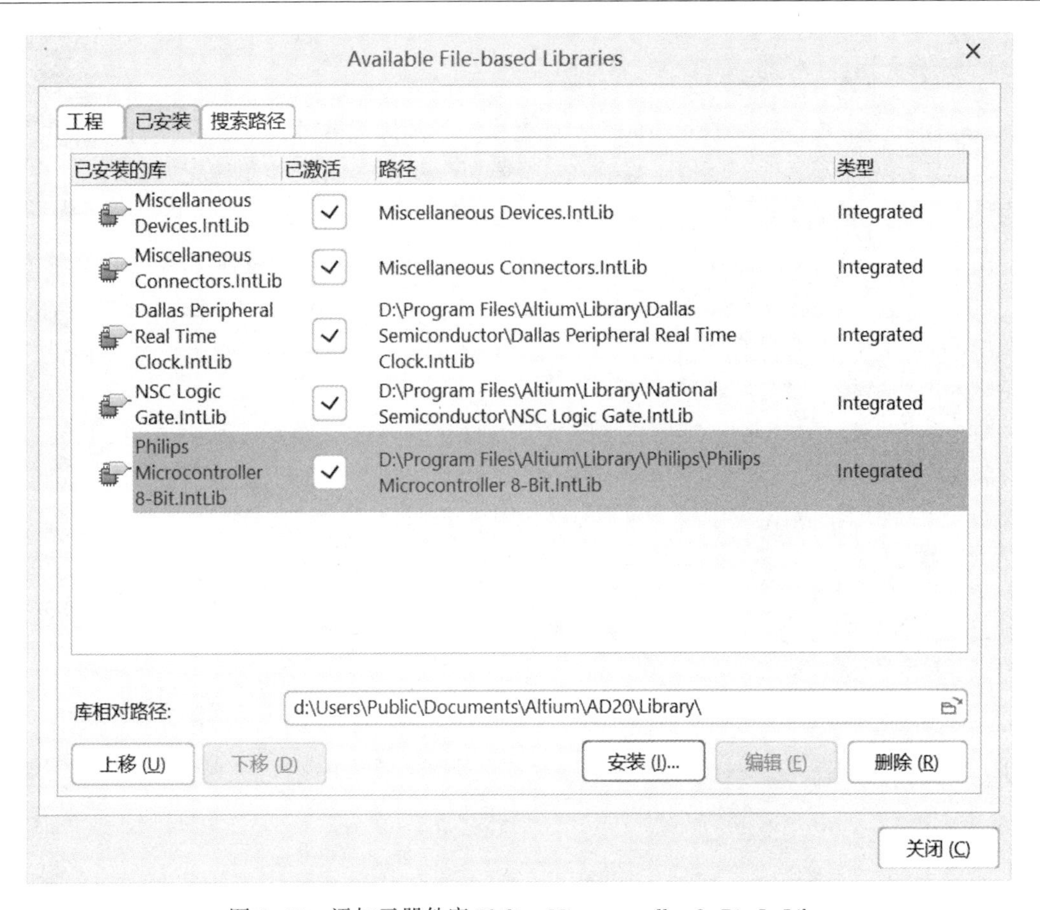

图 3-17　添加元器件库 Philips Microcontroller 8-Bit. IntLib

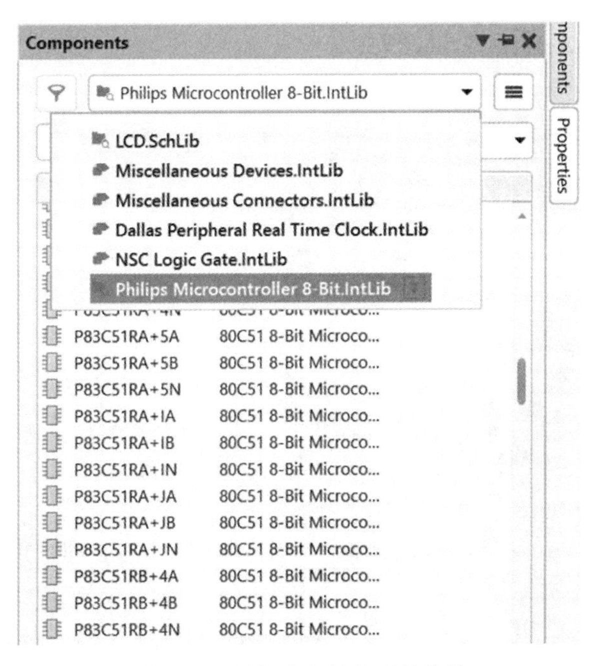

图 3-18　添加库文件之后的菜单

3.2.4　查找元器件

扫一扫查看
查找元器件

有时候我们不熟悉公司的元器件库，或者根本不知道元器件所在的元器件库名称，使用添加元器件库就很难准确找到元器件，这时候可以使用搜索功能查找元器件。

在“Components（元器件）”面板右上角中单击 ≡ 按钮，在弹出的快捷菜单中选择“File-based Libraries Search（库文件搜索）”命令，则系统将弹出“File-based Libraries Search（库文件搜索）”对话框。在该对话框中用户可以搜索需要的元器件。搜索元器件需要进行一系列的参数设置。

“过滤器”选项：用来输入需要查找的元器件名称或部分名称，如图 3-19 所示。在该对话框中可以输入一些与查询内容有关的过滤语句表达，有助于系统更快捷、更准确地查找。如果对搜索的库比较了解，可以输入相应的符号以减少搜索范围。

图 3-19　查找元器件

搜索字段可以自定义，运算符则只能选择，运算符分为 contains（包含）、equals（等于）、starts with（首字符）、ends with（尾字符）四个选项，值为需要搜索的对象。

比如搜索名字 89C51 元器件，这时候可以搜索元器件 Name，运算符为 contains（包含），不建议选择 equals（等于），因为有可能并没有 89C51，而是包含了 89C51，值取 89C51 即可。搜索结果如图 3-20 所示。

单击需要的元器件，在 Models 的地方可以看到元器件的原理图形状和元器件的描述，如图 3-21 所示。

图 3-21 中描述为 89C51 8-Bit Flash Microcontroller Family，4K Flash，器件型号为 P89C51X2BN，来源库是 Philips Microcontroller 8-Bit. IntLib。

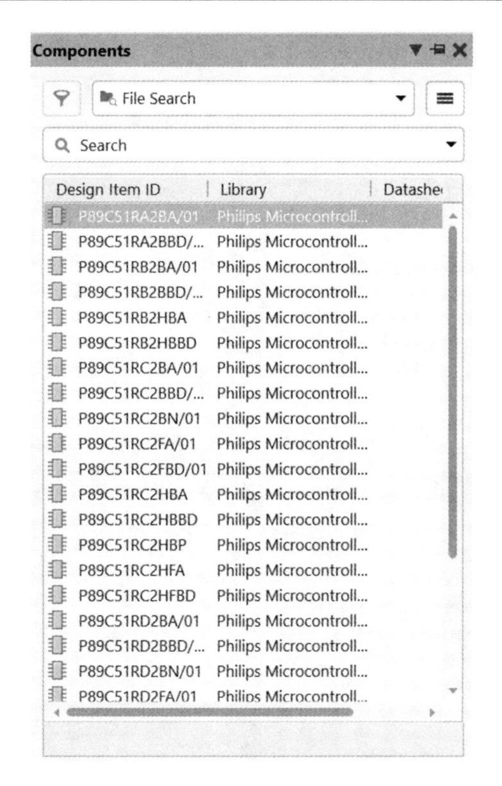

图 3-20 89C51 搜索结果

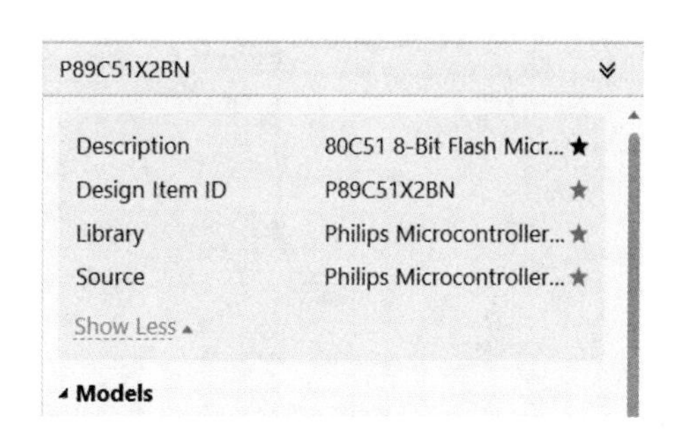

图 3-21 89C51 元器件形状和描述

“搜索范围”选项：用于选择查找类型，有 Components（元器件）、Protel Footprints（PCB 封装）、3D Models（3D 模型）和 Database Components（数据库元器件）4 种查找类型。

（1）“范围”选项：用于设置查找范围。若选中“可用库”单选按钮，则在目前已经加载的元器件库中查找；若选中“搜索路径中的库文件”单选按钮，则按照设置的路径进行查找。

（2）“路径”选项：用于设置查找元器件的路径，主要由“路径”和“File Mask（文件屏蔽）”选项组成。单击“路径”文本框右侧的圆按钮，系统将弹出“浏览文件夹”对话框，可以选中相应的搜索路径。一般情况下，选中“路径”文本框下方的“包括子目录”复选框。“File Mask（文件屏蔽）”是文件过滤器，默认采用通配符。

特别注意：

如果路径选择为可用库，则搜索范围为已经安装了的库，没有安装的库则不会搜索；路径中如果没有选择包括子目录，则子目录不会搜索该元器件。

在搜索到 DS1302 的时候，双击该元器件放置该元器件到原理图中，这时候弹出对话框，如图 3-22 所示，该窗口要求用户在放置 DS1302 的时候确认是否把该元器件的原理图库安装进来，选择<Yes>则下次在该工程中就可以直接在该元器件库下放置 DS1302 元器件，如果选择<No>则下次放置 DS1302 还需要重新搜索一次或者安装该元器件库才可以实现，在项目中一般选择<Yes>。

如图 3-23 所示，DM74LS21M 对应两个功能相同的单元，为 Part A、Part B。可以选择放置任何一部分即可。

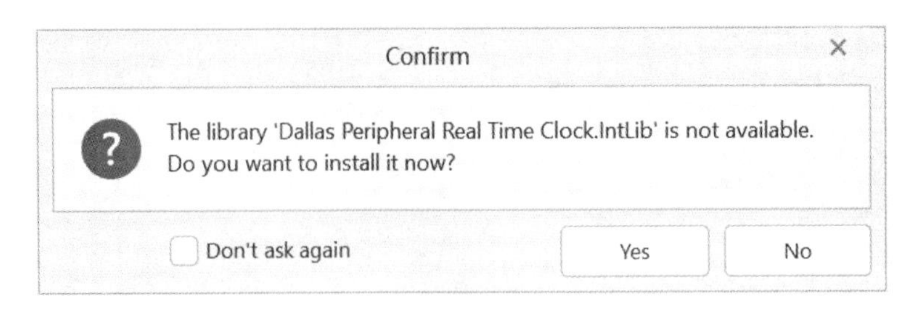

图 3-22　是否安装元器件库确认窗口

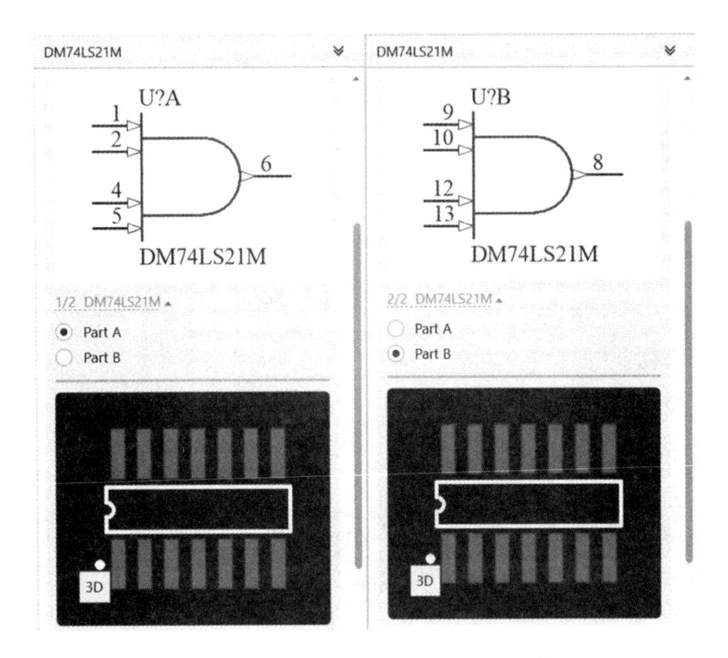

图 3-23　包含子单元的原理图元器件

3. 2. 5　自制原理图库文件

对于单片机 89C51 或者其他元器件，元器件形状只要和要求的元器件形状一致，就可以通过修改元器件名字的方式即可调用。对于 LCD 显示屏元器件，在原理图库中搜索并没有找到该元器件。需要自己绘制元器件，再调用到原理图，具体操作流程如下：

3. 2. 5. 1　创建原理图元器件库

扫一扫查看创建原理图库

在图 3-12 所示界面下，用鼠标左键单击选中工程文件，用鼠标右键单击，弹出图 3-24 所示的菜单，选择执行命令“添加新的…到工程”→“Schematic Library”或者直接在“文件”（File）菜单栏选择“新的…”（New）→“库”（Library）→“原理图库”（Schematic Library）就创建了原理图元器件库文件，同时弹出图 3-25 所示的编辑菜单。这时候原理图库文件就进入了工程文件下的专用文件夹中，单击“Projects”就可以查看。

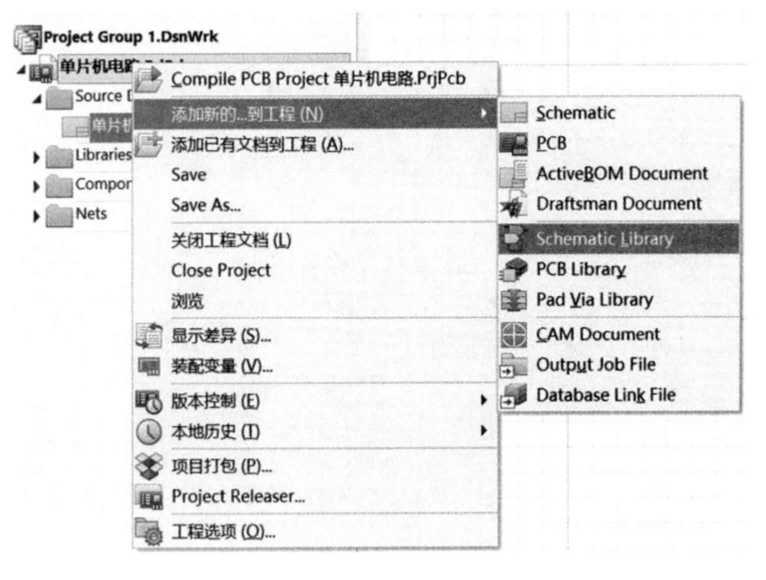

图 3-24　创建自制原理图库文件方法

图 3-25　原理图库编辑界面

3.2.5.2　绘制原理图元器件

单击原理图编辑工作界面控制面板的 Sch Library，就可以进入绘制原理图元器件库编辑界面，如图 3-25 所示。打开之后默认原理图文件名为 Component_1，右侧为原理图库编辑界面，中心点是一个十字分成了四个象限。十字中心点叫原点，鼠标移动到该中心点显示 X、Y 坐标均为 0，绘制元器件就在 0 点开始或者附近。

特别注意：

如果绘制元器件中心点不在原点附近，有可能放置不到原理图中去，或者放置进去旋转的时候跳出原理图编辑界面。

（1）绘制图形。

要绘制图 3-1 所示 LCD 元器件，需要涉及放置图形、引脚、文字及属性编辑，首先演示如何放置图形。图 3-26 是放置各种元素的界面，除了 Pin（引脚）有电气特性外，其他都不具备电气特性，但是可以指示电气的含义，比如一般带圆圈的指示输入低电平信号有效，箭头可以表示信号的流向。

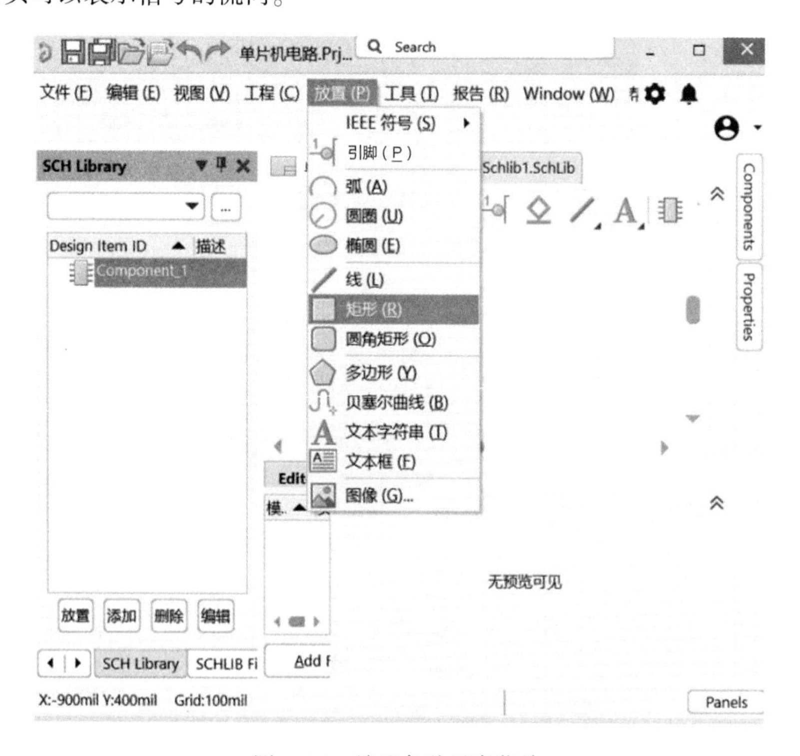

图 3-26　放置各种元素菜单

此处先在元器件库文件编辑界面上绘制一个适当大小的矩形框，然后放置引脚。

（2）放置引脚。

执行菜单命令“放置”（Place）→“引脚”（Pin）或者直接单击快速工具栏图标，引脚粘贴在十字光标上，按键盘上的<Tab>键可以修改引脚属性，如图 3-27 所示。

引脚坐标：表示引脚放置的位置，直接把引脚放置在想放置的位置坐标就确定了，不必输入数字坐标。

引脚旋转角度：引脚在放置的时候光标显示的“×”一定要对外，也就是用于连接其他导线的地方一定要注意方向，否则做好的元器件连线出现错误，所以我们在放置的时候直接按空格键旋转引脚到合适的位置，也可以手动输入旋转角度。

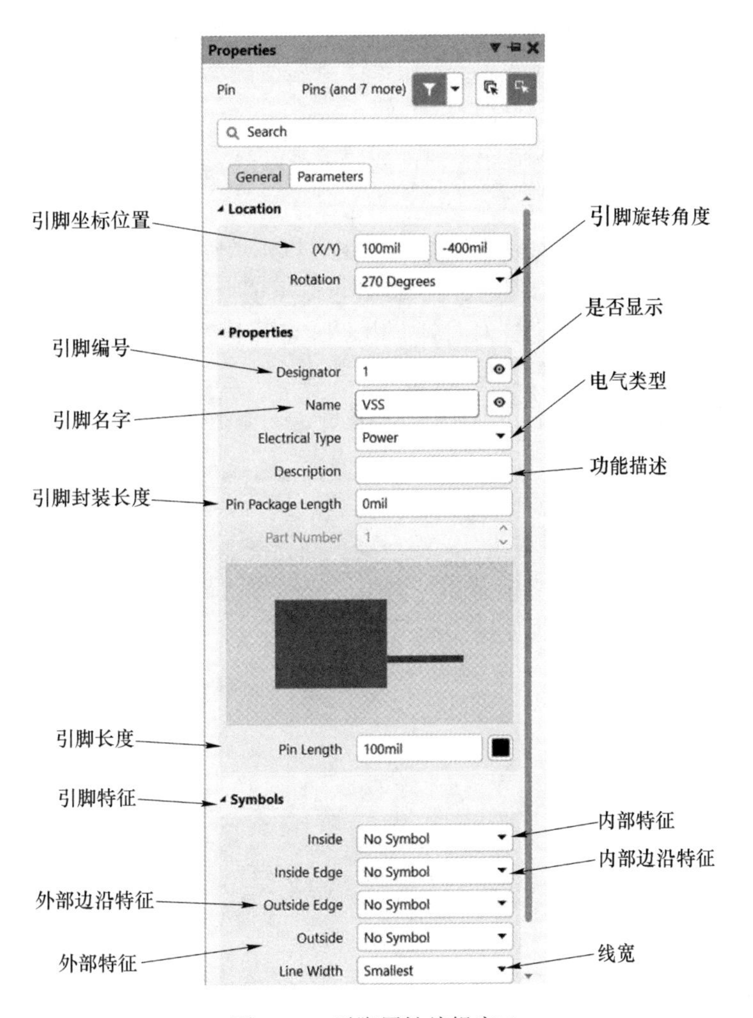

图 3-27　引脚属性编辑窗口

引脚序号：是引脚的顺序号，注意不要和名字混淆。一般用数字作为引脚序号，但是也可以用字符串表示，例如 BJT 晶体管，分别用 E、B、C 作为三个引脚的序号可能更加明了。在原理图文件中元器件的连接关系就是通过引脚序号与 PCB 元器件封装图的引脚序号建立连接关系，因此引脚序号不能省略，且电气图形符号的引脚序号与 PCB 封装图的引脚编号必须一致。引脚序号自动放在具有电气属性的引脚一端的上、下或左、右侧。在添加元器件引脚操作过程中，元器件引脚序号不能重复，否则将无法通过原理图设计规则检查。

引脚名字：简单描述引脚功能的地方，可以选择确定是否显示。

电气类型：如图 3-28 所示，可以选择多种引脚电气类型（Elecrial Type）。Input（输入）；I/O（输入/输出）；Output（输出）；Open Clollector（集电极开路输出，也用于定义 MOS 类型元器件 OD 输出引脚）；Passive（被动引脚），当引脚的输入/输出特性由外部电路确定时，可定义为被动属性如电阻、电容、电感、BJT 晶体管、MOS 场效应晶体管等分立元器件的引脚。元器件引脚电气属性必须正确，如果不能确定该引脚是“输入”还是

“输出”属性时，可将其定义为被动引脚。原因是在设计规则检查中，当两个电气属性为“输出”的引脚并联在一起，形成关系时，系统将给出警告信息（提醒设计者是否存在不合理的“线与”逻辑，如 CMOS 反相输出端、TTL 输出端等具有类似推挽输出结构的电路，不允许“线与”，否则将会损坏元器件的输出级电路）。HiZ（三态输出），Power（电源、地线引脚）。

功能描述：描述该引脚详细功能，可以填也可以不填写。

引脚封装长度：引脚 PCB 封装长度，此处可以不填写。

引脚特征：引脚特征主要是针对时钟、电源、高低电平等特征在引脚上表现出来，比如是否双向，是否高电平有效等。

该 LCD 我们全部选择 passive 引脚，引脚长度定义为 100mil，引脚序号从 1~14。

（3）放置注释。

放置好引脚后，还需要放置一些说明性注释。执行菜单命令“放置”→“文本字符串”，在出现十字光标后，按键盘上的<Tab>键，弹出图 3-29 所示窗口，在 text 那里输入文字。在该对话框也可以修改文字字体、大小、颜色等。如果还需要一些装饰美化方框，也可以再放置矩形框作美化装饰使用。

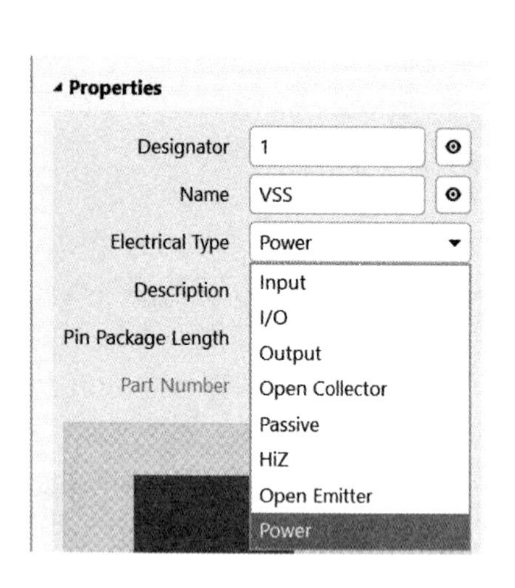

图 3-28　引脚电气类型

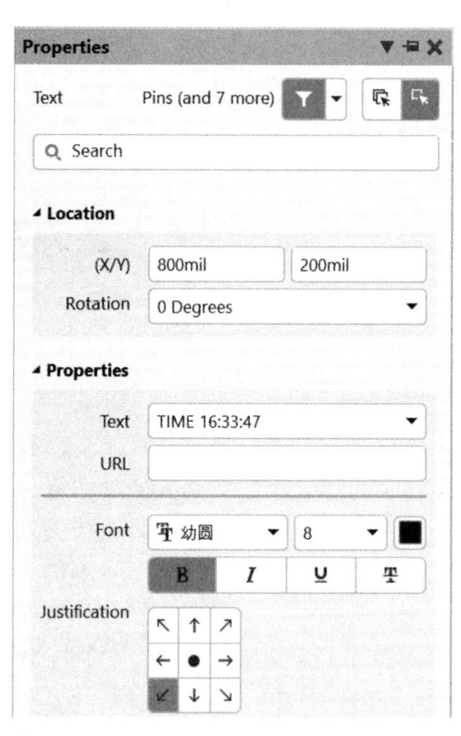

图 3-29　文字属性编辑框

（4）属性设置。

做好上面几步只是实现了基本的图形绘制，并不表示已经完成了元器件库自制，还有非常关键的一步——元器件的属性设置。在元器件库编辑界面单击右侧 Properties，弹出图 3-30 所示对话框。该元器件自定义了封装名字为 LCD，封装库将在后面的章节讲解如何制作。最后该原理图元器件库文件选择保存即可完成。

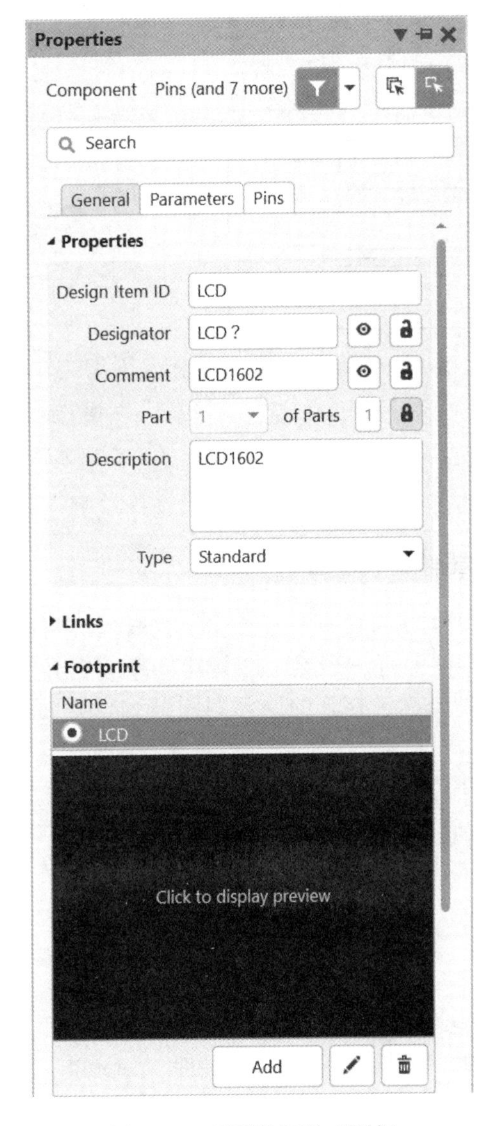

图 3-30 元器件属性对话框

3.2.6 拓展技能

（1）假设要自制 74LS21M 这种由几个部分组成的元器件，应该怎么做呢？

图 3-31 是 74LS21M 的内部结构和引脚排列，内部是两个结构完全相同的四输入与门，是一种含有两个部件的元器件。

这两个单元的输入、输出是完全独立的，其中一个部件的 1、2、4、5 引脚是输入，6 引脚是输出；另外一个部件的 9、10、12、13 引脚是输入，8 引脚是输出，这两个部件都使用 7 作为 GND，14 作为 V_{CC}，在这里面 3、11 引脚封装始终存在，虽然内部并没有使用。

在自制原理图库的时候，需要在快速工具栏里面选择 符号或者菜单“工具”

(Tool) → “新部件”(New Part), 如果是两个部件, 则执行一次, 如果是三个部件, 则执行命令两次, 依次类推。图 3-32 所示该元器件有三个部件, 各个部件可以相同, 也可以不同。

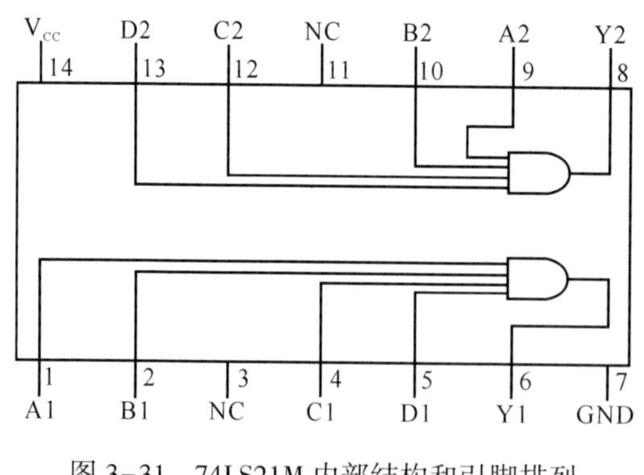

图 3-31 74LS21M 内部结构和引脚排列

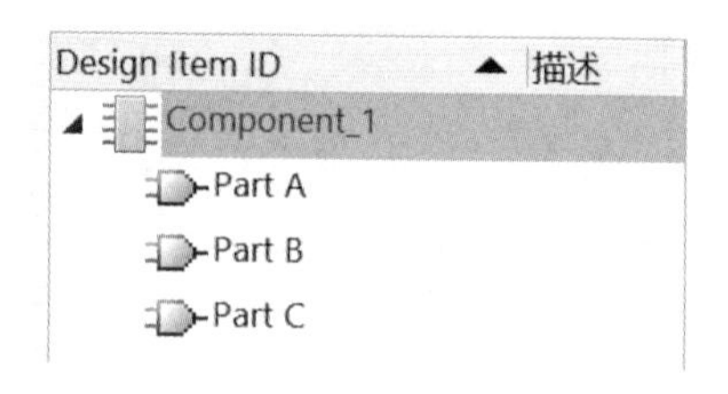

图 3-32 三个部件的元器件

(2) 如果需要添加或者删除自制的元器件可以选择左侧控制面板的添加、删除按钮。

3.2.7 调用自制原理图元器件到原理图

当前项目中的自建库“LCD. Schlib”, 系统默认已将其添加到当前库列表中, 选择该库为当前库, 直接放置元器件即可。当然, 在元器件库编辑界面下, 如图 3-25 所示, 单击“放置”按钮, 自动退到当前已打开的原理图图纸编辑界面, 光标上黏附着该元器件, 单击即可放置。

当然, 在有的新建项目(称为当前项目)中, 需要用到之前已创建的原理图元器件, 有两种调用库的方法。

方法一: 同前加载元器件库的方法, 但必须清楚“自建库”的存放路径, 添加“自建库”到当前库元器件列表中。

方法二: 在 Projects 面板下, 打开前面已完成的“自建库”所在的工程项目(工程中所有的文件将被打开), 或直接打开“自建库”, 当然必须清楚“自建库”的存放路径。再在面板中直接拖动“自建库”到“当前项目”中, 这样“当前项目”中的库元器件列表会自动显示加载了“自建库”的。另外, 后续自制封装库(. Pcblib)的调用也常用这两种方法。

如果调用了自制原理图元器件, 发现该元器件编辑有错误, 该怎么处理呢?

这时候可以回到原理图元器件库编辑器里面编辑元器件, 修改完毕后单击“保存”按钮。修改了哪个元器件则在左侧控制面板中单击选择该元器件, 用鼠标右键单击更新原理图, 则原理图中的所有已经调用的该自制元器件均已经更新, 或者直接删除原理图中该自制元器件, 重新调用自制元器件即可, 如图 3-33 所示。

3.2.8 总线连接与网络标签

在原理图编辑菜单, 选择“放置”(Place) → “总线”(Bus), 就可以绘制总线, 选择总线入口绘制总线入口, 符号形状为 。总线入口要和总线相连, 总线入口方向最好一致, 保持美观, 在每一个导线上需要放置相应的网络标签(Net Label), 而且网络标签必须成对出现, 不可以孤立出现, 成对出现的两个网络标签表示这两根导线是电气意义上的相连, 如图 3-34 所示。

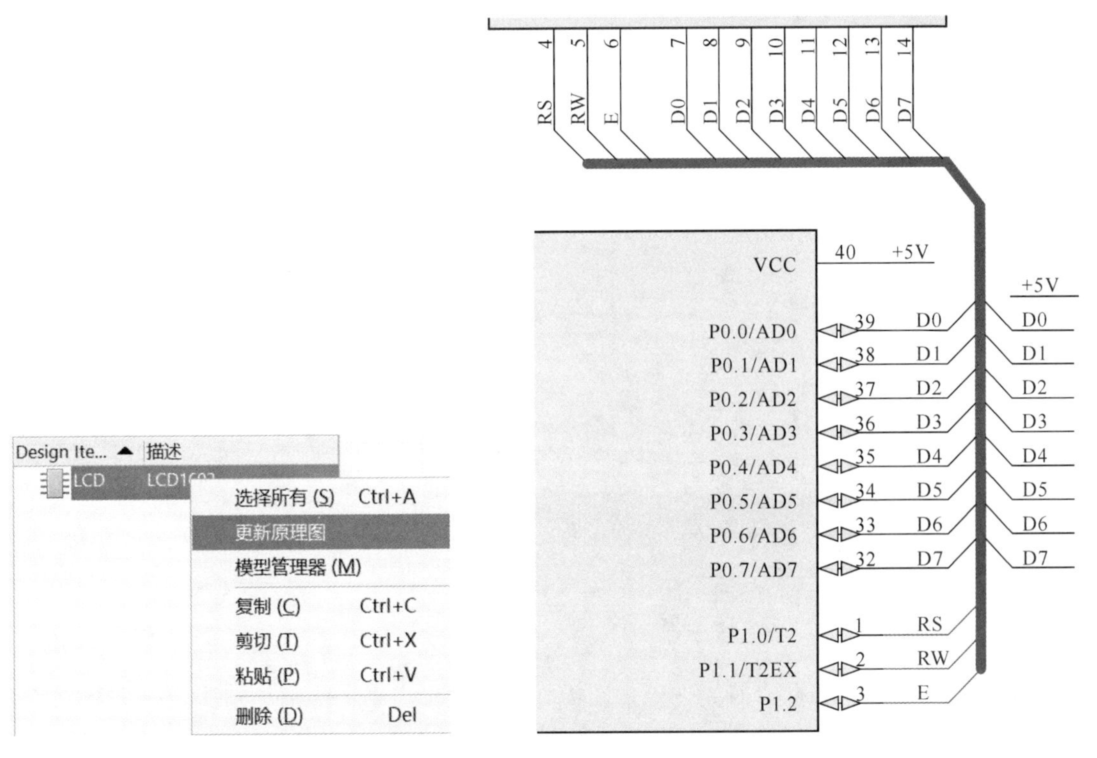

图 3-33　更新原理图库　　　图 3-34　总线连接

特别注意：

与总线一样，总线入口也不具备任何电气连接的意义，而且它的存在并不是必需的，即使不通过总线入口，直接把导线和总线入口连接也是正确的。

当两个网络需要连接的时候，除了用 wire 连接以外，还可以用网络标签表示连接。方法如下：在原理图编辑界面下，选择“放置”（Place）→“网络标签”（Netlabel），或者执行快捷键“P”+“N”，然后按“Tab ”键，在 Net Name 栏修改所需的网络名即可。

3.2.9　元器件属性编辑

放置好所有元器件，把所有需要连接的元器件用导线连起来之后，需要对元器件进行属性设置才能达到需要的效果。

3.2.9.1　显示设置

放置的元器件默认情况下会显示元器件形状、Designer（编号）、Comment（注释）、取值这四部分，一般情况下我们需要显示元器件形状、编号和取值这三部分。元器件形状有时候不一定是完整显示的，有时候我们需要对引脚显示进行取舍，下面举例说明。

信号的方向显示很简单，直接在原理图编辑器界面选择“工具”（Tool）→“原理图优先项”（Preferences），弹出界面中“引脚方向”（Pin Direction）的√取消即可。如图 3-35 所示，取消引脚方向显示前后的比较。

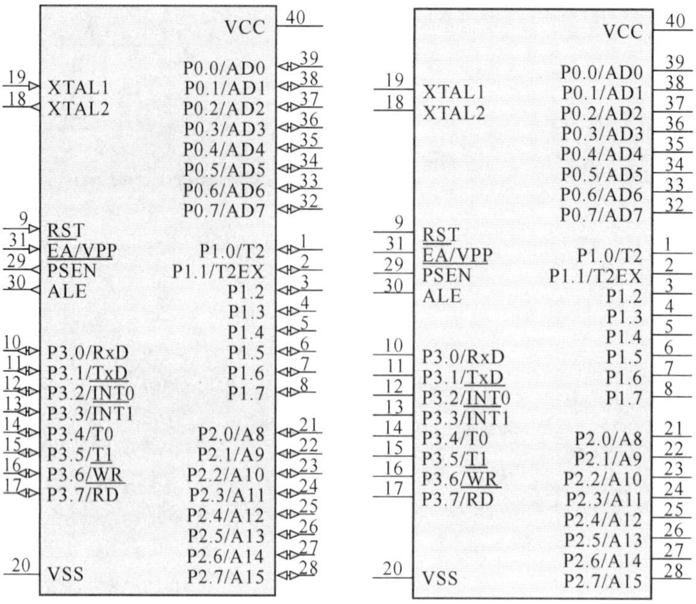

图 3-35　引脚方向取消显示前后比较

电源和地信号的形状有时候在原理图中并没有显示出来，特别是初学者很容易忘记，在绘制好 PCB 才发现这个问题。一般集成电路元器件都需要有电源和地信号，有些原理图库并没有把电源和地信号显示出来，这时候需要进属性编辑器显示所有隐藏的引脚。以本项目中 74LS21M 为例操作如下：

（1）双击 74LS21M 元器件调出右侧属性编辑器窗口。

（2）在属性编辑器窗口中选择 Pins 界面，如图 3-36 所示。

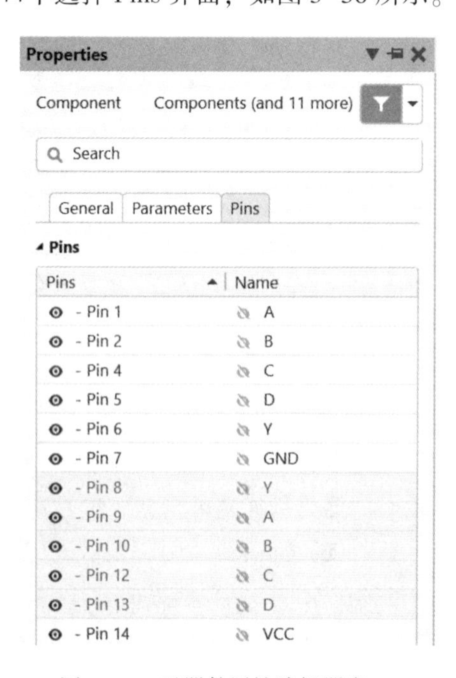

图 3-36　元器件属性编辑器窗口

选择其中任意一个引脚，用鼠标右键双击，弹出图 3-37 所示元器件引脚编辑器窗口。

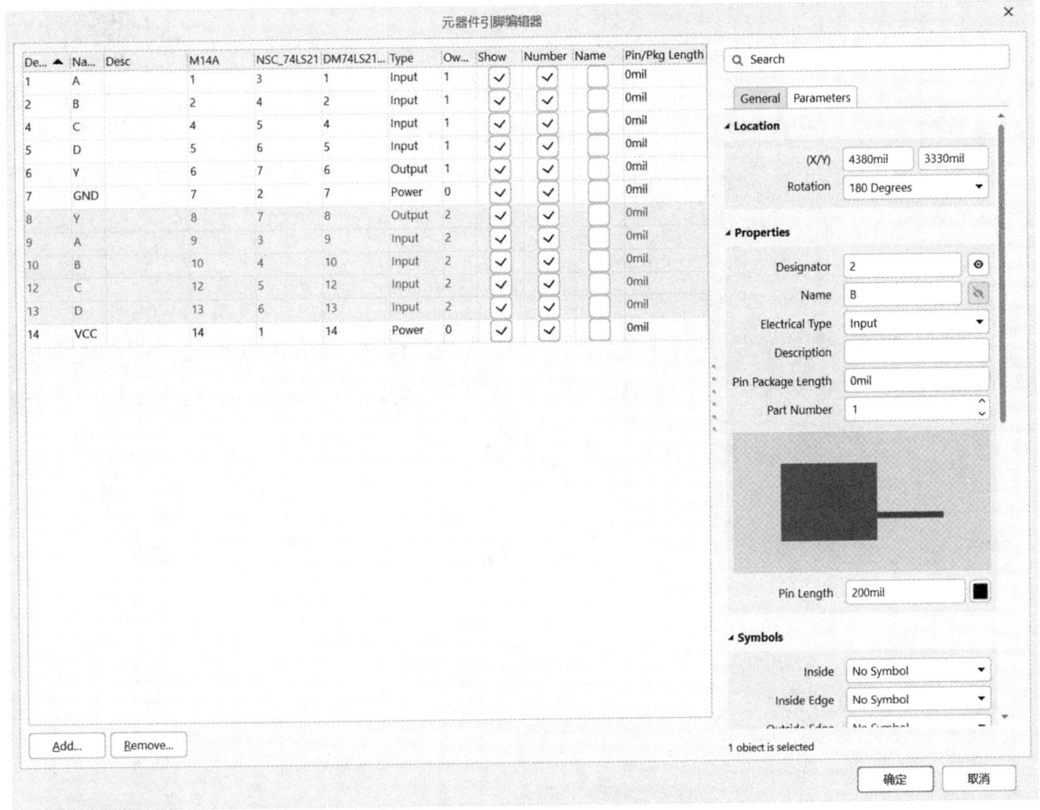

图 3-37 元器件引脚编辑器

(3) 把其中 GND、VCC 对应的 show（显示）栏的√勾上就可以在原理图中显示出来隐藏的电源和地引脚。对比图如图 3-38 所示。

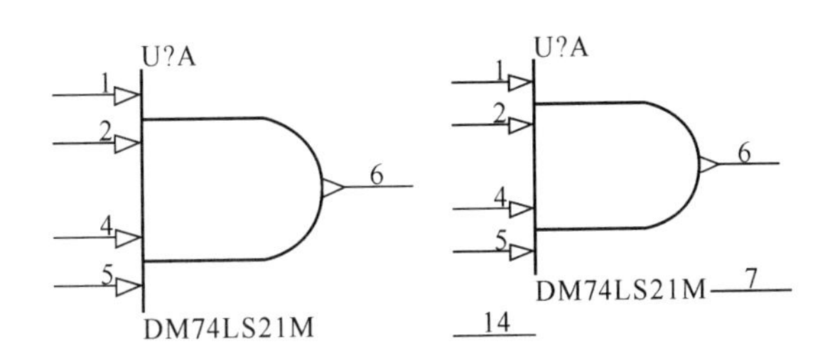

图 3-38 引脚隐藏属性对比图

还有注释显示的设置，一般元器件 Comment（注释）不做显示。

3.2.9.2 参数设置

这里的参数设置主要是指电阻、电容等元器件的取值。同样的，该取值需要双击元器件，在原理图编辑界面右侧弹出属性窗口，在 Parameters 的 Value 里面直接修改为需要的值。对于晶振器件并没有 Value 选项，可以在 Comment 里面设置参数值，并勾选显示即可。

3.2.9.3　元器件编号

扫一扫查看
元器件自动编号

如果是新设计的电路原理图，连接导线完成之后一般需要对元器件进行编号，如果是图纸已经设计好，可以一边修改编号一边连接导线。

编号设置可以分为两种方式：手动修改和自动编号。

手动修改：在原理图编辑界面，双击需要修改的元器件，弹出属性对话框，在 Designer 处修改元器件编号即可。注意：U1A 表示 U1 使用了其中一部分，编号实际是 U1，显示是 U1A。

自动编号：

（1）电路图绘制完成后，为避免元器件手动编号有误，可以重新编号，以保证元器件编号的唯一性。执行菜单命令“工具”（Tools）→“标注”（Annotation），在弹出图 3-39 所示的对话框中设置。

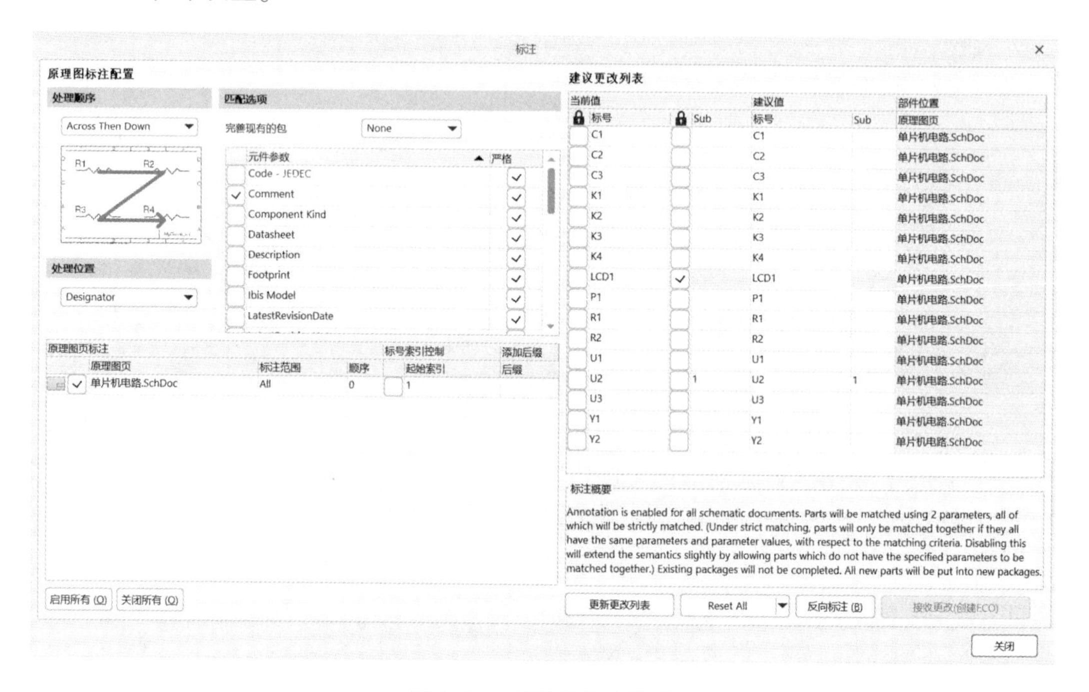

图 3-39　元器件自动编号

在左上角有四种编号顺序，可以通过图形查看对应的编号方式，选择其中一种编号方式。

（2）执行菜单命令“工具”（Tools）→“重置原理图位号”（Reset Schematic Designators），这时候原理图中将会产生大量的红色的 ERC 错误。

（3）执行菜单命令“工具”（Tools）→“静态标注原理图”（Annotation Schematic Quietly）或者选择“强制标注所有原理图”（Force Annotation All Schematics），即可完成元器件编号。

如果元器件从库中调出，从来没有编过号，直接执行 1）、3）步骤，即可完成编号。

3.2.9.4　添加注释

扫一扫查看注释的功能和分类

（1）添加标注的分类。

在原理图编辑菜单中有三种方法添加注释，分别是放置字符串、文本框、注释。

如果放置单纯的说明性文字一般放置字符串，执行命令“放置”（Place）→“文本字符串”（Text String），如图3-40所示。当鼠标出现十字形的时候按<Tab>键可以修改文本内容、颜色、字体等。

放置文本框执行命令“放置”（Place）→“文本框”（Text Frame），放置注释执行命令“放置”（Place）→“注释”（Note），都可以通过按<Tab>键修改文本内容，方法同上。最终三种放置的文本差异如图3-41所示，一般单纯的标题类字符用文本字符串即可，如果电路说明文字较多可以选择文本框，如果电路功能性介绍，很多文字的可以选择注释，同时注释可以通过设置显示或者隐藏。

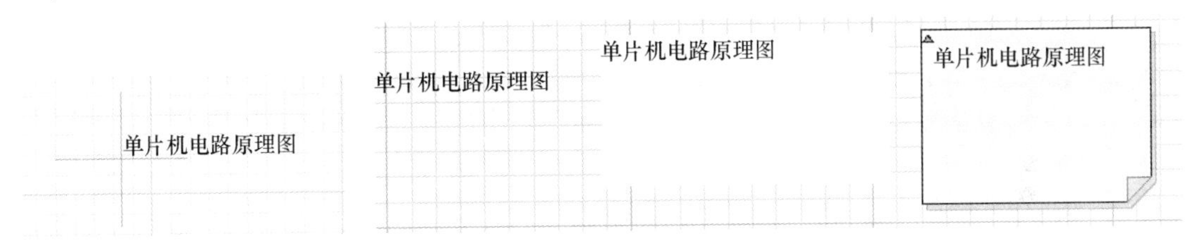

图3-40　放置文本字符串　　图3-41　三种文本注释比较

要让Note隐藏，双击注释，弹出属性对话框，在对话框中的collapsed（卷起）选择打“√”即可，最终该注释只显示一个两个三角形符号。

（2）添加字符串的方法。

执行“Place”→“Text String”菜单命令，在空白处单击一下完成字符串的放置。

双击字符串，在弹出的Text String（文本字符串）属性对话框中，在弹出的文本对话框中输入“单片机电路原理图”文字，直接按回车键，在Font处修改字符大小和字体颜色。

3.2.10　电路原理图编译

在原理图编辑界面下，执行命令“工程”→“Compile PCB Project for 单片机电路原理图.PrjPcb”，如果没有弹出任何信息表示该原理图编译通过，如果有信息弹出，需要解决错误信息，否则无法进入PCB绘制。（注：后续软件版本中，“Compile”已更新为“Valiclate”）

3.2.11　网络报表文件的生成

在编译之后工程自动生成网络报表文件，在工程控制面板中可以直接查看网络报表文件，单击网络报表文件，如图3-42所示。

该网络报表表示该文档生成的网络有哪些，比如D0~D7信号等。

小结

本项目介绍了元器件库文件的使用和创建，电气规则的检查和使用，通过绘制原理图

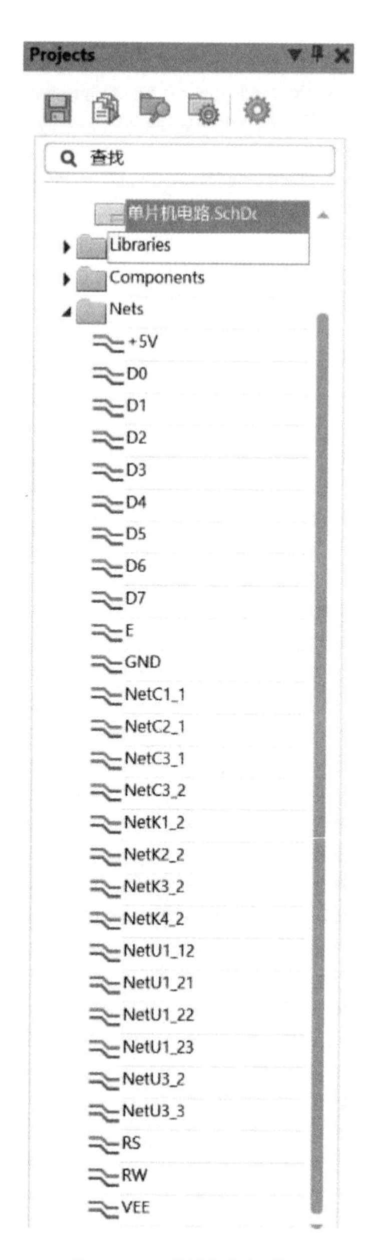

图 3-42　网络表文件

的方法进行详细讲述，让读者可以一步一步根据讲解设计出自己需要的原理图。

习题

3-1　网络标记的作用是什么？

3-2　解释电气检查规则的含义。

3-3　详细阐述原理图库的创建流程。

3-4　说出 Miscellaneous Devices. IntLib 和 Miscellaneous Connector Devices. IntLib 包含了哪些元器件？

项目 4　绘制蓄电池充电电路原理图

【教学方式】

采用项目引领、任务驱动方式，教师授课采取讲授演示方法，通过教学做的方式完成任务，建议学时为 9 学时。

【教学目标】

知识目标

- 掌握层次化电路原理图的概念；
- 掌握绘图工具的使用；
- 理解原理图检查规则。

技能目标

- 会层次和电路原理图的设计；
- 会利用已有原理图制作新的原理图元器件；
- 会制定原理图检查规则。

【项目任务】

首先绘制一个图 4-1 所示的蓄电池充电电路原理图，然后修改为层次化结构原理图。

4.1　理论知识学习

4.1.1　层次化电路

扫一扫查看层次化结构原理图的绘制

在层次电路设计思想出现以前，编辑电子设备，如电视机、计算机主板等原理图时，遇到的问题是电路元器件很多，不能在特定幅面的图纸上绘制出整个电路系统的原理图，于是只好改用更大幅面的图纸。然而打印时又遇到了另一问题，即打印机最大输出幅面有限，如多数喷墨打印机和激光打印机的最大输出幅面为 A4，为了能够在一张图纸上打印出整个电路系统的原理图，又只好缩小数倍打印，但因线条、字体太小导致阅读困难。此外，采用大幅面图纸打印输出的原理图也不便于存档保管。对于更复杂电路的原理图，如计算机主板电路，即使打印机、绘图机可以输出 A0 幅面图纸，恐怕也无济于事，我们总不能无限制地扩大图纸幅面来绘制含有成千上万个电子元器件的电路图。采用层次电路设计方法后，这一问题就迎刃而解了。

层次电路原理图的设计理念是将实际的总体电路进行模块划分，划分的原则是每一个

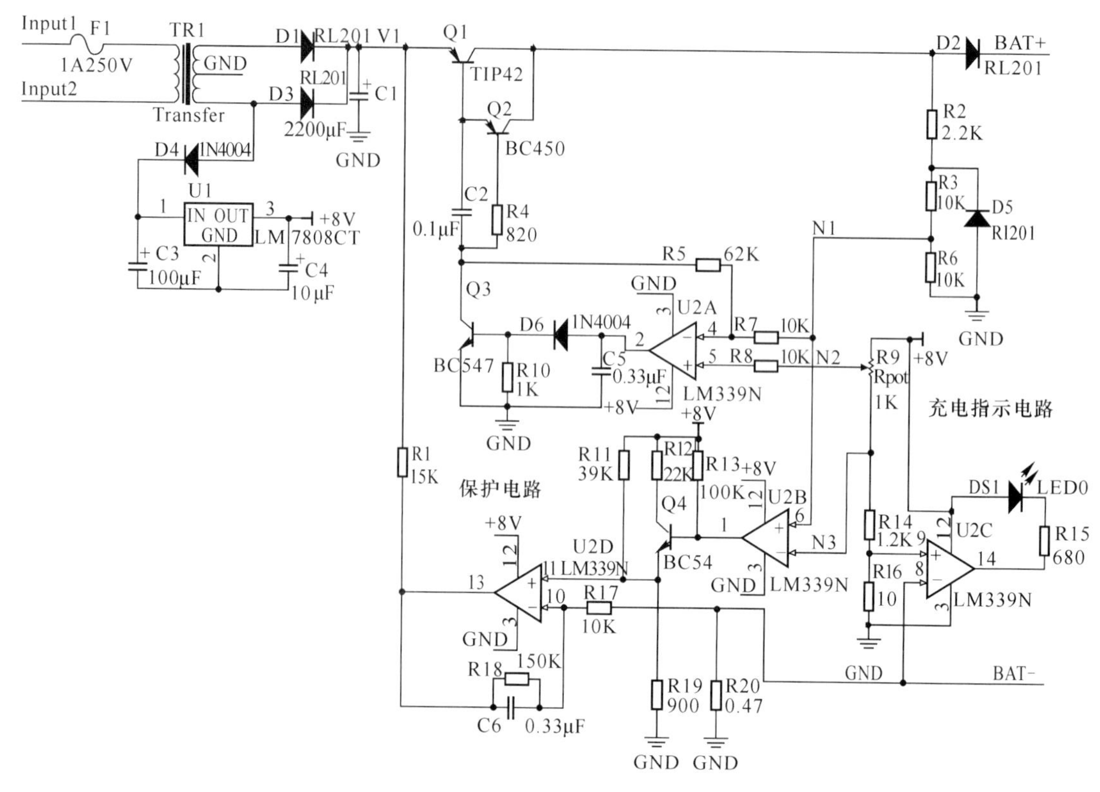

图 4-1　蓄电池充电电路原理图

电路模块都应该有明确的功能特征和相对独立的结构，而且还要有简单、统一的接口，便于模块彼此之间的连接。基于上述的设计理念，层次电路原理图设计的具体实现方法有两种：一种是自上而下的层次原理图设计，另一种是自下而上的层次原理图设计。自上而下的设计思想是在绘制电路原理图之前，要求设计者对这个设计有一个整体的把握。把整个电路设计分成多个模块，确定每个模块的设计内容，然后对每一个模块进行详细设计。该设计方法要求设计者在绘制原理图之前对系统有比较深入的了解，对于电路的模块划分比较清楚。

自下而上的设计思想则是设计者先绘制原理图子图，根据原理图子图生成方块电路图，进而生成上层原理图，最后生成整个设计。这种方法比较适用于对整个设计不是非常熟悉的用户，这也是初学者一种不错的选择方法。

在层次化电路设计中，在项目原理图文件中，各个子功能模块电路用方块电路表示，而且每一模块电路有唯一的模块名和文件名与之对应，如图 4-2 所示。

在多层次电路设计中，项目文件电路总图非常简洁，主要有表示各模块电路的方块电路以及方块电路内的 I/O 端口，以及表示各模块电路之间电气连接关系的导线、总线、信号线束、线束连接器、线束入口等。当然，项目文件电路总图内也允许存在少量元器件及连线（即在项目总原理图中也可以含有部分实际电路）。而方块电路的具体内容（包含什么元器件以及各元器件的电气连接关系）在对应模块电路的原理图文件中给出，甚至模块电路原理图内还可以包含更低层次的方块电路，形成更多层次的电路结构。方块电路与原理图文件一

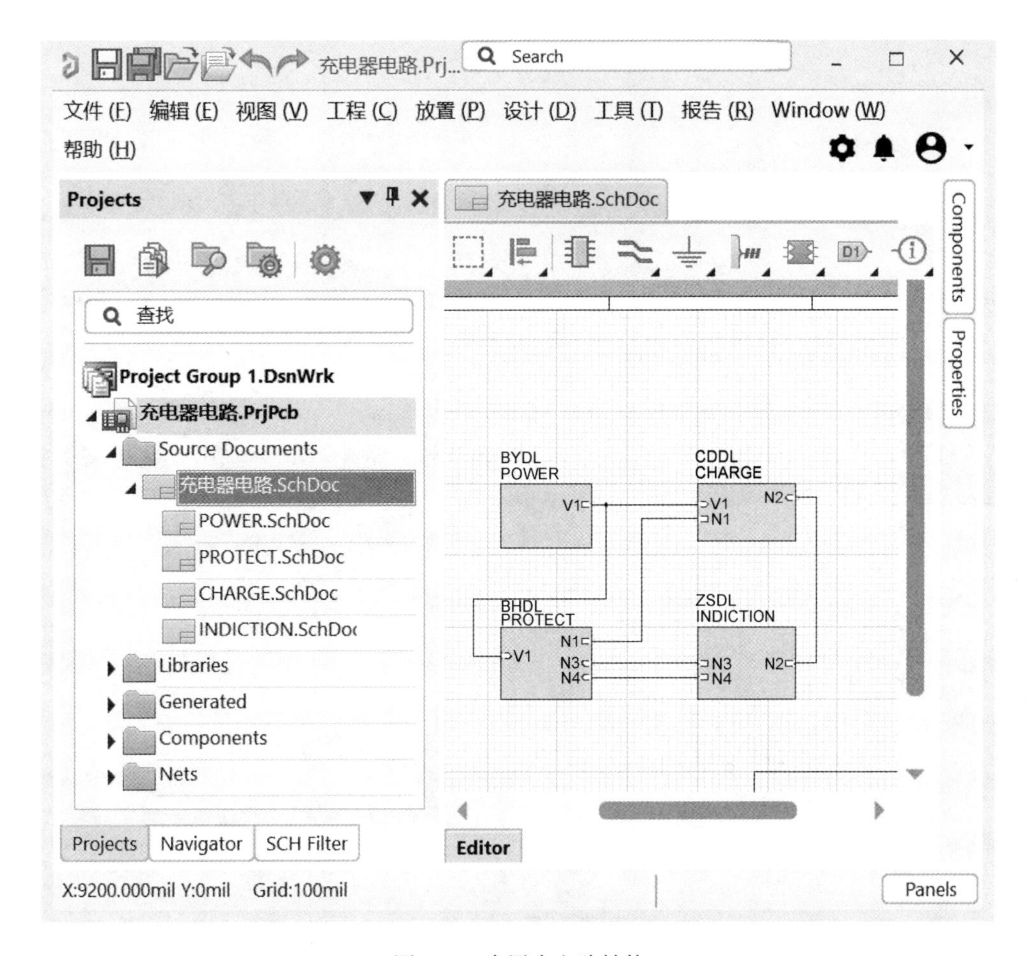

图 4-2 多层次电路结构

一对应，且方块电路名与方块电路对应的原理图文件名必须保持一致，如图 4-3 所示。

如图 4-3 所示，顶层文件取名为充电器电路，在这里规划了四个方块电路，分别是 POWER、PROTECT、CHARGE 和 INDICTION。这四个方块在顶层文件中的名字必须是方块电路的文件名，V1、N1、N3 等是相应的 I/O 端口，用于方块电路之间的信号连接。

4.1.2 绘图工具

扫一扫查看
绘图工具简介

在原理图编辑环境中有一个图形工具栏，用于在原理图中绘制各种标注信息，使电路原理图更清晰、数据更完整、可读性更强。该图形工具栏中的各种图元均不具有电气连接特性，所以系统在做 ERC 检查及转换成网络表时，它们不会产生任何影响，也不会附加在网络表数据中。

绘图工具如图 4-4 所示，选择“放置”（Place）→“绘图工具”（Draw Tool）菜单命令，在绘图工具里面就可以看到绘图所需的各种命令。

绘制圆弧。

绘制圆。

绘制椭圆。

绘制直线。

绘制矩形。

绘制圆角矩形。

绘制多边形。

绘制贝塞尔曲线。

插入图片。

下面分别介绍该工具栏使用方法。

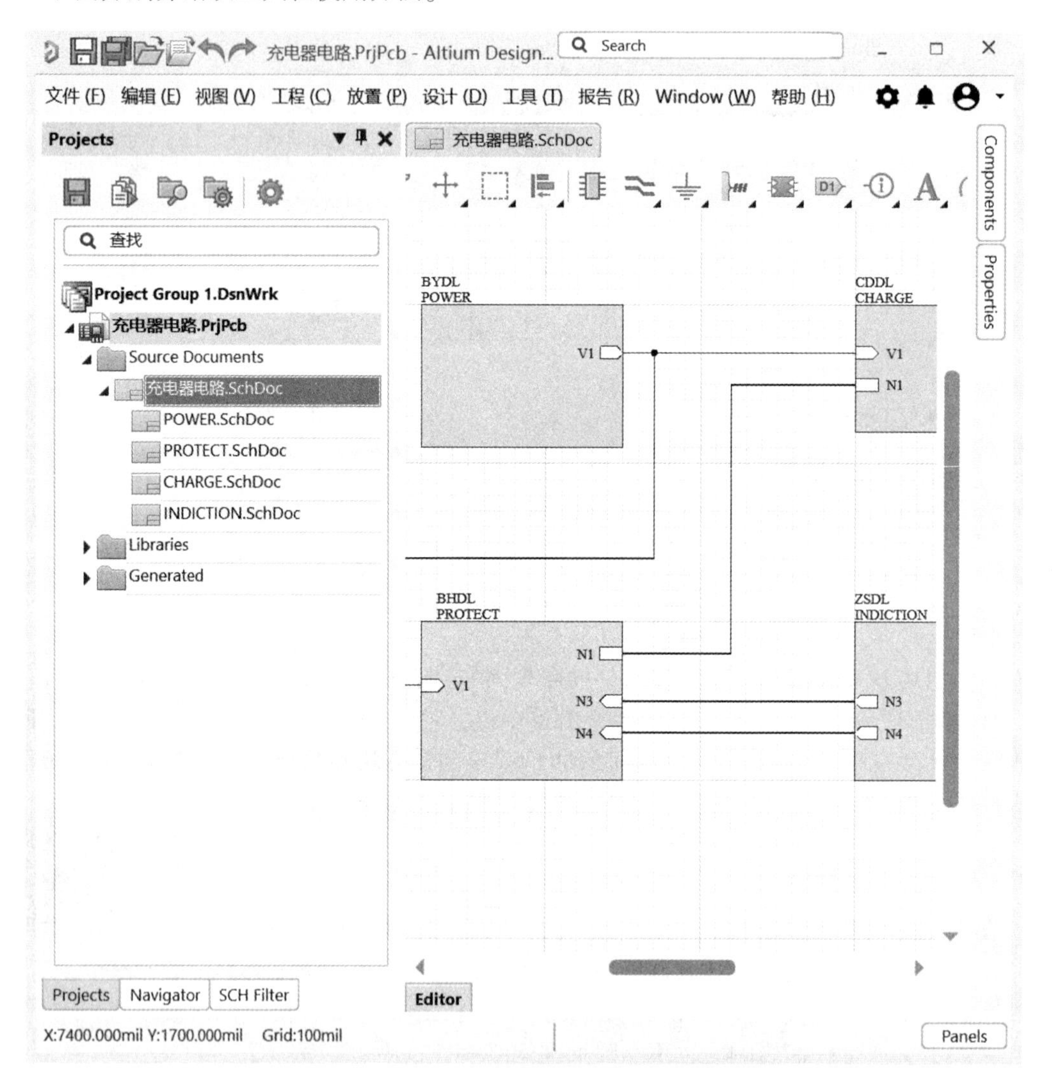

图 4-3　层次化方块电路与原理图文件名的对应关系

4.1.2.1　绘制圆弧

在原理图中绘制圆弧的时候并不多，主要是用于说明性描述。

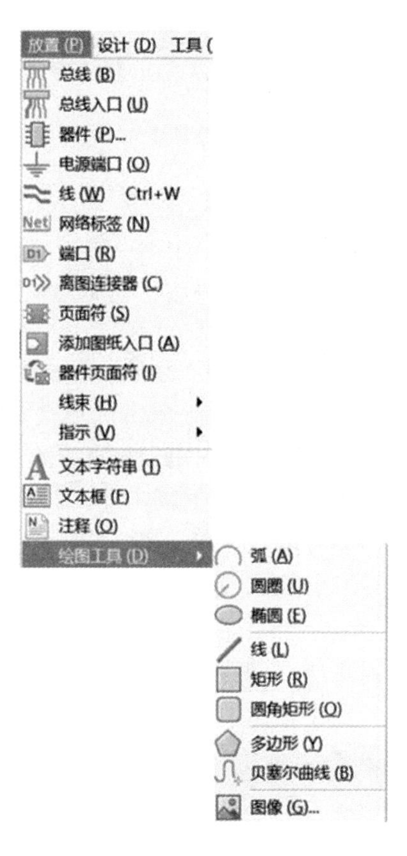

图 4-4 绘图工具

(1) 选择“放置”→“绘图工具”→绘制圆“弧”菜单命令，或者直接单击快捷工具栏的 ◠（放置弧）按钮，这时候鼠标变成十字形状。

(2) 移动鼠标到需要放置圆弧的位置处，单击确定圆弧的 X 轴位置，再次单击鼠标左键，确定圆弧的直径大小。

(3) 单击鼠标左键确定圆弧的开口起始点，再次单击鼠标左键确定圆弧开口的终止点；单击右键可以退出圆弧绘制功能。

注意：

该圆弧的放置可以实现放置圆的功能。

4.1.2.2 绘制圆

(1) 绘制圆的操作方法和绘制圆弧的方法略有不同。选择“放置”→“绘图工具”→绘制“圆圈”菜单命令，这时候鼠标变成十字形状。

(2) 移动鼠标到需要放置圆的位置处，单击确定圆的圆心，再次单击鼠标左键，确定圆的直径大小，就实现了圆的绘制，单击右键可以退出圆的绘制功能。

4.1.2.3 绘制椭圆

(1) 选择“放置”→“绘图工具”→绘制“椭圆”菜单命令，这时候鼠标变成十字形状。

（2）移动鼠标到需要放置椭圆的位置处，单击确定椭圆的中心位置，再次单击鼠标左键，确定椭圆的 X 轴方向 X 的最大值点，再次单击鼠标左键确定 Y 轴方向 Y 的最大值点。单击右键可以退出椭圆绘制功能。

4.1.2.4　绘制直线

在原理图中，直线是用得比较多的，可以用来绘制一些注释性的图形，比如方框、虚线框等，或者在编辑元器件的时候用于绘制元器件的外形也可能用到。直线不是导线，不具备电气连接性能，也不会影响到电路的电气结构。

（1）选择“放置”→“绘图工具”→绘制“直线”菜单命令，这时候鼠标变成十字形状。

（2）移动鼠标到需要放置 Line 的位置处，单击确定直线的起点，多次单击确定多个固定点，一条直线绘制完毕后单击鼠标右键退出当前直线的绘制。

（3）此时鼠标仍处于绘制直线的状态，重复步骤（2）的操作即可绘制其他的直线。在直线绘制过程中，需要拐弯时，可以鼠标单击确定拐弯的位置，同时通过按下<Shift>+<空格>键来切换拐弯的模式。在 T 形交叉点处，系统不会自动添加节点。单击鼠标右键或者按下<Esc>键便可退出操作。

设置直线属性。双击需要设置属性的直线（或在绘制状态下按<Tab>键），系统将弹出相应的直线属性编辑面板，如图 4-5 所示。

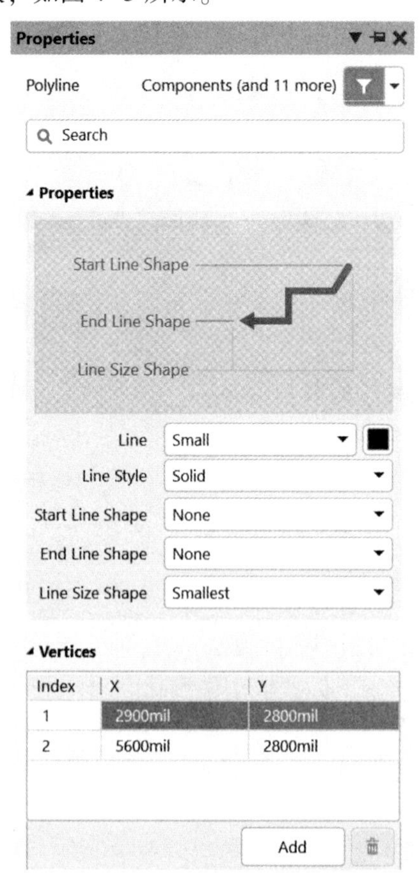

图 4-5　直线属性设置面板

其中属性含义如下所述。

Line：线宽选择，从小到大。

Line Style：线型选择，有实线、点划线、斜线等。

Start Line Shape：线段开始形状，是否需要箭头等。

End Line Shape：线段结束形状，是否需要箭头等。

Line Size Shape：线段尺寸形状，这里是指线段开始和结束地方的形状的尺寸，比如箭头的大小。

Vertices：线段的位置坐标。

4.1.2.5 绘制矩形

选择“放置”→“绘图工具”→绘制“矩形”菜单命令，这时候鼠标变成十字形状。单击鼠标左键，这时候就可以开始放置矩形框，拖动鼠标，可以确定矩形框的大小，按右键取消放置好了的矩形框。如果要修改矩形框属性，可以双击矩形框，如图 4-6 所示。

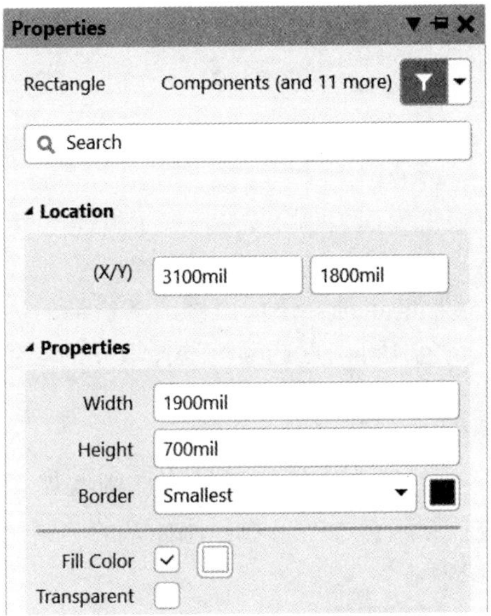

图 4-6 矩形框属性修改

Location：矩形框左下角坐标位置的 X 轴和 Y 轴上的坐标。

Properties：属性分为矩形宽度（Width）、高度（Height）、边框线粗细和颜色（Border）以及矩形框填充色自定义。

也可以在放置好了矩形之后用鼠标左键画个区域或者直接双击矩形框重新选择矩形，如图 4-7 所示，然后在矩形的控制点上拖动实现矩形的改变。

图 4-7 矩形控制点

4.1.2.6 绘制圆角矩形

选择“放置”→“绘图工具”→绘制“圆角矩形”菜单命令，这时候鼠标变成十字形状。单击鼠标左键就确定了 X 轴起点坐标，这时候就可以开始放置圆角矩形框，拖动鼠标，可以确定圆角矩形框的大小，按右键取消放置好了圆角矩形框。如果要修改圆角矩形框属性，可以双击圆角矩形框，该属性相比矩形多了一个倒角设置选项。

4.1.2.7　绘制多边形

选择“放置”→“绘图工具”→绘制“多边形”菜单命令，这时候鼠标变成十字形状。单击鼠标左键，这时候就可以开始放置多边形，第一次单击鼠标左键确定多边形的第一个顶点，第二次单击鼠标确定第二个顶点，以此类推，直到最后一个顶点，形成一个封闭的多边形，按右键取消放置好了多边形。如果要修改做变形属性，可以双击多边形框即可，和矩形框的差别主要在有多点的坐标，有一个 transparent（透明）选项，选择透明则多边形填充内容变得半透明，如图 4-8 所示。

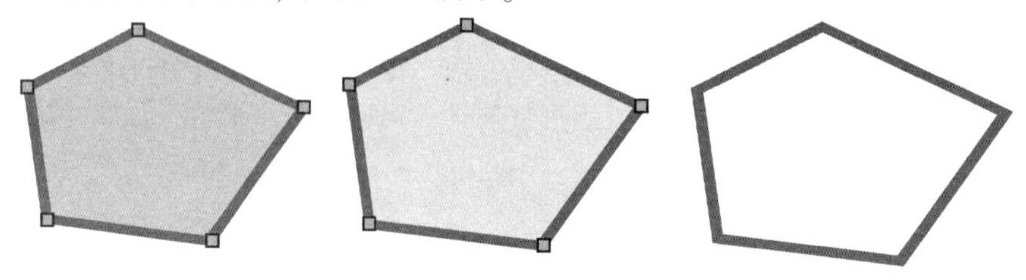

图 4-8　多边形、半透明多边形、无填充色多边形

双击多边形，在原理图编辑界面右侧 Properties（属性）栏可以修改多边形属性，如图 4-9 所示。

Border 是修改多边形的边框的粗细，还可以修改多边形的边框的颜色。

Fill Color 是多边形的填充色，可以点选颜色选择填充的颜色，也可以选择不填充，如图 4-8 所示。

Transparent（透明）选项是让多边形变得半透明。

Vertices 是多边形的每一个线段的坐标，选择添加则增加多边形的边，如果选择其中任意坐标选择 🗑 符号则表示删除其中一条边，比如开始绘制的是五边形，第一条线段坐标将会变成图 4-10 所示的图形。

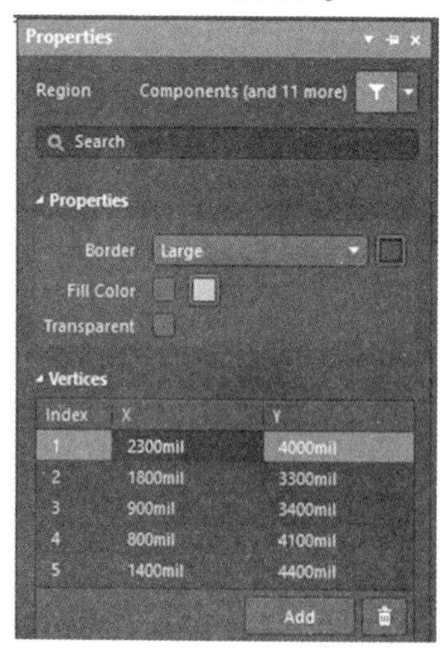

图 4-9　多边形属性修改界面

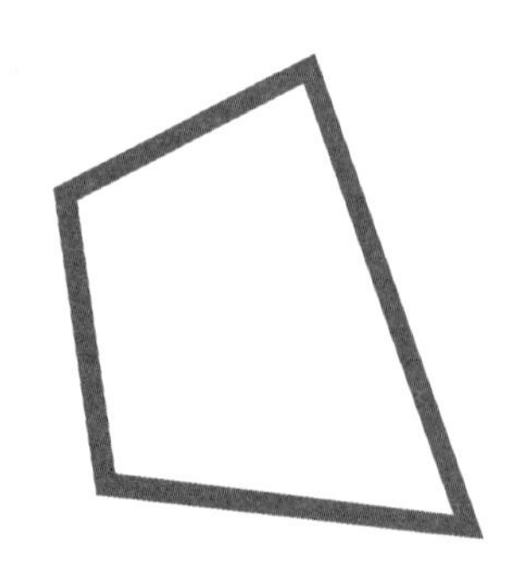

图 4-10　删除其中一边的多边形

4.1.2.8 绘制贝塞尔曲线

贝塞尔曲线（Bézier curve）又称贝兹曲线或贝济埃曲线，是应用于二维图形应用程序的数学曲线。一般的矢量图形软件通过它来精确画出曲线，贝兹曲线由线段与节点组成，节点是可拖动的支点，线段像可伸缩的皮筋，它是依据四个位置任意的点坐标绘制出的一条光滑曲线。在历史上，研究贝塞尔曲线的人最初是按照已知曲线参数方程来确定4个点的思路设计出这种矢量曲线绘制法。贝塞尔曲线的有趣之处更在于它的“皮筋效应”，也就是说，随着点有规律地移动，曲线将产生皮筋伸缩一样的变换，带来视觉上的冲击。

贝塞尔曲线有4个顶点，绘制贝塞尔曲线方法如下：选择“放置”→“绘图工具”→“贝塞尔曲线”菜单命令，这时候鼠标变成十字形状。移动鼠标到需要放置贝塞尔曲线的位置多次单击确定多个固定点，则绘制完成贝塞尔曲线，在完成绘制后可以通过移动固定点改变曲线的形状。单击鼠标右键或者按下<Esc>键可以退出绘制操作。绘制好的贝塞尔曲线如图4-11所示。

如果选中贝塞尔曲线，则会显示绘制曲线时生成的控制点，如图4-12所示，这些控制点其实就是绘制曲线时确定的点。当然也可以将光标移到控制点，然后按下左键拖动鼠标改变曲线的形状。

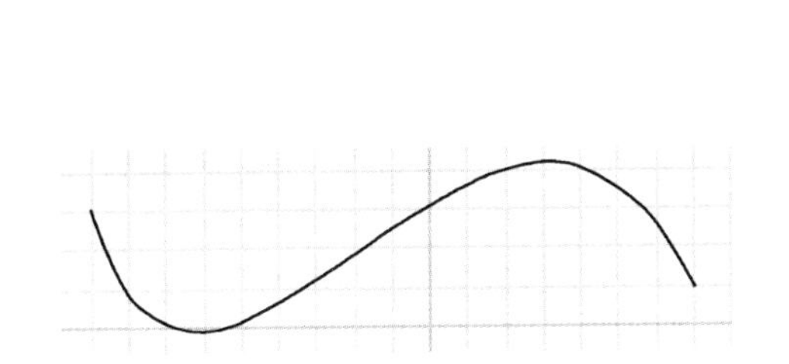

图4-11 绘制好的贝塞尔曲线

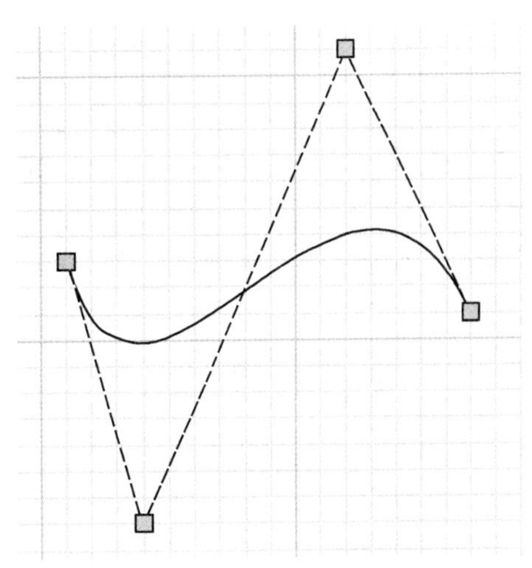

图4-12 贝塞尔曲线控制点

如果想编辑曲线的属性，则可以双击曲线，或选中曲线后单击鼠标右键，从弹出的快捷菜单中选取“Properties”命令，进入属性对话框，如图4-13所示。其中“Curve Width”下拉列表用来选择曲线的宽度，颜色编辑框用来设置曲线的颜色。

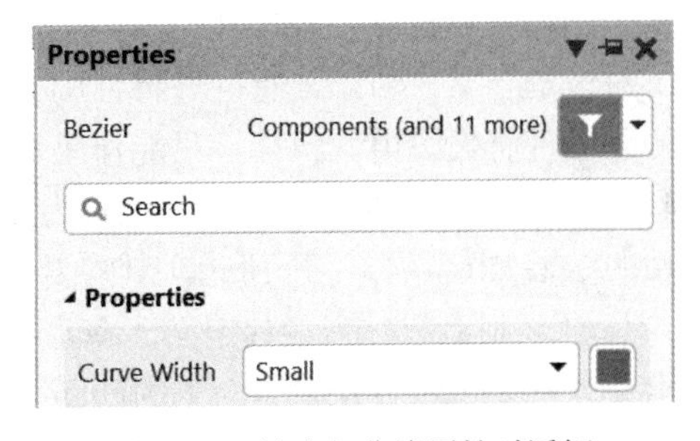

图4-13 贝塞尔曲线属性对话框

4.1.2.9 插入图片

放置图片是指放置一幅图片到原理图中，插入的图片只要是图片格式均可放置。

4.1.3　原理图常见编辑技巧

扫一扫查看
原理图常见编辑技巧

放置好的元器件可能放多了，也可能放少了，这时候需要进行剪切、复制、粘贴等处理。

4.1.4　元器件、导线的剪切、删除

图纸上不能有其他多余的元器件或多余导线，若放错了或多放了元器件，需将元器件剪切或者删除。元器件的删除方法如下所述。

方法一：选取元器件后按<Delete>（删除）键，即可将选取的元器件删除，选中元器件后按<Ctrl>+<X>就可以对选取的元器件剪切。

方法二：执行菜单命令“编辑”（Edit）→“删除”（Delete），将十字光标对准要删除的元器件，单击鼠标左键，即可将其删除；或者选中元器件后执行菜单命令“编辑”（Edit）→“剪切”（Cut），单击鼠标左键，就可以实现选取对象的剪切。

注意：

删除该对象后，编辑器仍处于删除状态，可以继续删除其他元器件，最后单击鼠标右键结束删除状态。

4.1.5　元器件的复制和粘贴、智能粘贴

选取要复制的元器件，使其处于选中状态，然后按下<Ctrl>+<C>键，或执行菜单命令“编辑”（Edit）→“复制”（Copy），光标变为十字形，对准处于选中状态的任意一个元器件单击鼠标左键以定位，即将选取的元器件复制到剪贴板中。按<Ctrl>+<V>键，或执行菜单命令“编辑”→“粘贴”，十字光标下出现被复制的元器件，将光标移到合适位置单击鼠标左键，即可完成元器件的粘贴。继续按<Ctrl>+<V>键，可以继续粘贴。但是粘贴的元器件和原来的元器件编号是一样的，必须对其属性进行相应的修改。如果要让元器件编号和以前的不一样，就在粘贴的时候按<Tab>键修改元器件编号，后面粘贴的元器件每粘贴一个就会依次按照修改后的编号加1。

元器件粘贴还有一种智能粘贴功能。在原理图编辑菜单页面，操作方法如下：选择将要复制的元器件对象，当元器件被选中后会有几个绿色的点在元器件上，然后选择“编辑”（Edit）→“智能粘贴”（Smart paste），弹出图4-14所示的对话框。

在该对话框中，如果仅仅复制一个元器件，则要粘贴的对象是Parts，如果有Wires表示要粘贴的是导线。

选择粘贴操作可以选择也可以不选择，每一个选项在智能粘贴界面的“概要”均讲解了对应的含义。对于具有电气特性的元器件、导线，如果选择图形粘贴方式，则粘贴得到的元器件将失去电气特性，只能作为一般图形使用。粘贴阵列分为行粘贴和列粘贴，以图4-14为例，数目是8行，间距设置为200mil，复制的对象如图4-15左图所示，最终智能粘贴的结果如图4-15右图所示。其参数含义如下。

（1）列参数：列参数定义了在水平方向上粘贴了多少个对象，最小值为1；纵向间距定义各粘贴对象在水平方向上的间距，即列间距，当间距小于粘贴对象在水平方向上的尺寸时，粘贴后在水平上各粘贴对象将部分（间距>0）或全部（间距=0）重叠在一起。

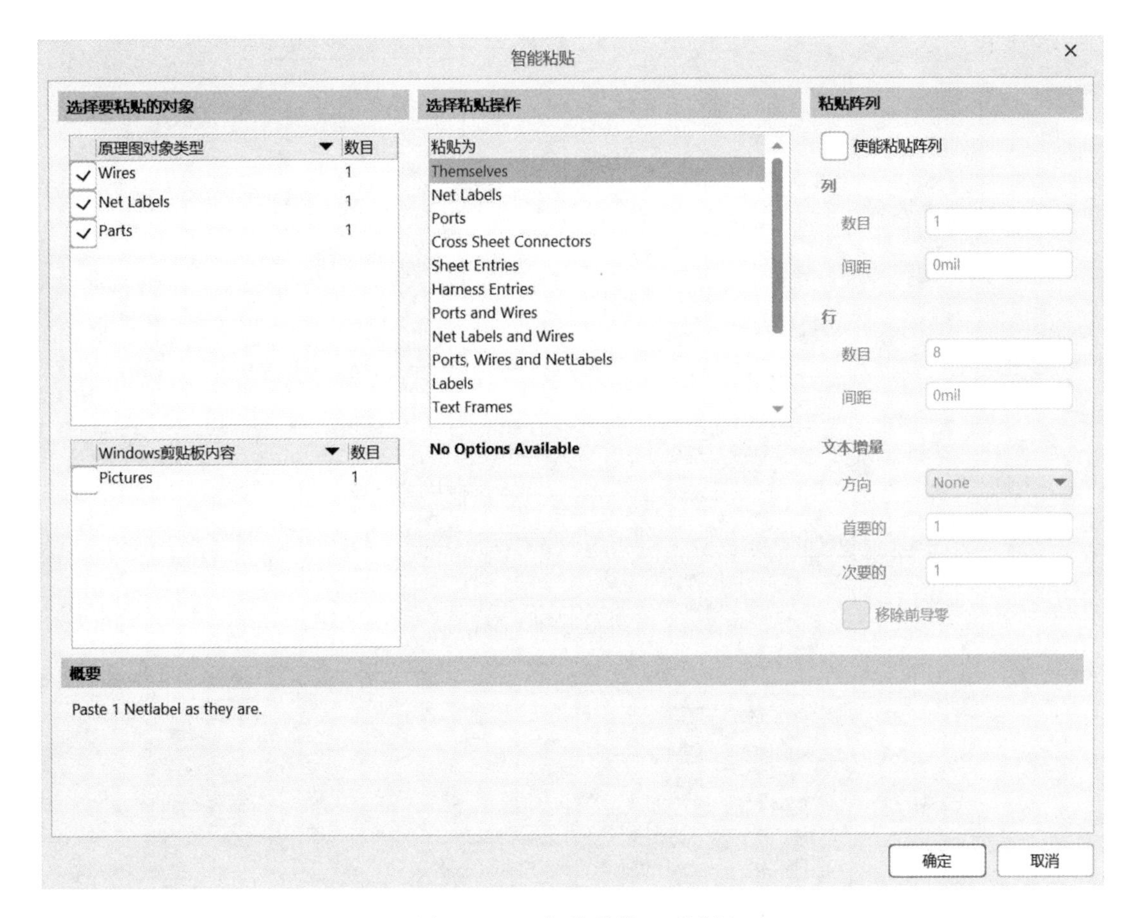

图 4-14 “智能粘贴”对话框

（2）行参数：行参数定义了在垂直方向上粘贴了多少行，最小值为 1；行间距定义各对象垂直方向上的间距，即行间距，当间距小于粘贴对象在垂直方向上的宽度时，粘贴后各行图形将部分（间距>0）或全部（间距=0）重叠在一起。

该操作选择了文本增量选项，所以元器件编号和网络编号相应的依次增加，如果不选择文本增量，则复制的元器件编号和网络编号与被复制的对象一致。

4.1.6 元器件的对齐

扫一扫查看对齐功能

在放置元器件或其他图形操作过程中，依靠手工调整元器件位置，使元器件或图形排列整齐不是一件容易的事。为此，选定后通过“编辑”（Edit）菜单下的“对齐”（Align）命令能迅速、准确地调整元器件或图形的位置，使元器件靠左或右、上或下对齐。

如图 4-16 所示，“编辑”（Edit）→“对齐”（Align）子菜单下包含了如下元器件或图形排列命令。

对齐（Align..）：图形沿水平和垂直方向重新排列（但需要在“Align Objets”对话框内指定排列方式），如图 4-17 所示，该窗口实现功能包括以下所有命令的实现方法。

左对齐（Align Left）：可重新排列沿垂直方向分布的元器件或图形。

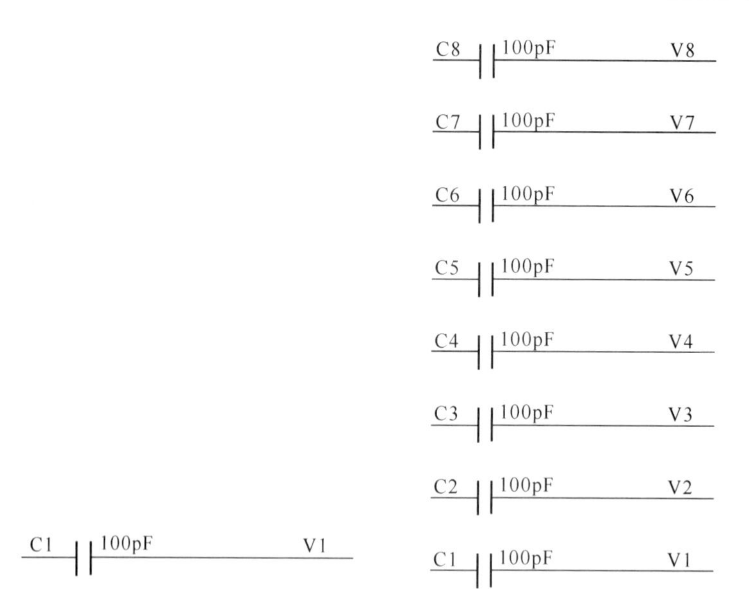

图 4-15　复制的对象和智能粘贴

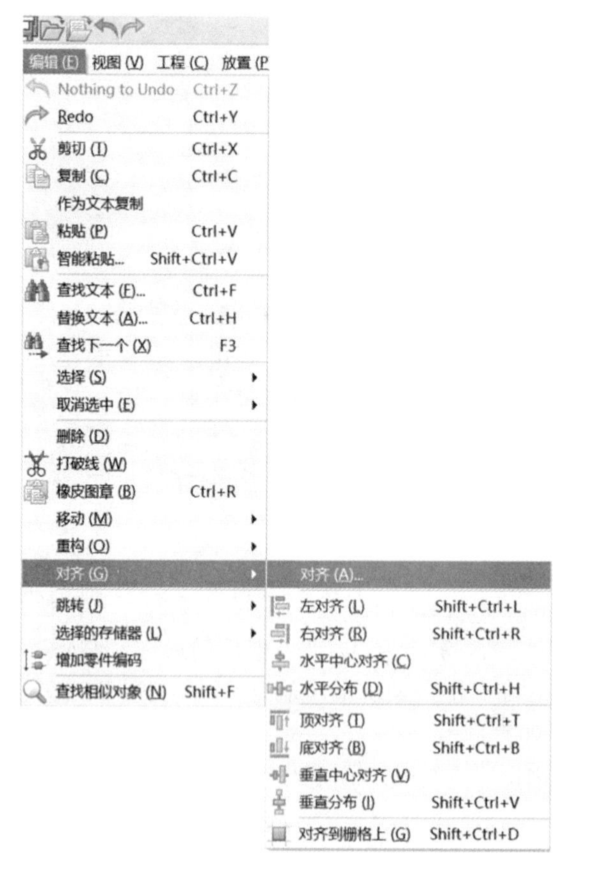

图 4-16　对齐编辑器

图 4-17 Align 选择窗口

右对齐（Align Right）：可重新排列沿垂直方向分布的元器件或图形。

水平中心对齐（Center Horizontal）：沿一条竖线排列，重新排列沿垂直方向分布的元器件或图形。

水平均匀分布（Distribute Horizontally）：可重新排列沿水平方向分布的元器件或图形。

顶对齐（Align Top）：可重新排列沿水平方向分布的元器件或图形。

底对齐（Align Bottom）：可重新排列沿水平方向分布的元器件或图形。

垂直中心对齐（Center Vertical）：沿一条水平线排列，可重新排列沿水平方向分布的元器件或图形。

垂直分布（Distribute Vertically）：沿垂直方向均匀分布，可重新排列沿垂直方向分布的元器件或图形。

对齐到栅格上（Align to Grid）：对于没有对齐到栅格点上的元器件或图形执行该命令后对齐到栅格点上。

下面举一个例子，如图 4-18 所示，假设有 4 个元器件，我们期望能够更美观的、均匀的放置在一条水平线上。我们可以首先执行命令，用鼠标左键选定 4 个元器件，然后执行命令“编辑”→“对齐”→“水平分布”后图形变成如图 4-19 所示，4 个元器件在水平方向上等间距分布。然后执行命令“编辑”→“对齐”→“顶对齐”，执行命令后图形如图 4-20 所示，4 个元器件在一条水平线上均匀分布。

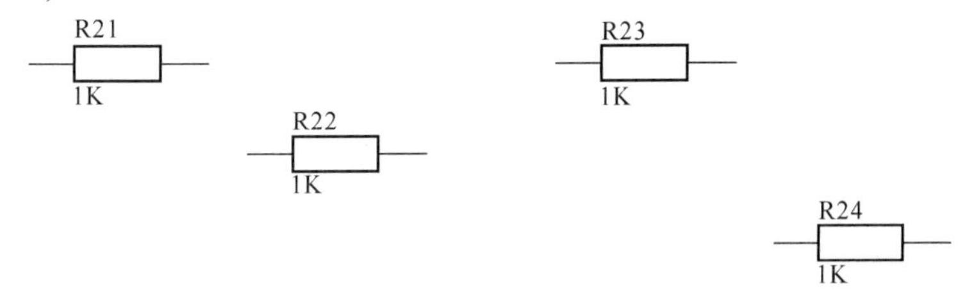

图 4-18 需要对齐的 4 个电阻图形

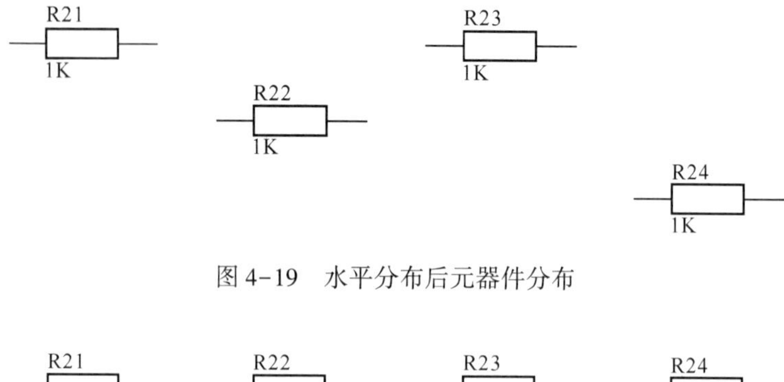

图4-19　水平分布后元器件分布

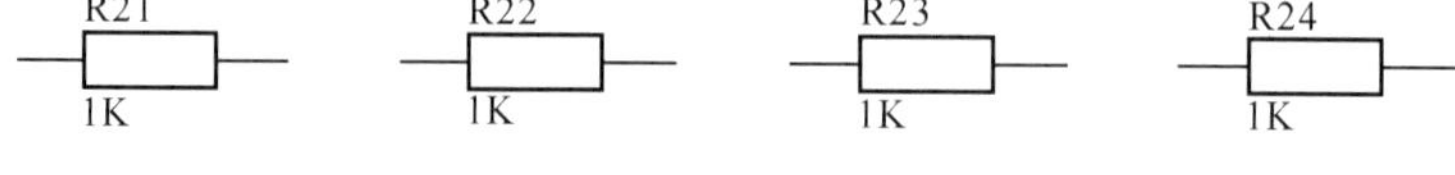

图4-20　顶端对齐后元器件分布

利用拖动功能快速实现一组对齐导线的绘制。如图4-21所示，如果两个元器件之间有多组导线需要连接，可以采用拖动的方式实现两个元器件的快速连接。直接选择其中一个元器件，让两个引脚挨在一起然后拖动分开，这一组导线就直接连接上了，如图4-22所示，所有导线可以快速对齐。

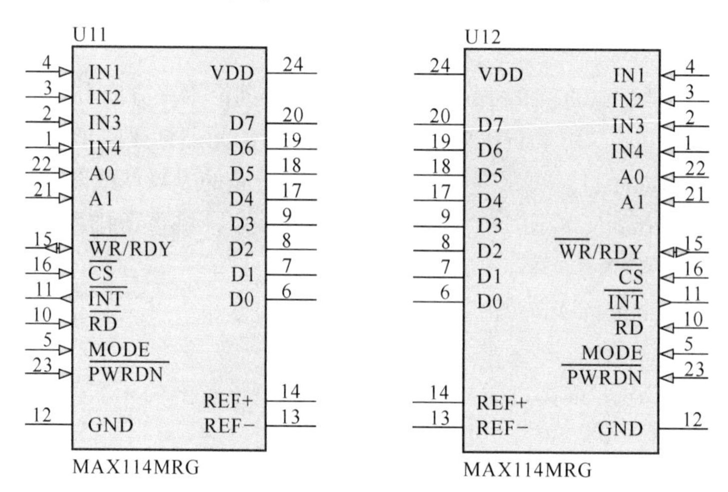

图4-21　两个将要连线的元器件

4.1.7　原理图批处理功能

扫一扫查看批处理的功能

4.1.7.1　文本批处理

在Altium Designer 20中，元器件编号（如某器件编号U5），型号（如74LS21M）、网络标记（如N1、V1等）、文本框内容等都属于文本信息，可在原理图编辑器界面下使用“编辑”（Edit）菜单下的“Find Text…”命令查找，使用“Replace Text…”命令批量替换。这些命令和Word中的查找、替换命令完全一样，包括快捷键也是一样，可以采用<Ctrl>+<F>、<Ctrl>+<H>键实现查找和替换功能，如图4-23所示。

U11
IN1
IN2
IN3
IN4
A0
A1
WR/RDY
CS
INT
RD
MODE
PWRDN
GND
VDD
D7
D6
D5
D4
D3
D2
D1
D0
REF+
REF-
MAX114MRG
U12
VDD
D7
D6
D5
D4
D3
D2
D1
D0
REF+
REF-
IN1
IN2
IN3
IN4
A0
A1
WR/RDY
CS
INT
RD
MODE
PWRDN
GND
MAX114MRG

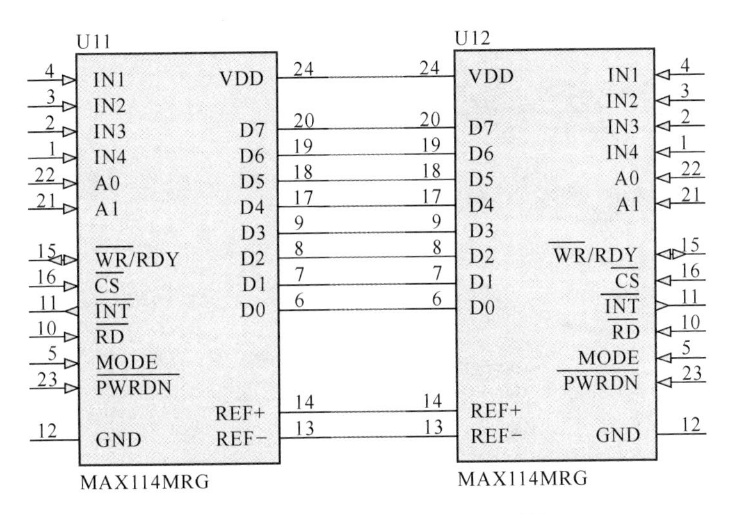

图 4-22　已经连接了导线的元器件

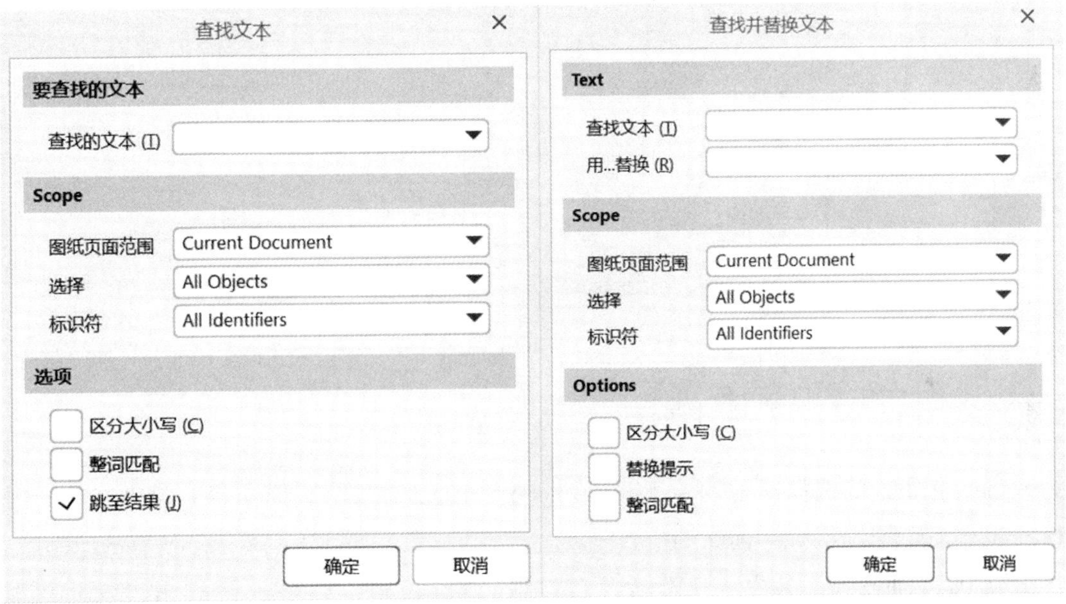

查找文本
要查找的文本
查找的文本 (T)
Scope
图纸页面范围
Current Document
选择
All Objects
标识符
All Identifiers
选项
区分大小写 (C)
整词匹配
跳至结果 (J)
确定
取消
查找并替换文本
Text
查找文本 (T)
用...替换 (R)
Scope
图纸页面范围
Current Document
选择
All Objects
标识符
All Identifiers
Options
区分大小写 (C)
替换提示
整词匹配
确定
取消

图 4-23　查找和替换窗口

4.1.7.2　元器件或图形批处理

元器件批处理可以采用命令“查找相似对象”（Find Similar Objects）的方法进行操作。要求操作实现对所有封装为 AXIAL-0.4 的电阻全部修改为 AXIAL-0.3。

在原理图编辑区内，单击鼠标右键，调出原理图编辑控制命令，选择并单击“查找相似对象命令”后，鼠标箭头立即变成“+”字光标。将“+”字光标移到其中一个待选定的对象上并单击左键，系统即可弹出图 4-24 所示的查找相似对象设置框。

在弹出对话框中可以看到，在 Current Footprint 栏的封装是 AXIAL-0.4，此时修改 Any

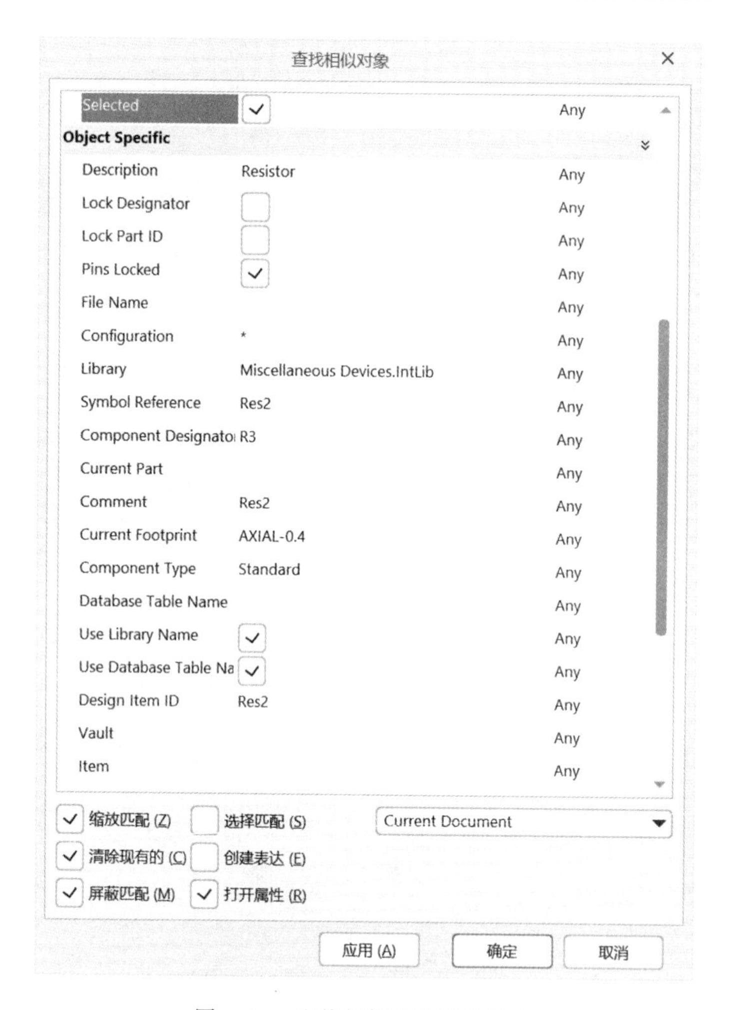

图 4-24　查找相似对象设置窗口

为 Same，把下面的选择匹配勾选上，Current Document（当前页面文档）修改为 Project Document（工程文档），当前文档指当前页面文档，工程文档指工程目录下所有的原理图。单击应用，页面除了封装为 AXIAL-0.4 的电阻，其余电路元器件、导线、网络标记等都处于蒙蔽状态，弹出窗口如图 4-25 所示。

特别提示：

可以根据元器件编号进行筛选，比如在这里 Component Designator 选择不同(different)，其他的选项类似也可以进行匹配选择。

这时候在图 4-24 窗口中选择确认，弹出图 4-26 所示的窗口。

图 4-26 窗口在原理图编辑界面的属性菜单栏，单击选择，弹出图 4-27 所示的封装修改菜单，在菜单里面 PCB 元器件库选择任意，然后把名称 AXIAL-0.4 修改为 AXIAL-0.3，单击“确认”按钮，就把全部封装为 AXIAL-0.4 的电阻修改为 AXIAL-0.3 的封装了。

全局修改后，所有元器件除了被查找对象均处于蒙蔽状态，这时候打开需要操作的原

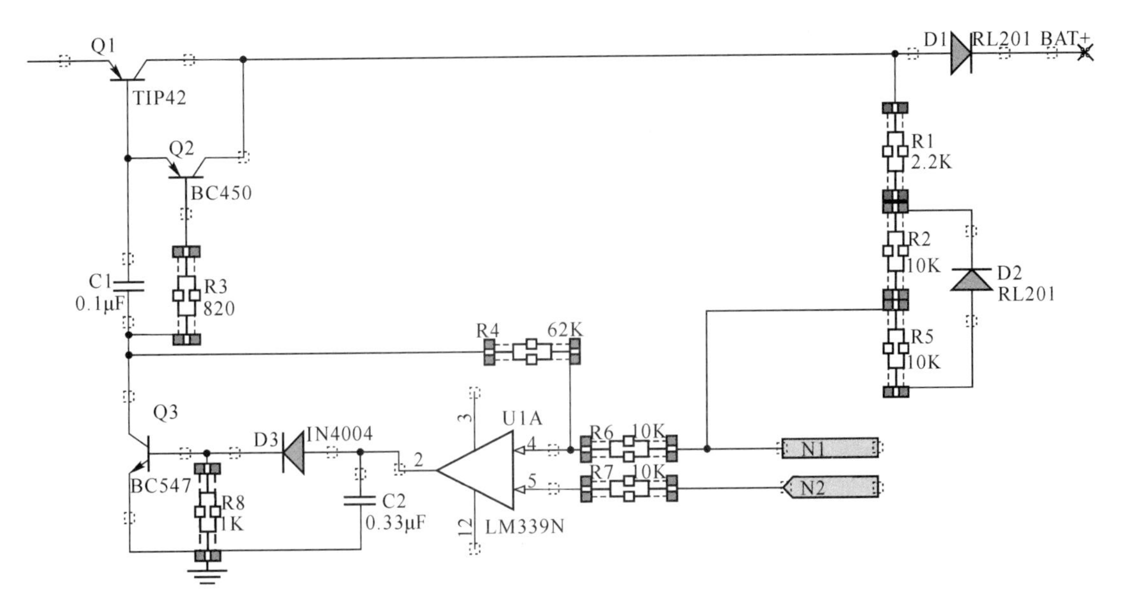

图 4-25 选择查找设置应用后的原理图

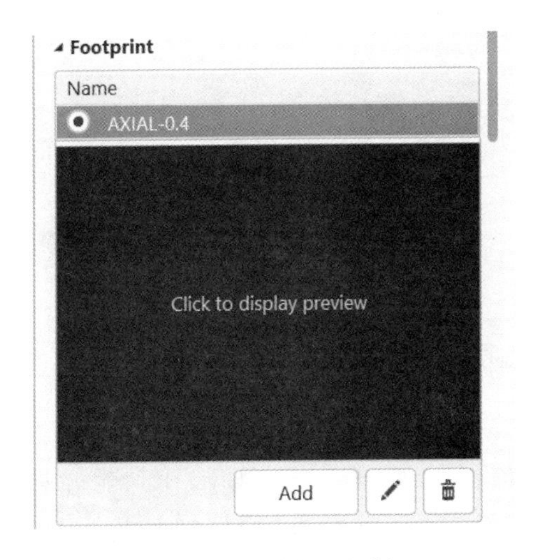

图 4-26 封装属性栏

理图编辑界面，在任意空白处单击鼠标右键，选择清除过滤器（Clear Filter）就解除蒙蔽状态了。

对于导线或者网络之类的操作有一定的差异，下面以导线举例进行说明。

对于选定操作的方式可以和前面元器件操作方式一样，也可以直接在原理图编辑界面下选择菜单命令“编辑”（Edit）→“查找相似对象”（Find Similar Objects）。当鼠标变为十字形光标后选定需要批处理的导线，弹出对话框如图 4-28 所示。

将 Line Width 的匹配选项 Any 修改为 Same，选择匹配，选择 Current Document 或 Project Document，则弹出图 4-29 所示导线修改对话框，可以批量修改导线宽度和颜色。同样的，修改后需要清除蒙蔽。

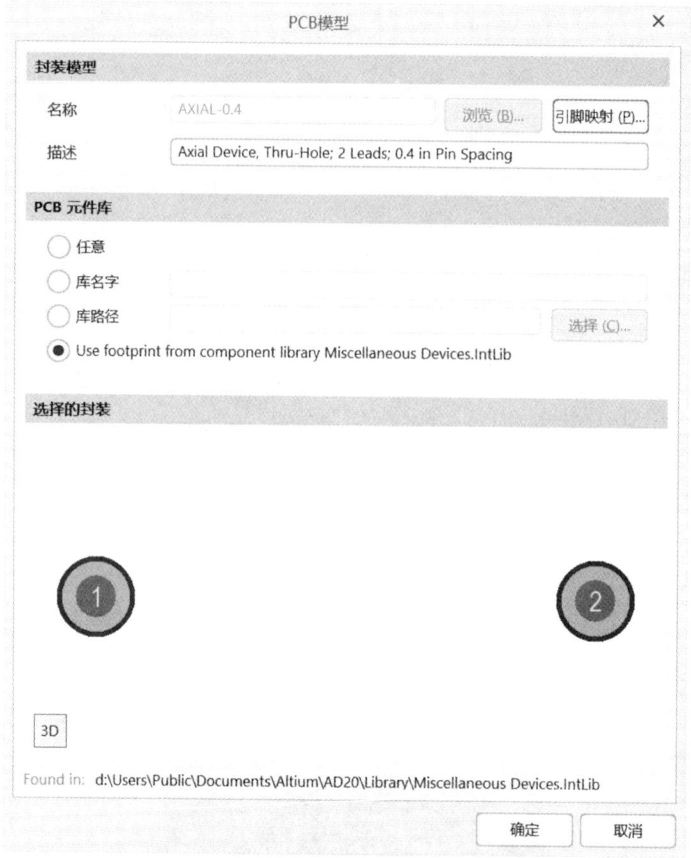

图 4-27　封装修改窗口

4.1.8　原理图电气检查规则

Altium Designer 20 原理图不仅仅是简单的图纸，它们包含有关电路的电气连接信息，可以使用此连接感知来验证设计。原理图中的 ERC 工具能帮助设计者更快地查出和改正错误。在完成原理图的绘制后，要对原理图进行检查，防止由于设计者自己的疏忽，造成原理图中存在的一些错误，使后面的工作无法正常进行。检查的方法通常是设计者自己通过观察或是采用电气规则检查。电气规则检测的速度比较快，可以输出相关的物理逻辑冲突报告，具体的规则设置在本项目的技能操作中学习。

4.2　技能操作学习

4.2.1　原理图绘制

首先给定元器件名称和封装库，其中变压器的原理图库需要自制。

4.2.1.1　新建工程文件和原理图文件

该项目使用默认工程环境，执行命令“文件”→“新的”→“项目”，新建一个 PCB 工

图 4-28 导线查找相似对话框

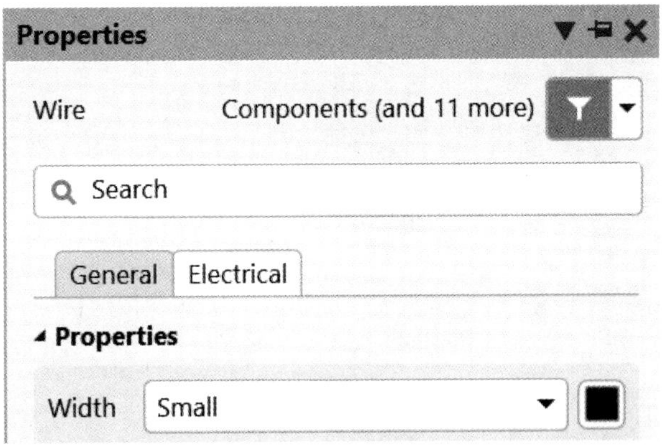

图 4-29 导线属性修改

程文件，执行“文件”→“Save as”命令，保存在 E:\ 电子线路 CAD\ 充电器电路文件夹中。

用鼠标右键单击上面新建的项目工程文件，执行“添加到新的工程”→“Schematic”命令，在项目工程文件下创建一张原理图文件，用鼠标右键选中该文件，选择 Save As，保存在项目所在的充电器电路文件夹中，文件名取为充电器电路原理图。

特别注意：

如果不是新建工程而是直接建立一个原理图文件，则该文档为自由文档（Free Document），在编译的时候将会出错，无法进行下一步的设计，因此，新建原理图文件一定要把原理图文件建立在某个工程下面。

从图 4-1 所示电路中可以知道原理图元器件名称和符号，其中分离元器件为电阻、电容、可变电阻、有极性电容、晶体管、LED、二极管、熔丝，均在 Miscellaneous Devices. IntLib 原理图库中，对于这些已知原理图元器件符号和名称，又知道位于哪个库的元器件，可在库面板中用关键字过滤查找，或者直接在库中调用，放置元器件即可。

对于集成元器件 LM7808CT 和 LM339N 可以根据表 4-1 元器件信息表直接先添加元器件库文件，然后再在库文件中找到相应的元器件添加即可，操作方法如下：

在原理图编辑界面下，用鼠标选择右侧 Components，在界面单击 ≡（operations），选择 “File-based Libraries Preferences”，弹出图 4-30 所示的窗口，在窗口中单击 “安装”，根据表 4-1 的元器件库找到该元器件库即可，图 4-30 已经安装了 NSC Logic Gate. IntLib 等元器件库。

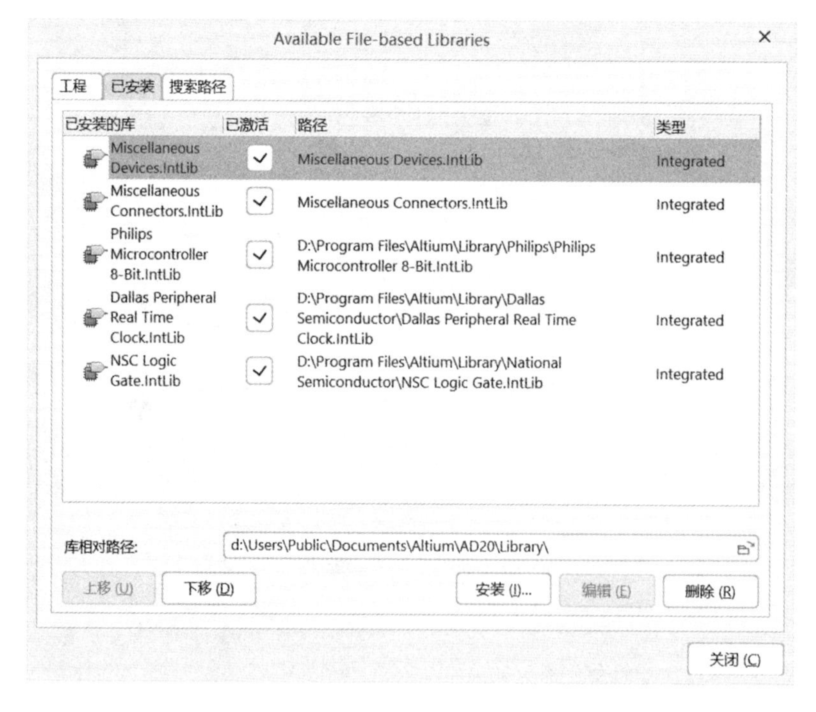

图 4-30　元器件库安装窗口

表 4-1　元器件信息表

元器件名称	编号	库名称	封装	元器件库
有极性电容	C1	Cap Pol1	CAPPR7. 5-16X35	
无极性电容	C2、C5、C6	Cap	CAPR2. 54-5. 1X3. 2	Miscellaneous Devices. IntLib
有极性电容	C3、C4	Cap Pol1	CAPPR1. 5-4X5	

续表 4-1

元器件名称	编号	库名称	封装	元器件库
RL201	D1、D2、D3、D5	Diode	DSO-C2/X3. 3	Miscellaneous Devices. IntLib
1N4004	D4、D6	Diode 1N4004	DIO10. 46-5. 3x2. 8	
LED0	DS1	LED0	LED-0	
熔丝	F1	Fuse 2	PIN-W2/E2. 8	
TIP42	Q1	2N3906	BCY-W3/E4	
BC450	Q2	2N3906	BCY-W3/E4	
BC547	Q3、Q4	NPN	BCY-W3	
电阻	R1、R2、R3、R4、R5、R6、R7、R8、R10、R11、R12、R13、R14、R15、R16、R17、R18、R19、R20	Res2	AXIAL-0. 4	
可变电阻	R9	RPot	VR2	
变压器 Transfer	TR1	Transfer	Transfer	自定义
LM7808CT	U1	LM7808CT	T03B	NSC Power Mgt Voltage Regulator. IntLib
LM339N	U2	LM339N	646-06	Motorola Analog Comparator. IntLib

也可以采用搜索的办法添加元器件库，具体方法见本书项目 3 查找元器件章节。

特别注意：

该原理图放置了 LM339N 的 Part A、Part B、Part C、Part D，如果手动编号的时候在 Designator 栏输入器件编号均为 U2，而不能是 U2A、U2B、U2C、U2D，将元器件编号修改好之后放置在原理图上的元器件就自动编号为 U2A、U2B、U2C、U2D。

4.2.1.2 自制元器件

对于变压器元器件可以在 Miscellaneous Devices. IntLib 里面找到一些，但是均不符合需求，所以需要自制元器件，下面讲解两种元器件的自制方法。

方法一：全部采用绘制的方法实现。

（1）进入原理图库编辑器界面。

用鼠标左键单击选中工程文件，用鼠标右键单击，在弹出菜单中，选择执行命令“添加新的…到工程”→“Schematic Library”或者直接在“文件”（File）菜单栏选择“新的…”（New）→“库”（Library）→“原理图库”（Schematic Library）就创建了原理图元器件库文件，同时弹出编辑菜单另存为充电器电路 . SCHLIB。这时候原理图库文件就进入了工程文件下的专用文件夹中，单击 Projects 就可以查看。

（2）在原理图编辑器界面绘制元器件。

单击原理图编辑工作界面控制面板的 Sch Library，就可以进入绘制原理图元器件库编辑界面。打开之后默认原理图文件名为 Component_1，右侧为原理图库编辑界面，中心点是一个十字分成了四个象限。

首先绘制变压器的图形。发现绘制的弧形两端最小间距为 200mil，这时候不满足需求，需要进栅格里面修改栅格大小，如图 4-31 所示。

修改栅格方法。直接在该原理图库编辑界面下，用鼠标右键单击选择“原理图优先项”，在 Schematic→Grids 把捕获栅格的第二行 50mil 直接修改为 10mil，这时候就可以开始绘制更小栅格的图形。在完成绘图之后再使用缺省设置还原栅格，如图 4-32 所示。

图 4-31 栅格未修改前绘制的弧形

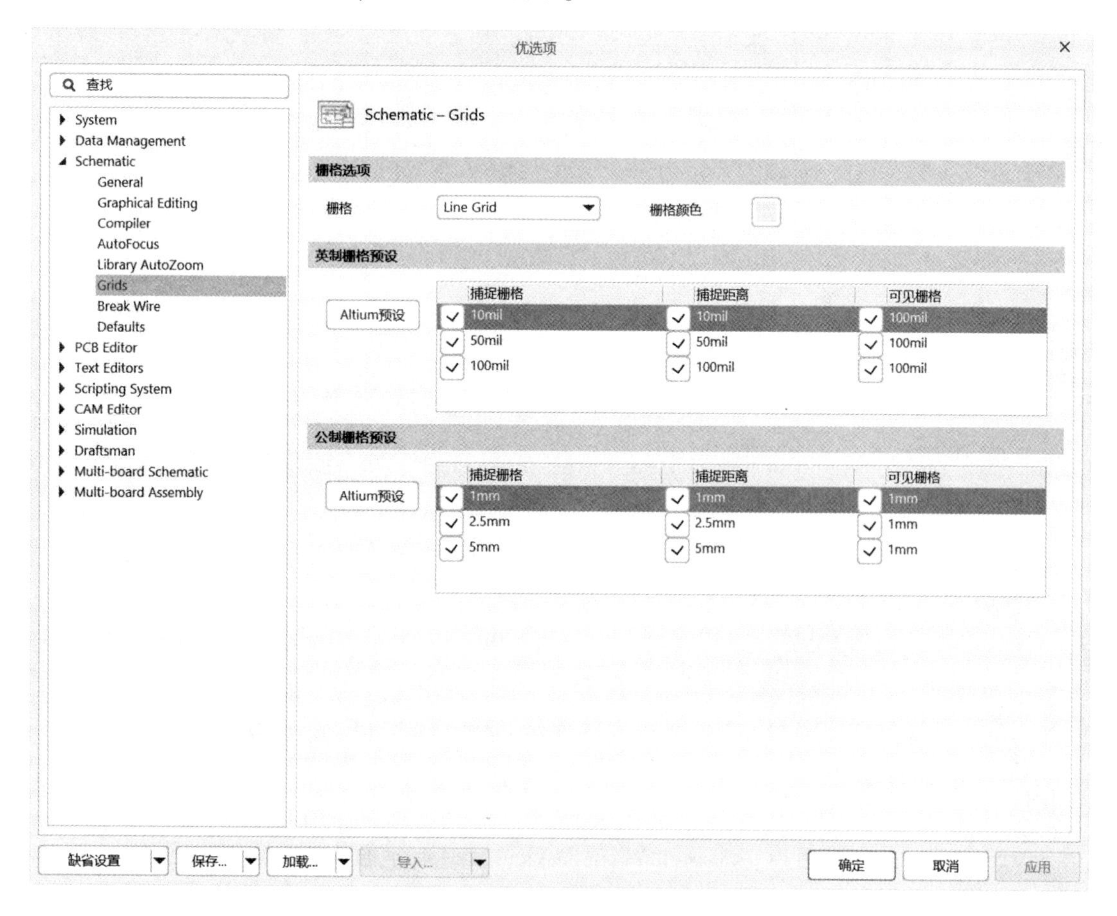

图 4-32 修改原理图库编辑界面的捕获栅格为 10mil

最后再放置引脚，设置好引脚编号和参数即可。

方法二：利用现有的原理图库进行绘制。

建议大家尽量采用这种方法绘制。在 Miscellaneous Devices. IntLib 元器件库中我们发现 Trans Adj 这个元器件的图形（如图 4-33 所示）和图 4-1 中要用的变压器类似，可以使用该器件修改后成为需要的元器件。

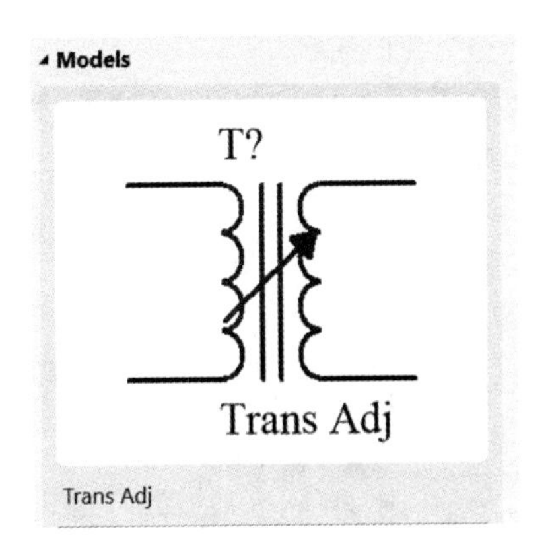

图 4-33 Trans Adj 原理图模型

首先在原理图中放置该元器件，然后在原理图编辑界面下，选择“设计”（Design）→“生成原理图库”（Make Schematic Library），这时候弹出图 4-34 所示窗口，选择“OK”按钮。

Component Grouping

Parameter Name	Check
Comment	✓
Description	✓
Value	✓
Code - JEDEC	
Datasheet	
Note	
Package Information	
Package Reference	
Published	
Publisher	
Revision 1	
Revision 2	
Revision 3	
Revision	
Set Position	

Defaults OK Cancel

图 4-34 元器件窗口

这时候可以在生成的原理图库中找到 Trans Adj 元器件图形，如图 4-35 所示。

把该元器件复制到前面建的充电器电路 . SCHLIB 的 Component_1 的原理图库编辑界面下，把其中不要的图形删除掉，引脚不够需要添加引脚，然后修改引脚名称，在属性里面修改元器件参数，最后变压器的原理图库就绘制好了，如图 4-36 所示，这种方法非常简单、快捷，前提是原理图库中有相似的元器件。

按照图 4-1 就可以把所有的元器件放置到原理图中完成原理图的绘制。

图 4-35　Trans Adj 元器件图形

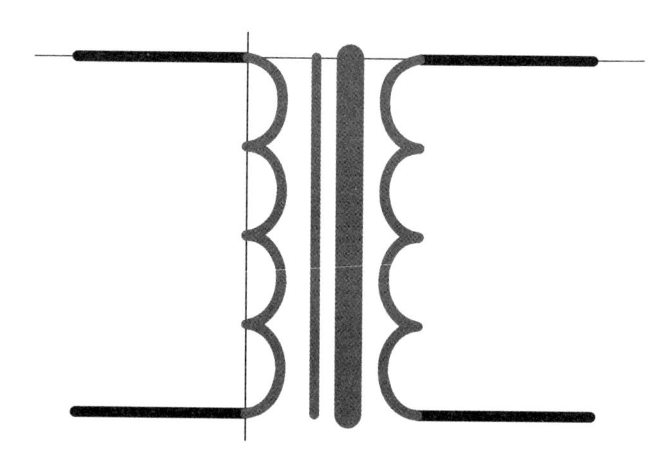

图 4-36　新建的变压器库图形

4.2.2　层次化电路设计

该项目采用自上而下的方式完成层次原理图设计。自上而下的层次电路原理图设计就是先绘制出顶层原理图，然后将顶层原理图中的各个方块图对应的子原理图分别绘制出来。采用这种方法设计时，首先要根据电路的功能把整个电路划分为若干个功能模块，然后把它们正确地连接起来。把图 4-1 所示的原理图划分为电源部分、充电指示部分、保护部分、充电部分四个部分。

4.2.2.1　绘制顶层原理图

(1) 选择“文件”→“新的”→“项目”菜单命令，建立一个新的工程文件，另存为蓄电池充电电路 . PrjPcb。选择“文件”→“新的”→“原理图”菜单命令，在新项目文件中新建一个原理图文件，将原理图文件另存为蓄电池充电电路 . SchDoc，并设置原理图图纸参数。

（2）选择“放置”→“页面符”菜单命令，或者单击布线工具栏中的按钮，放置方块电路图。此时鼠标指针变成十字形，并带有一个方块电路。

（3）移动鼠标指针到指定位置，单击鼠标确定方块电路的一个顶点，然后拖动鼠标，在合适位置再次单击确定方块电路的另一个顶点，如图4-37所示。此时系统仍处于绘制方块电路状态，用同样的方法绘制另一个方块电路。绘制完成后，单击鼠标右键退出绘制状态。

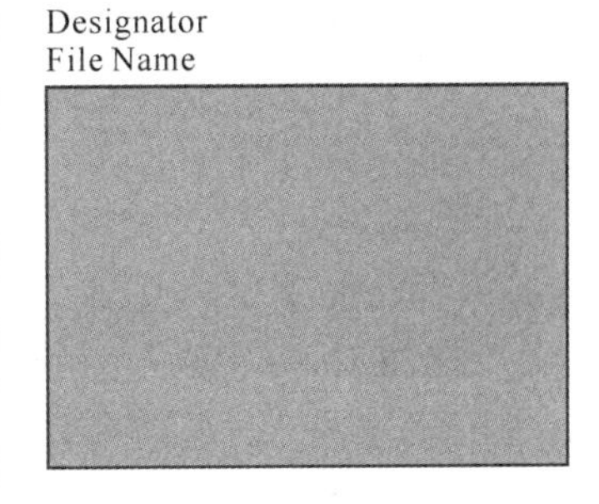

图4-37 放置方块图

（4）双击绘制完成的方块电路图，弹出方块电路属性设置面板，如图4-38所示。在该面板中设置方块电路属性。

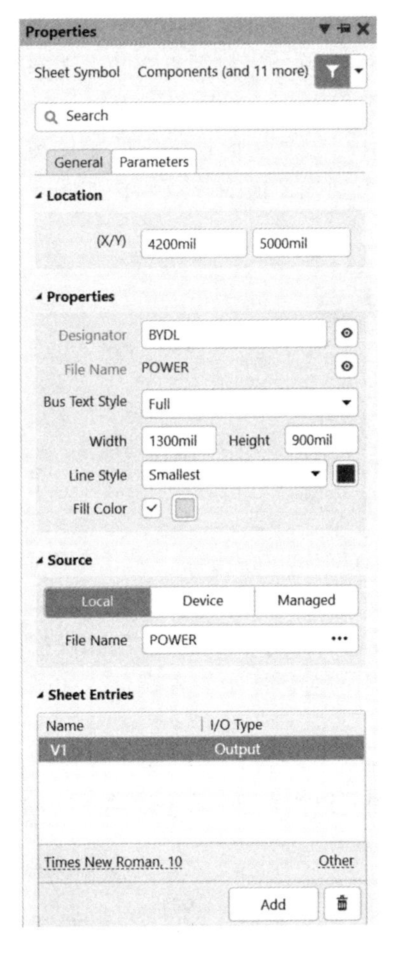

图4-38 方块电路属性设置窗口

1）Location（位置）。

X/Y坐标：用于表示方块电路左上角顶点的位置坐标，用户可以输入设置。

2）Properties（属性）。

①Designator（标志）：用于设置页面符的名称。这里我们输入BYDL（变压电路）。

②File Name（文件名）：用于显示该页面符所代表的下层原理图的文件名。

③Bus Text Style（总线文本类型）：用于设置线束连接器中文本显示类型。单击后面的下三角按钮，有两个选项供选择：Full（全程）、Prefix（前缀）。

④Line Style（线宽）：用于设置页面符边框的宽度，有 4 个选项供选择，即 Smallest、Small、Medium 和 Large。

⑤Fill Color（填充颜色）：若选中该复选框，则页面符内部被填充；否则，页面符是透明的。

3）Source（资源）。

File Name（文件名）：用于设置该页面符所代表的下层原理图的文件名，输入 POWER. SchDoc（变压电路）。

4）Sheet Entries（图纸入口）。

在该选项组中可以为页面符添加、删除和编辑与其余元器件连接的图纸入口，在该选项组中添加图纸入口，与工具栏中的“添加图纸入口”按钮作用相同。

单击“Add”按钮，在该面板中自动添加图纸入口，如图 4-39 所示。

5）Time New Roman 10：用于设置页面符文字的字体类型、字体大小、字体颜色，同时设置字体添加加粗、斜体、下划线、横线等效果，如图 4-40 所示。

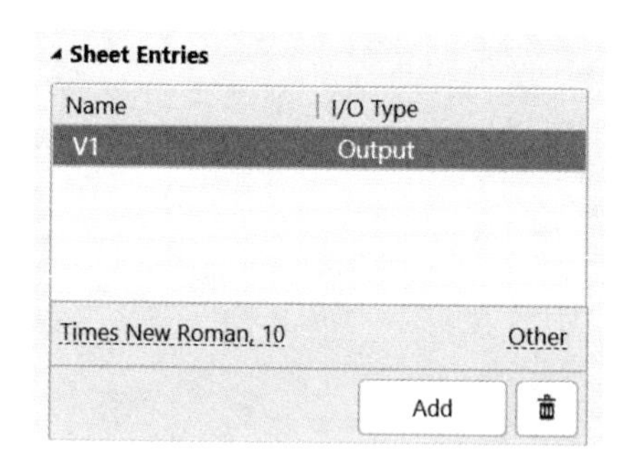

图 4-39　Sheet Entries（图纸入口）

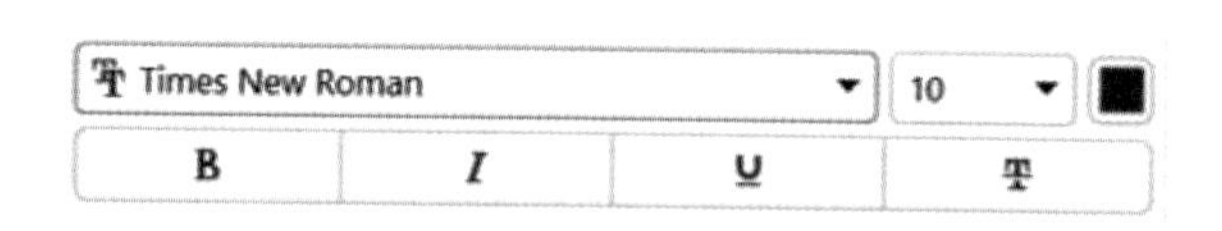

图 4-40　文字设置

6）Other（其余）：用于设置页面符中图纸入口的电气类型、边框的颜色和填充颜色。单击后面的颜色块，可以在弹出的对话框中设置颜色，如图 4-41 所示。

7）Parameters（参数）。

单击图 4-38 中的“Parameters（参数）”标签，打开“Parameters（参数）”选项卡，如图 4-42 所示，在该选项卡中可以为页面符的图纸符号添加、删除和编辑标注文字。

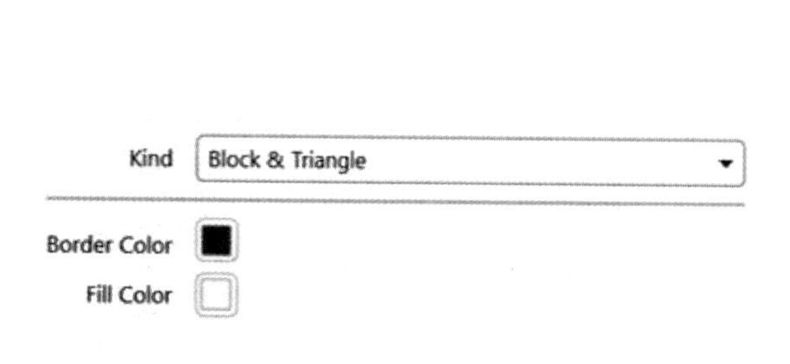

图 4-41　图纸参数入口

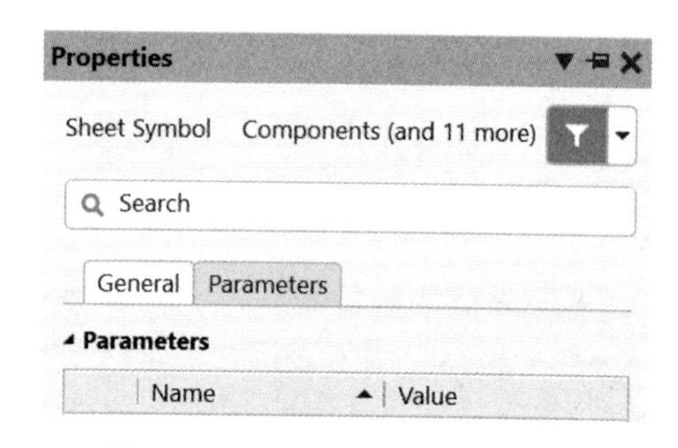

图 4-42　Parameters（参数）设置

单击“Add”按钮，添加参数显示界面如图 4-43 所示。在该面板中可以设置标注文字的“名称”“值”“位置”“颜色”“字体”“定位”和“类型”等。

单击“可视”按钮，显示 Value 值；单击“锁定”按钮，显示 Name。

(5) 设置好属性的方块电路如图 4-44 所示。

(6) 选择菜单命令放置→添加图纸入口，或者单击布线工具栏中的按钮，放置方块图的图纸入口。此时鼠标指针变成十字形，在方块图的内部单击后，鼠标指针上出现一个图纸入口符号。移动鼠标指针到指定位置，单击放置一个入口，此时系统仍处于放置图纸入口状态，单击继续放置需要的入口。全部放置完成后，单击鼠标右键退出放置状态。

(7) 双击放置的入口，系统弹出 Properties（属性）面板，如图 4-45 所示。在该面板中可以设置图纸入口的属性。

1) Name（名称）：用于设置图纸入口名称。这是图纸入口最重要的属性之一，具有相同名称的图纸入口在电气上是连通的。

2) I/O Type（输入/输出端口的类型）：用于设置图纸入口的电气特性，对后面的电气规则检查提供一定的依据。有 Unspecified（未指明或不确定）、Output（输出）、Input（输入）和 Bidirectional（双向型）4 种类型，如图 4-46 所示。

3) Hamess Type（线束类型）：设置线束的类型。

图 4-43 设置参数属性

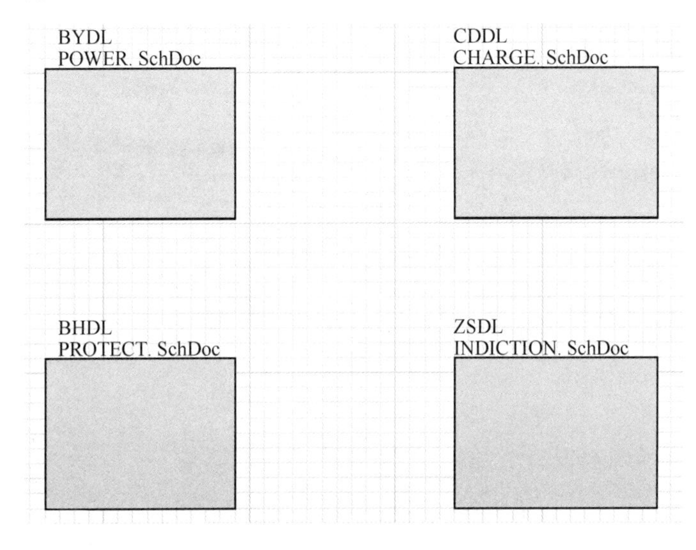

图 4-44 设置好属性的方块电路

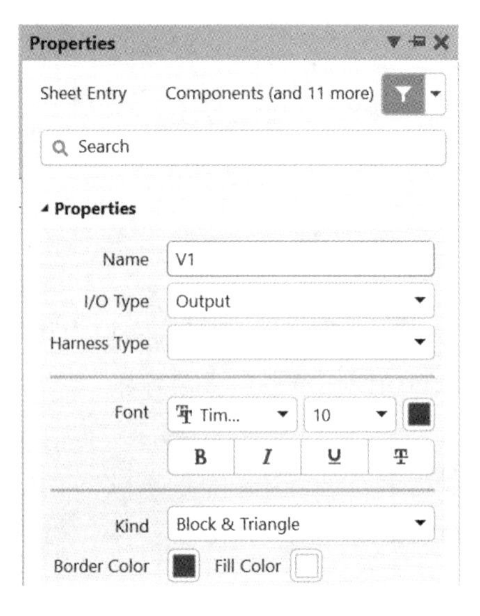

图 4-45　图纸入口属性设置

4）Font（字体）：用于设置端口名称的字体类型、字体大小、字体颜色，同时设置字体，添加加粗、斜体、下划线、横线等效果。

5）Kind（类型）：用于设置图纸入口的箭头类型。单击后面的下三角按钮，有 4 个选项供选择，如图 4-47 所示。

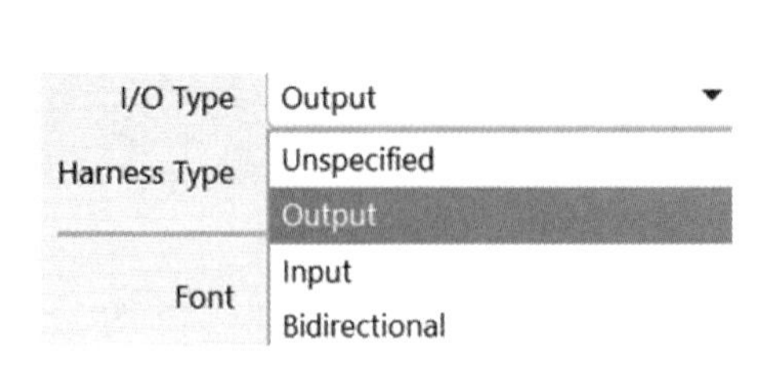

图 4-46　输入/输出端口的类型

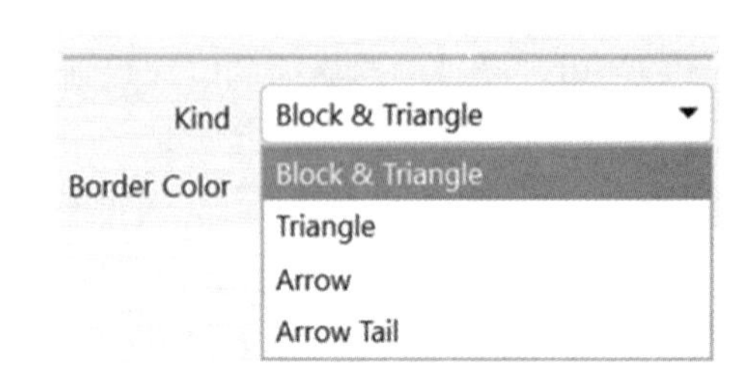

图 4-47　箭头类型

6）Border Color（边界）：用于设置端口边界的颜色。

7）Fill Color（填充颜色）：用于设置端口内填充颜色。

最后用导线把各个方块图的图纸入口连接起来，最终绘制成的顶层原理图如图 4-48 所示。当然，如果不放置图纸入口和连线，也可以让每张图纸用网络标记连起来，这种也可以实现连接，不过采用图纸入口和连线的方式可以更直观地表示每一个子图之间的关系。一般对于复杂的原理图就不再使用图纸入口了，因为复杂的电路很难把模块之间的接口抽象出来。

4.2.2.2　绘制子原理图

顶层原理图绘制以后，要把顶层原理图中的每个方块对应的子原理图绘制出。

选择“设计”（Design）→从页面符创建图纸菜单命令，鼠标指针变成十字形。移

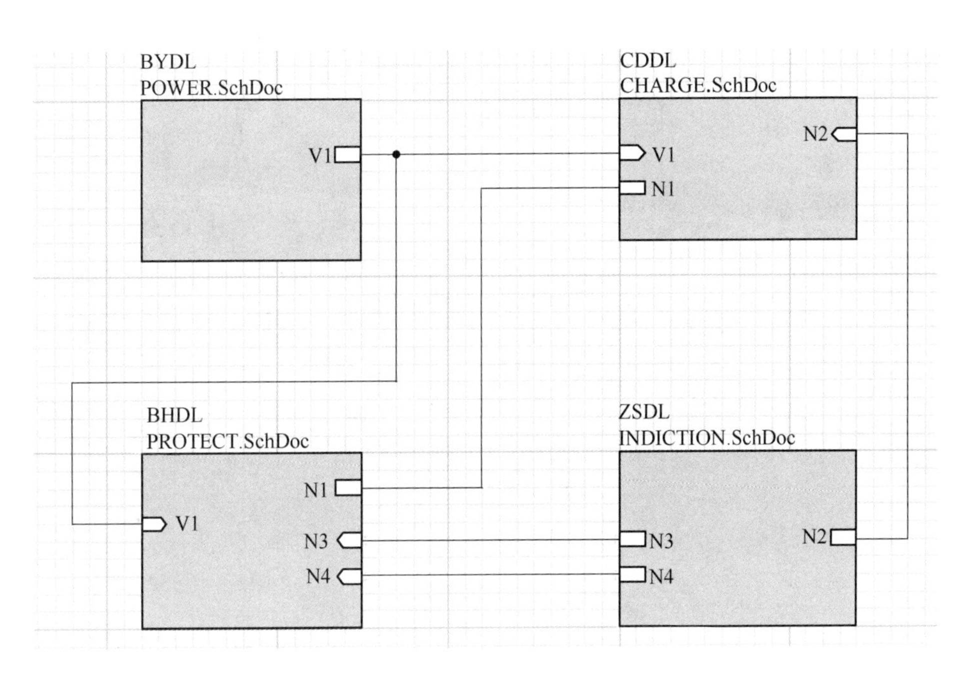

图 4-48 绘制完成的顶层电路图

动指针到方块电路内部空白处单击。系统会自动生成一个与该方块图同名的子原理图文件，并在原理图中生成一些块图对应的输入输出端口，最后采用一般原理图的绘制方法绘制完子原理图。绘制好的子原理图如图 4-49 所示，以下分别为 4 个子原理图的电路。

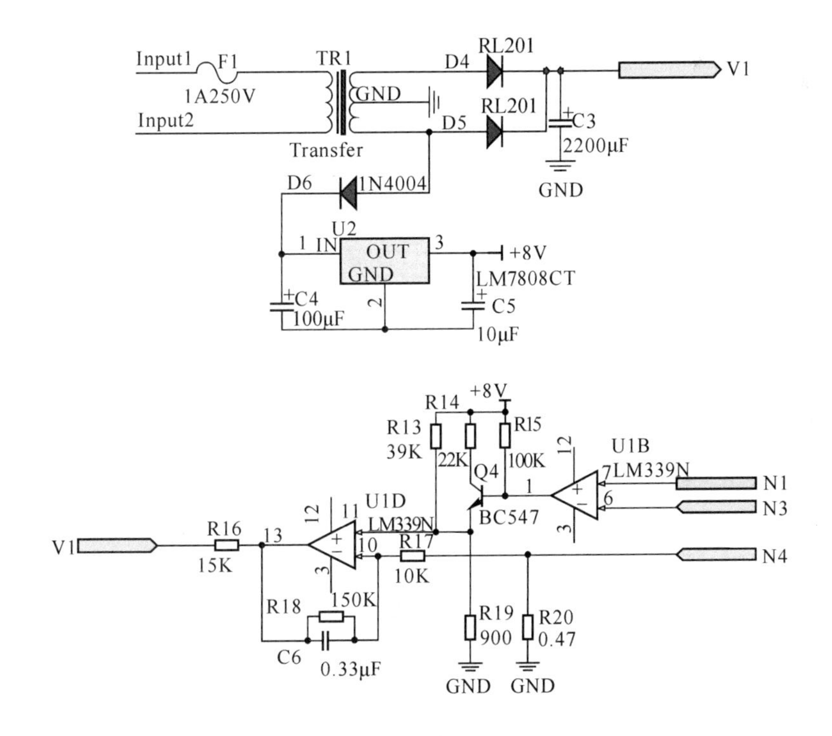

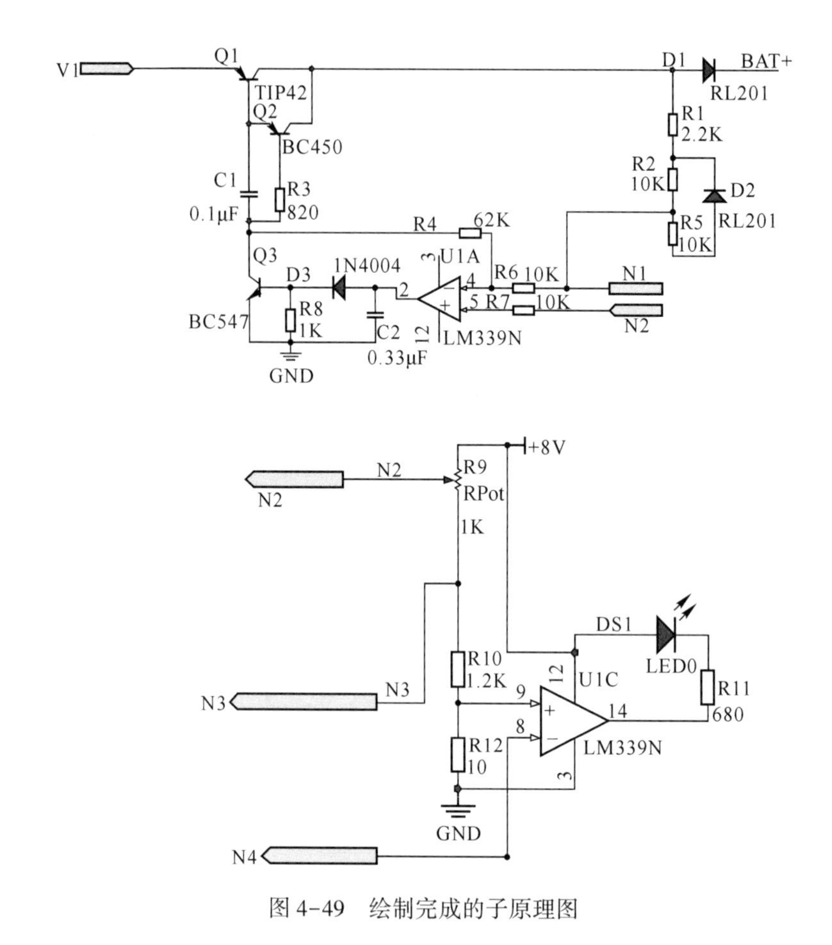

图 4-49　绘制完成的子原理图

4.2.3　层次原理图切换

绘制完成的层次电路原理图中一般都包含有顶层原理图和多张子原理图。用户在编辑时，常常需要在这些图中来回切换查看，以便了解完整的电路结构。在 Altium Designer 20 系统中提供了层次原理图切换的专用命令，以帮助用户在复杂的层次原理图之间方便地切换，实现多张原理图的同步查看和编辑。切换的方法有用 Projects（工程）工作面板切换和用命令方式切换两种。

4.2.3.1　用 Projects 工作面板切换

打开 Projects（工程）面板，如图 4-50 所示。单击面板中相应的原理图文件名，在原理图编辑区内就会显示对应的原理图。

4.2.3.2　用命令方式切换

（1）顶层切换到子原理图。

打开工程文件，选择“工程”→Compile PCB Project 充电器电路 . PrjPcb 菜单命令，

图 4-50　层次化结构原理图的层次结构

编译整个电路工程文件。然后打开顶层原理图，选择工具→上/下层次命令光标变成十字形状，如图 4-51 所示。移动光标至顶层原理图中要切换的子原理图对应的方块电路，单击其中一个图纸入口，如图 4-52 所示。利用项目管理器，用户直接单击项目窗口中层次结构所要编辑的文件名即可。

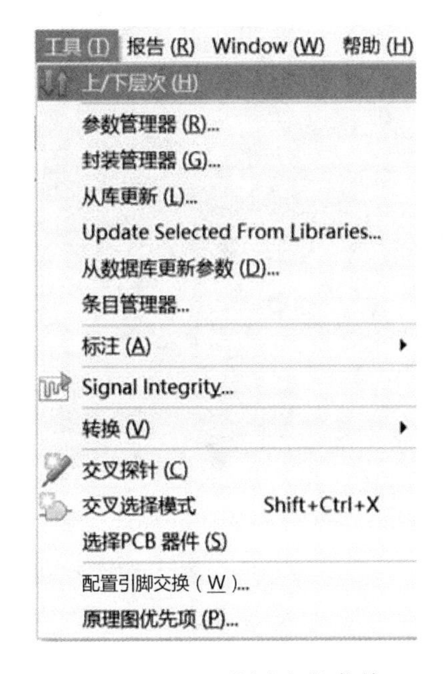

图 4-51　上/下层次切换菜单

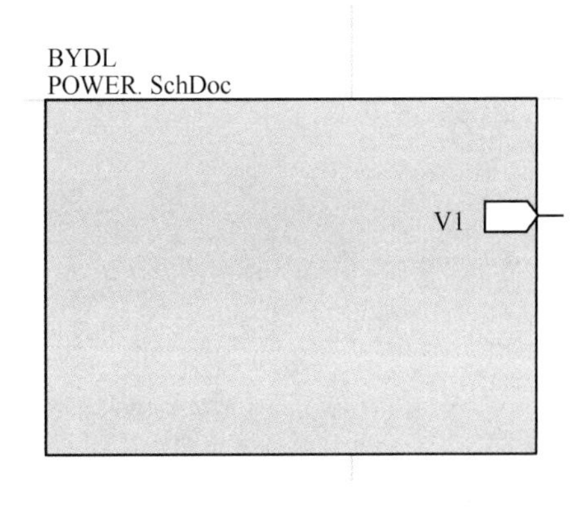

图 4-52　图纸入口

单击文件名后，自动打开子原理图，并将其切换到原理图编辑区。

(2) 子原理图切换到顶层。

打开任意一个子原理图，选择“工具”→“上/下层次”菜单命令，光标变成十字形。移动光标到子原理图的输入输出端口上，单击任意一个端口，系统将自动打开并切换到顶层原理图。

4.2.4　原理图编译和规则检查

绘制完原理图后，为了保证原理图的正确，还需要对原理图的连接进行检查，以发现原理图中的一些电气连接上的错误。在确认电路的电气连接正确后，就可以生成网络表等报表文件，以便于后面的印制电路板的制作和其他应用。

4.2.5　电气连接检查

电气连接检查可检查出原理图中是否有电气特性不一致的情况。例如，某个输出引脚连接到另一个输出引脚就会造成信号冲突；未连接完整的网络标签会造成信号断线；重复的流水号会使系统无法区分出不同的元器件等。以上这些都是不合理的电气冲突现象，Altium Designer 20 会按照设计者的设置以及问题的严重性分别以错误（Error）或警告（Waring）等信息来提醒设计者注意。

4.2.5.1　设置电气连接检查规则

扫一扫查看
电气检查规则

设置电气连接检查规则，首先要打开设计的原理图文档，然后执行“工程”（Project）→“工程选项”（Project Options）命令，在弹出的图 4-53 所示的项目选项对话框中进行设置。该对话框中有“错误报告”（Error Reporting）和“连接矩阵”（Connection Matrix）选项卡可以设置检查规则。

图 4-53　规则检查设置窗口

“Error Reporting”选项主要用于设置设计草图检查规则。

冲突类型描述（Violation Type Description）表示检查设计者的设计是否违反类型设置的规则。

报告格式（Report Mode）表明违反规则的严格程度。如果要修改报告模式，则单击对应的报告，并从下拉列表中选择严格程度：Fatal Error（重大错误）、Error（错误）、Warning（警告）和 No Report（不报告）。

该选项卡中的电气错误类型主要分为以下7类：

（1）Violations Associated with Buses（总线电气错误类型，总共12项）：

1）Bus indices out of range：总线分支索引超出范围。总线和总线分支线共同完成电气连接，每个总线分支线都有自己的索引，当分支线索引超出了总线的索引范围时，将违反该规则。

2）Bus range syntax errors：总线范围的语法错误。总线的命名通常是由系统缺省设置的，但用户也可以自己命名总线，当用户的命名违反总线的命名规则时，将违反该规则。

3）Illegal bus definitions：非法的总线定义。例如，总线与导线相连时，将违反该规则。

4）Illegal bus range values：非法的总线范围值。总线的范围及总线分支线的数目，当两者不相等时，将违反该规则。

5）Mismatched bus label ordering：总线分支线的网络标号的错误排列。通常总线分支线是按升序或降序排列，不符合此条件时将违反该规则。

6）Mismatched bus widths：总线宽度的不匹配。

7）Mismatched Bus-Section index ordering：总线索引的错误排序。

8）Mismatched Bus/Wire object on Wire/Bus：导线与总线间的不匹配。

9）Mismatched electrical types on bus：总线上电气类型的错误。

10）Mismatched Generics on bus（First Index）：总线范围值的首位错误。总线分支线的首位对应，如果不满足，将违反该规则。

11）Mismatched Generics on bus（Second Index）：总线范围值的末位错误。

12）Mixed generic and numeric bus labeling：总线网络标号的错误。采用了数字和符号的混合编号。

（2）Violations Associated with Components（元器件电气错误类型，总共20项）：

1）Component Implementations with duplicate pins usage：原理图中元器件的引脚被重复使用了。

2）Component Implementations with invalid pin mappings：出现了非法的元器件引脚封装。元器件的引脚应与引脚的封装一一对应，不匹配时将违反该规则。

3）Component Implementations with missing pins in sequence：元器件引脚序号丢失。元器件引脚的命名出现不连贯的序号，将违反该规则。

4）Component containing duplicate sub-parts：元器件中包含了重复的子元器件。

5）Component with duplicate Implementations：在一个原理图中元器件被重复使用了，该错误通常出现在层次原理图的设计中。

6）Component with duplicate pins：元器件中出现了重复的引脚。

7）Duplicate Component Models：一个元器件被定义多种重复模型。

8）Duplicate Part Designators：存在重复的元器件标号。

9）Errors in Component Model Parameters：元器件模型中出现参数错误。

10）Extra pin found in component display mode：元器件显示模型中出现多余的引脚。

11）Mismatched hidden pin connections：隐藏引脚的电气连接错误。

12）Mismatched pin visibility：引脚的显示与用户的设置不匹配。

13）Missing Component Model Parameters：元器件模型参数丢失。

14）Missing Component Models：元器件模型丢失。

15）Missing Component Models in Model Files：元器件模型在模型文件中找不到。

16）Missing pin found in component display mode：元器件的显示中缺少某一引脚。

17）Models Found in Different Model Locations：元器件模型在另一路径而不是在指定路径中找到。

18）Sheet Symbol with duplicate entries：方块电路图中出现了重复的端口。为防止该规则被违反，建议用户在进行层次原理图的设计时，在单张原理图上采用网络标号的形式建立电气连接，而不同的原理图间采用端口建立电气连接。

19）Un-Designated parts requiring annotation：未被标号的元器件需要自动标号。

20）Unused sub-part in component：集成元器件的某一部分在原理图中未被使用。通常对未被使用的部分采用引脚悬空的方法，即不进行任何电气连接。

（3）Violations Associated with documents（文档电气连接错误类型，总共10项）：

1）Conflicting Constraints：互相矛盾的制约属性。

2）Duplicate sheet numbers：重复的图纸编号。

3）Duplicate sheet Symbol names：层次原理图中出现了重复的方块电路图。

4）Missing child sheet for sheet symbol：方块电路图中缺少对应的子原理图。

5）Missing Configuration Target：缺少任务配置。

6）Missing sub-Project sheet for component：元器件丢失子项目。有些元器件可以定义子项目，当定义的子项目在固定的路径中找不到时将违反该规则。

7）Multiple Configuration Targets：出现多重任务配置。

8）Multiple Top-Level Documents：多重一级文档。

9）Port not linked to parent sheet symbol：子原理图中电路端口与主方块电路中端口间的电气连接错误。

10）Sheet Entry not linked child sheet：电路端口与子原理图间存在电气连接错误。

（4）Violations Associated with Harnesses（线束相关的错误类型，总共5项）：

1）Conflicting Harness Definition：线束冲突定义。

2）Harness Connector Type Syntax Error：线束连接器类型语法错误。

3）Missing Harness Type on Harness：线束上丢失线束类型。

4）Multiple Harness Type on Harness：线束上有多个线束类型。

5）Unknown Harness Type：未知的线束类型。

（5）Violations Associated with Nets（网络电气连接错误类型，总共24项）：

1）Adding hidden net to sheet：原理图中出现隐藏的网络。

2）Adding Items from hidden net to net：从隐藏网络中添加对象到已有网络中。

3）Auto-Assigned Ports To Device Pins：自动分配端口到元器件引脚。

4）Bus Object on a Harness：线束上出现总线对象。

5）Differential Pair Net Connection Polarity Inversed：差分对网络连接极性反转。

6）Differential Pair Net Unconnected To Differential Pair Pin：差分对网络未连接到差分对引脚。

7）Differential Pair Unproperly Connected to Device：差分对与设备连接不正确。

8）Duplicate Nets：原理图中出现了重复的网络。

9）Floating net labels：原理图中出现了悬空的网络标号。

10）Floating power objects：原理图中出现了悬空的电源符号。

11）Global Power-Object scope changes：全局的电源符号错误。

12）Net Parameters with no name：网络属性中缺少名字。

13）Net Parameters with no value：网络属性中缺少赋值。

14）Nets containing floating input pins：网络中包含悬空的输入引脚。

15）Nets with multiple names：同一个网络被附加多个网络名。

16）Nets with no driving source：网络中没有驱动源。

17）Nets with only one pin：一个网络只存在一个引脚。

18）Nets with possible connection problems：网络中存在连接错误。

19）Sheets containing duplicate ports：原理图中包含重复的端口。

20）Signals with multiple drivers：信号存在多个驱动源。

21）Signals with no driver：信号没有驱动源。

22）Signals with no load：信号缺少负载。

23）Unconnected objects in net：网络中的元器件出现未连接的对象。

24）Unconnected wires：原理图中存在没有电气连接的导线。

（6）Violations Associated with Others（其他的电气连接错误，总共5项）：

1）Fail to add alternate item：无法添加替代项，多数情况是因为相同名称的元器件位于不同的库中。

2）Incorrect link in project variant：项目变体中的链接不正确。

3）No Error：没有连接错误。

4）Object not completely within sheet boundaries：对象超出了原理图的范围，可以通过改变图纸大小的设置来解决。

5）Off-grid object（0.05grid）：对象没有处在格点的位置上。使元器件处在格点的位置有利于元器件电气连接特性的完成。

（7）Violations Associated with Parameters（参数错误类型，总共2项）：

1）Same parameter containing different types：相同的参数被设置了不同的类型。

2）Same parameter containing different values：相同的参数被设置了不同的值。

4.2.5.2 Connection Matrix（连接矩阵）选项

Connection Matrix选项如图4-54所示。这将在运行电气连接检查错误报告时产生，如引脚间的连接、元器件和图纸输入。这个矩阵给出了一个在原理图中不同类型的连接点以及是否被允许的图表描述。

例如，在矩阵图的右边找到“I/O Pin”行，在上方找到“Unconnected”列。在它们

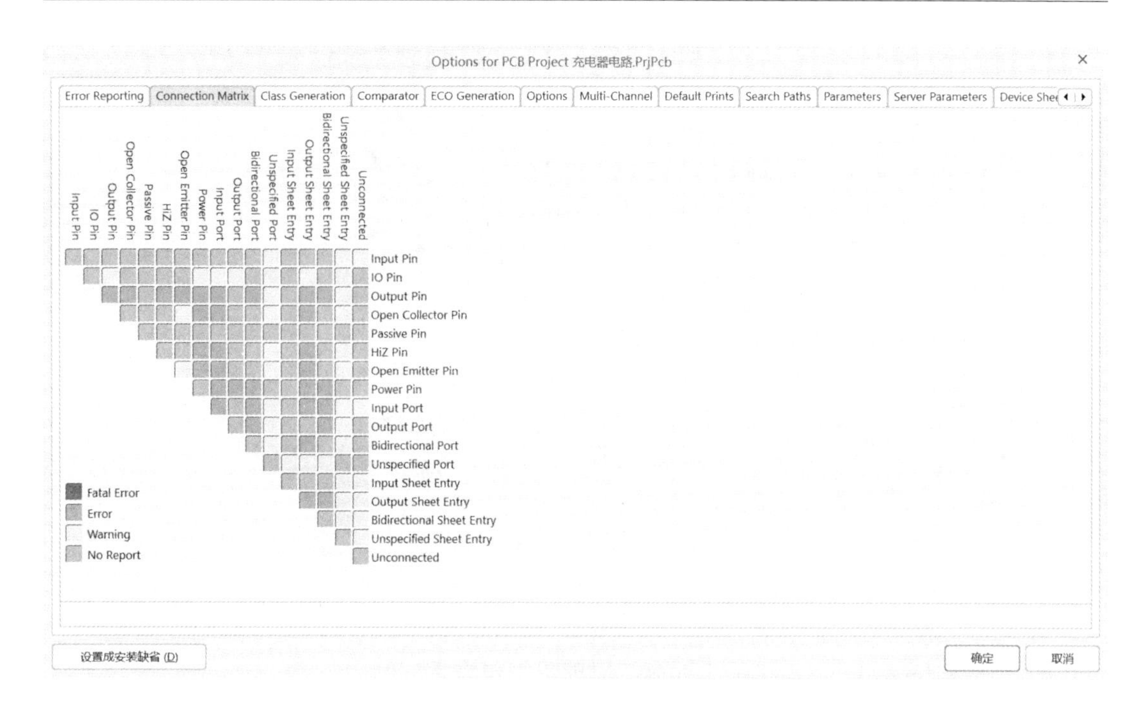

图 4-54　Connection Matrix 窗口

的相交处是一个橙色的方块，这表示在原理图中从一个“I/O Pin”未连接到引脚时，在项目被编辑时将启动一个 Warning 的提示。

可以用不同的错误程度来设置每一个错误类型，例如对某些非致命的错误不予报告。

4.2.6　原理图编译

对原理图各种电气错误等级设置完毕后，用户便可以对原理图进行编译操作，随即进入原理图的调试阶段。选择“工程”→Compile.. 菜单命令即可进行文件的编译。文件编译后，系统的自动检测结果将出现在 Messages（信息）面板中。

打开 Messages（信息）面板有以下两种方法。

方法一：在原理图编辑器界面选择“视图”→“面板”→“Messages”菜单命令，如图 4-55 所示。

方法二：在原理图编辑器界面选择右下角的“Panels”→“Messages”菜单命令，如图 4-56 所示。

扫一扫查看常见原理图错误解决办法

如果电路绘制正确，“Messages”面板应该是空白的。如果报告给出错误，则需要检查电路并确认所有的导线连接是否正确，并加以修正。图 4-57 所示即为该项目的电气规则检查报告。

直接双击 Error（信息）就可以跳到对应的错误的地方，也可以看具体的错误描述进行修改规则或者修改原理图。比如该工程中错误提示主要集中在两个地方：输入输出网络标记只有一个引脚，没有两个引脚，可以直接到规则设置中改规则，也可以在每一个错误的地方执行菜单命令，“放置”→“指示”→“通用 No ERC 标号”。本项目在错误的地方均添加 No ERC 标号，再次进行编译不再弹出任何消息窗口表示错误已经被解决。

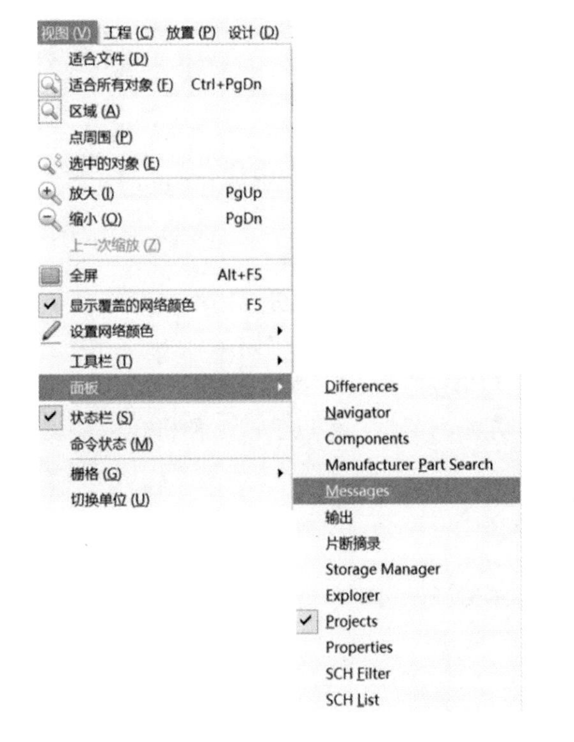

图 4-55 用菜单命令打开 Messages

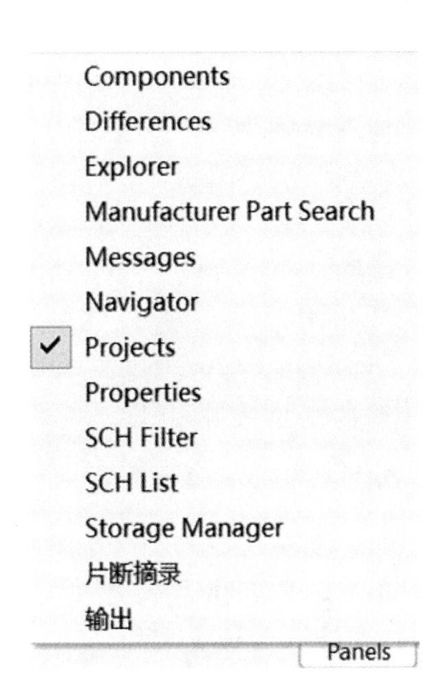

图 4-56 用原理图快捷方式打开 Messages

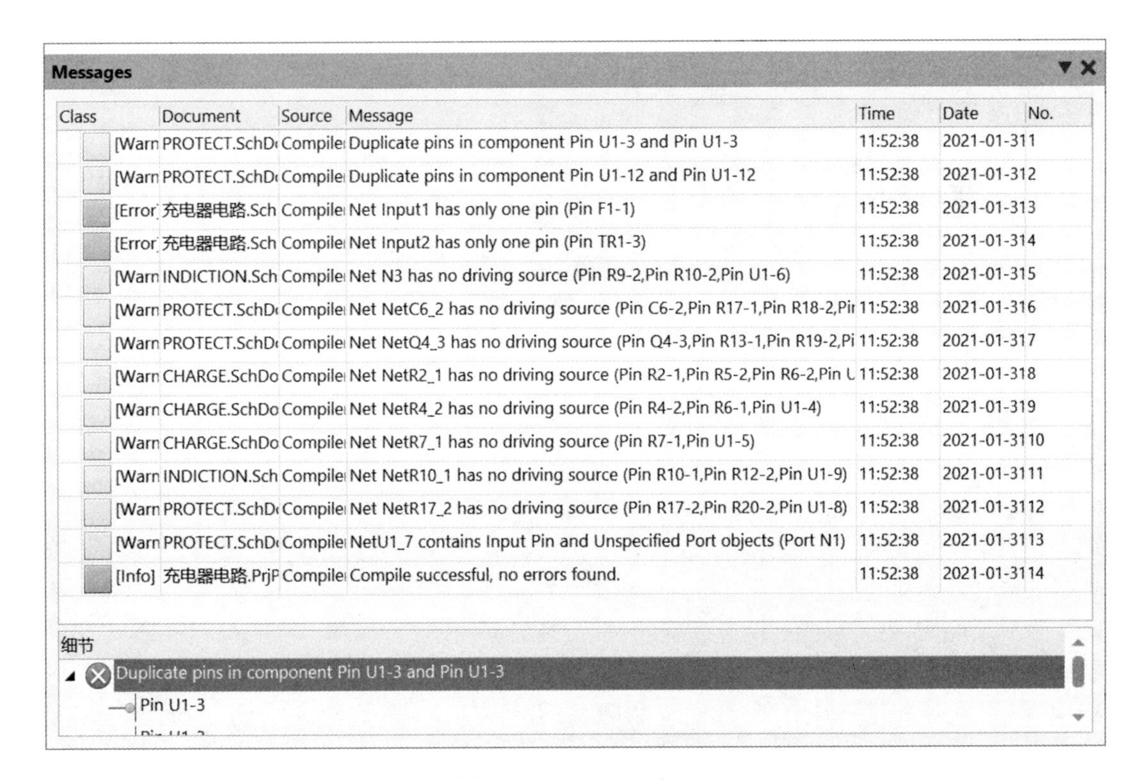

图 4-57 Messages 窗口

4.2.7　报表输出

扫一扫查看
原理图输出文件

4.2.7.1　创建网络表

原理图绘制完成后，可将原理图的图形文件转换为文本格式的报表文件，以便于检查、保存和为绘制印制电路板图做好准备。下面介绍网络表的作用和生成方法。

电路其实就是一个由元器件、节点及导线组成的网络，因此可以用网络表来完整地描述一个电路。网络表是电路板自动布线的灵魂，网络表可以通过电路原理图来创建，也可以利用文本编辑器直接编辑。当然，也可以在 PCB 编辑器中，由已创建的 PCB 文档产生。

Altium Designer 20 为设计者提供了快速、方便的工具，可以生成多种格式网络表，下面介绍生成 Protel 格式的网络表。

4.2.7.2　设置网络表选项

Altium Designer 20 网络表生成一般在原理图编译的过程中就产生了，当然也可以单独设置产生不同类型的网络表文件。

(1) 打开项目选项对话框。

执行菜单命令“工程”→“工程选项”，打开项目选项对话框，如图 4-58 所示。

图 4-58　Options 选项

（2）设置网络表选项（Options）。

单击顶部的 Options 标签，显示 Options 选项内容，如图 4-58 所示。在该选项可进行网络表的有关选项设置，下面介绍各选项的含义。

输出路径设置在“输出路径”（Output Path）栏内可指定各种报表的输出路径。默认路径由系统在当前项目文档所在文件夹内创建，所创建的文件夹为“Project outputs for 当前项目文档名”。

1）“网络表选项”（Netlist Options）：

在该区域可选择创建网络表的条件有以下几个。

①“允许端口命名网络”项：表示允许用系统所产生的网络名来代替与输入/输出端口相关联的网络名。如果所设计的项目只是简单的原理图文档，不包含层次关系，可选择该项。

②“允许页面符入口命名网络”（Allow Sheet Entries to Name Nets）：表示允许用系统所产生的网络名来代替与子图入口相关联的网络名。当设计的项目为层次式结构的电路时，可选择该选项，该项为系统默认选项。

③“允许单独的引脚网络”（Allow Signal Pin Nets）：允许单个引脚只有一个网络名而不和其他引脚连接。

④“附加方块数目到本地网络”（Append Sheet Numbers to Local Nets）：表示产生网络表，系统自动将图纸号（Sheet Number）添加到各网络名字上，以识别该网络的位置。当一个项目包含多个原理图文档时，选择该选项可方便查找错误。

⑤高级别名字到本地网络（Higher Level Names to Local Nets）：使层次结构中较高的工作表上使用的网络标签名称在较低的工作表上命名为网络名。

⑥电源端口名优先（Power Port Names Take Priority）：该软件可以通过将电源端口连接到普通端口来定位全局电源网络。这将迫使该板上连接到该电源端口的所有引脚位于单独的网络中。启用此选项将强制使用分配给电源端口的网络名称来命名网络。

2）选择网络标识的范围（Net Identifier Scope）选项：

该选项的功能是指定网络标识的范围，单击按钮可从下拉列表中选取一个选项，如图 4-59 所示。

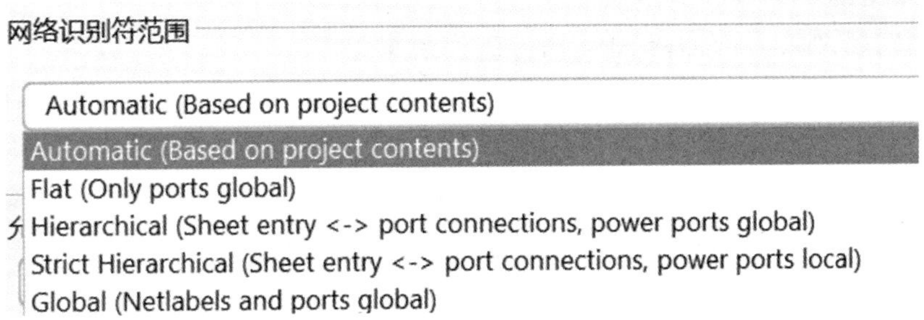

图 4-59 网络标志的范围

①Automatic（Based on project contents）：选择该选项，系统自动在当前项目内认定网络标识。一般情况下采用此默认选项。

②Flat（Only ports global）：如选项内各个图纸之间直接使用整体输入/输出端来建立

连接关系，此时应选择该项。

③Hierarchical（Sheet entry <-> port connections）：如果在层次式结构的电路中，通过子图符号内的子图入口与子图中的输入/输出端口来建立连接关系，此时应选择该项。

④Strict Hierarchical（Sheet entry <-> port connections，power ports local）：这种连接模式的行为与 Hierarchical 模式相同，不同之处在于电源端口在每张图纸上保持本地，即它们不会跨到同名电源端口。

⑤Global（Netlabels and ports global：如果项目内的各文档之间使用整体网络标签及整体输入/输出端口来建立连接关系，此时应选择该项。

允许使用这些方法进行引脚交换（Allow Pin-Swapping Using These Methods）。

添加或者删除网络标记（Add/Removing Net-Labels）及改变原理图引脚（Changing Schematic Pins）。

在 PCB 编辑器引脚中，成对或者部件交换通过交换元器件焊盘上或者相应的铜箔上的网络来实现。通常原理图中的引脚交换变化可以通过两种方式：交换引脚，或交换连接到引脚的电线上的网络标签。每种方法都有其优点和缺点。

交换引脚将始终在原理图上起作用，但是这可能意味着该元器件符号的实例不再与库中定义的相同。在这种情况下，这意味着无法从库中更新符号，也意味着该设计中同一组件的其他实例将具有不同的引脚排列，这可能会使阅读原理图的人感到困惑。这种方法非常适合简单组件，例如电阻器阵列。只有通过网络标签建立了连接，即，如果引脚未硬接在一起，才能通过交换网络标签在原理图上进行交换。这种方法的优点是组件符号不会更改，以后可以从库中进行更新。这种方法是 FPGA 等复杂组件的最佳选择，在该组件上物理移动符号上的两个引脚可能会导致基于 I/O bank 的符号显示不正确。选择这两种方法中的哪一种是由项目选项对话框中的“允许使用这些方法进行引脚交换”选项确定的。

4.2.7.3　产生网络表

（1）产生基于单个文档的网络表。

对于自由文档，不需要进行网络表设置，就可为单个原理图文档创建网络表，操作方法如下：

打开要创建网络表的原理图文档，执行菜单命令“设计”（Design）→“工程的网络表”（Netlist From Document）→“Protel”，就会立即产生网络表（＊.net）与源文档同名，单击 Projects 面板标签，可以看到所创建的网络表文档图标。双击文档图标，可在文本编辑窗口内打开网络表文档，如图 4-60 所示。

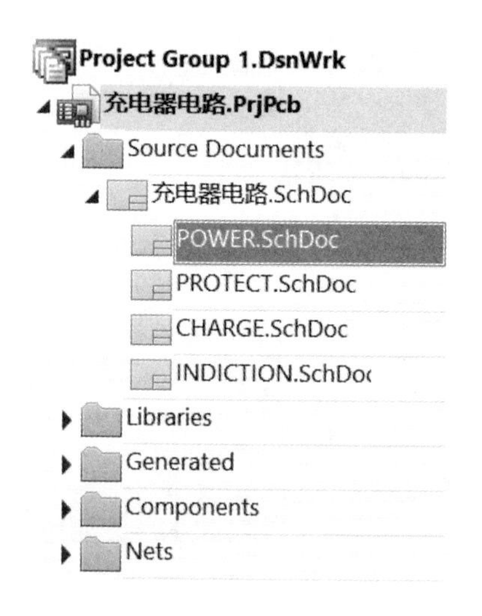

图 4-60　网络表界面

（2）产生基于工程的网络表。

以充电器电路为例，讲述生成网络表的一般步骤。

直接编译工程原理图，在编译通过之后，在 Projects 面板就可以看到生成的网络名文件（Nets 文件）和元器件文件（Components），如图 4-61 所示。该文件并不是我们所说的网络表文件。

我们要生成 Protel 网络表文件需要执行命令如图 4-61 所示，在原理图编辑界面下

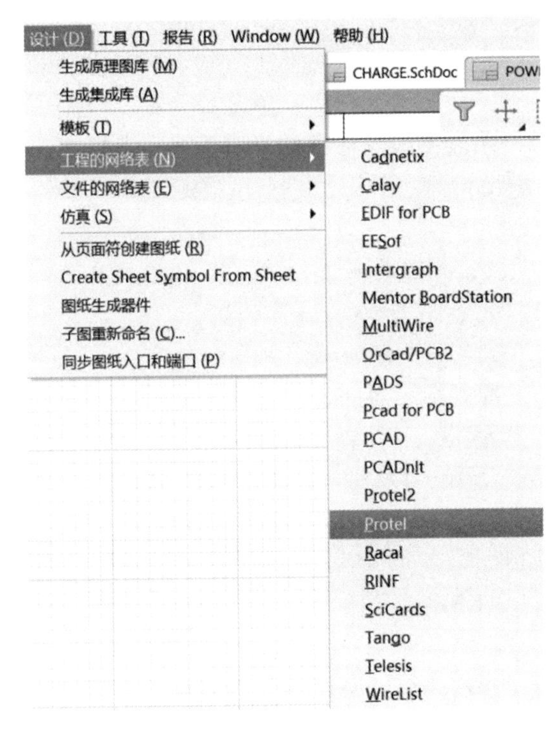

图 4-61　产生网络表文件选项

面，选择菜单“设计”→“工程的网络表”→“Protel”，就直接产生了网络表文件，网络表文件在 Projects 下的 Generated 下面的 Netlist Files，直接双击打开产生的网络表文件如图 4-62 所示。

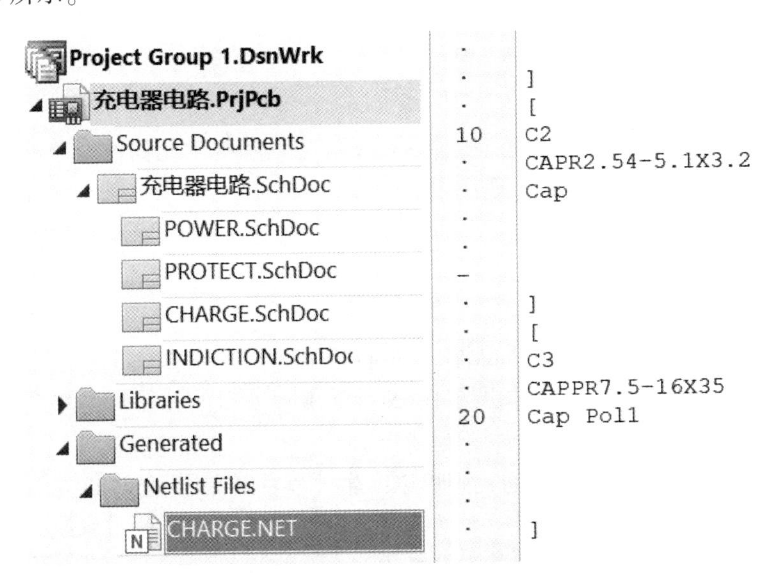

图 4-62　网络表内容

在图 4-61 中还有一个选项（工程的网络表）Netlist For Project 是针对生成当前项目

里面所有原理图的网络表，而（文档的网络表）Netlist For Document 是生成当前打开的原理图的网络表。

（3）网络表解读。

ASCII 码文本文件的网络表格式是标准的 Protel 网络表格式，在结构上大致分为元器件描述和网络连接描述两部分。

元器件的描述格式如下：

[	元器件声明开始
U2	元器件序号
T03B	元器件封装
LM7808CT	原理图元器件名称
]	元器件声明结束

元器件的声明以“[”开始，以“]”结束，将其内容包含在内。网络经过的每一个器件都必须有声明。

网络连接描述格式如下：

(	网络定义开始
NetR2_1	网络名称
R2-1	元器件编号为 R2，元器件引脚号为 1
R5-2	元器件编号为 R5，元器件引脚号为 2
R6-6	元器件编号为 R6，元器件引脚号为 6
U1-7	元器件编号为 U1，元器件引脚号为 7
)	网络定义结束

网络定义以“(”开始，以“)”结束，将其内容包含在内。网络定义首先要定义该网络的各端口。网络定义中必须列出连接网络的各个端口。

4.2.8　BOM 表生成

在原理图绘制完成之后，一般工程师需要硬件工程师提供元器件清单给采购部门进行采购。元器件的清单主要是用于整理一个电路或一个项目文件中的所有元器件。它主要包括元器件的名称、数量、封装等内容，以图 4-49 为例，讲述产生元器件列表的基本方法。

4.2.8.1　元器件清单报表

（1）打开原理图文件，执行“报告”（Reports）→“Bill of Materials”。

（2）执行该命令后，系统会弹出图 4-63 所示工程项目的元器件清单对话框，在此窗口可以看到原理图的元器件清单。

（3）如果单击“Preview”按钮，则可以产生元器件清单预览窗口，如图 4-64 所示。

（4）如果单击“Export”按钮，则可以将元器件清单导出，此时系统会弹出导出项目的元器件清单对话框，选择设计者需要导出的一个名字即可。

（5）在图 4-63 所示的窗口右侧有输出选项，其中 File Format（文件格式）里面有多种格式选择，如图 4-65 所示，一般不做选择，默认为 .xls 或者 .xlsx 的 Excel 文档格式。

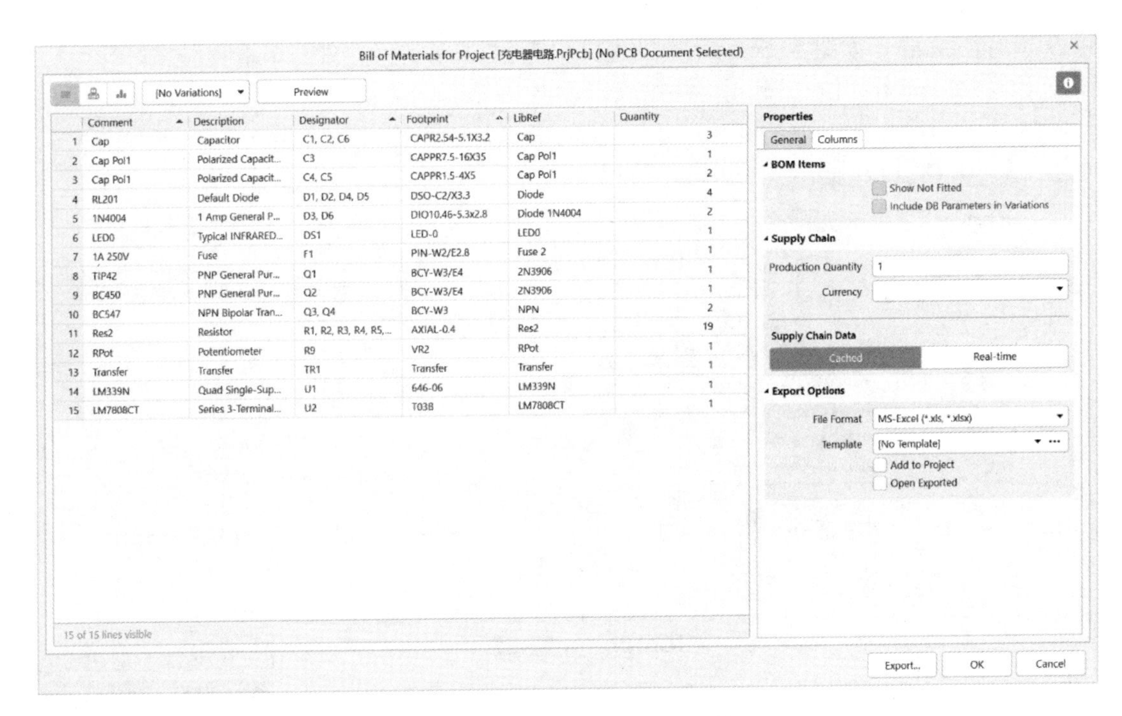

图 4-63 工程的元器件清单对话框

1	Comment	Description	Designator	Footprint	LibRef	Quantity
2	Cap	Capacitor	C1, C2, C6	CAPR2.54-5.1X3.2	Cap	3
3	Cap Pol1	Polarized Capacitor (Radial)	C3	CAPPR7.5-16X35	Cap Pol1	1
4	Cap Pol1	Polarized Capacitor (Radial)	C4, C5	CAPPR1.5-4X5	Cap Pol1	2
5	RL201	Default Diode	D1, D2, D4, D5	DSO-C2/X3.3	Diode	4
6	1N4004	1 Amp General Purpose Rectifier	D3, D6	DIO10.46-5.3x2.8	Diode 1N4004	2
7	LED0	Typical INFRARED GaAs LED	DS1	LED-0	LED0	1
8	1A 250V	Fuse	F1	PIN-W2/E2.8	Fuse 2	1
9	TIP42	PNP General Purpose Amplifier	Q1	BCY-W3/E4	2N3906	1
10	BC450	PNP General Purpose Amplifier	Q2	BCY-W3/E4	2N3906	1
11	BC547	NPN Bipolar Transistor	Q3, Q4	BCY-W3	NPN	2
12	Res2	Resistor	R1, R2, R3, R4, R5, R6, R7, R8, R10, R11, R12, R13, R14, R15, R16, R17, R18, R19, R20	AXIAL-0.4	Res2	19
13	RPot	Potentiometer	R9	VR2	RPot	1
14	Transfer	Transfer	TR1	Transfer	Transfer	1
15	LM339N	Quad Single-Supply Comparator	U1	646-06	LM339N	1
16	LM7808CT	Series 3-Terminal Positive Regulator	U2	T03B	LM7808CT	1

图 4-64 元器件清单预览

Template 表示生成的 BOM 清单报表的模板选择，默认是没有模板，这里我们选择 BOM Manufacturer，如图 4-66 所示，则生成图 4-67 所示的元器件清单报表。

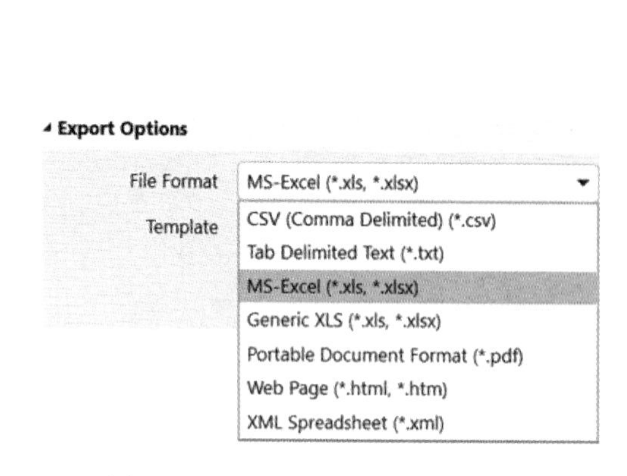

图 4-65　元器件清单报表属性设置

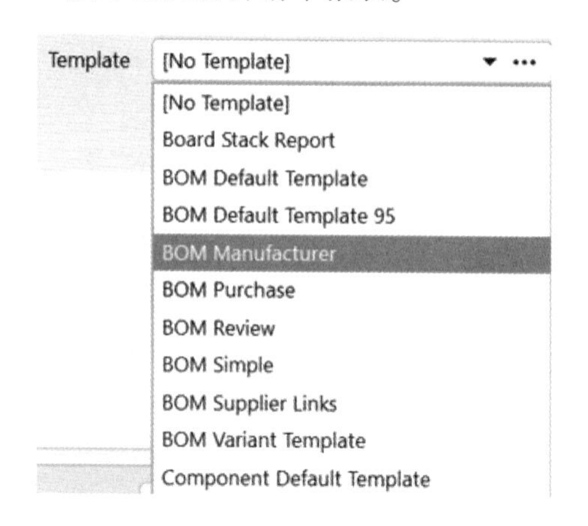

图 4-66　元器件清单生成模板选择

Component list

Source Data From:
Project:
Variant:

Altium
Think it, Design it, Build it™

Report Date: 2021-03-19
Print Date: 19-Mar-21

Description	Footprint	Quantity	Designator	n Name Error:' Supplier Ord	n Name Error:' Supplier Cur	Total Price
Capacitor	CAPR2.54-5.1X3.2	3	C1, C2, C6			0
Polarized Capacitor (Radial)	CAPPR7.5-16X35	1	C3			0
Polarized Capacitor (Radial)	CAPPR1.5-4X5	2	C4, C5			0
Default Diode	DSO-C2/X3.3	4	D1, D2, D4, D5			0
1 Amp General Purpose Rectifier	DIO10.46-5.3x2.8	2	D3, D6			0
Typical INFRARED GaAs LED	LED-0	1	DS1			0
Fuse	PIN-W2/E2.8	1	F1			0
PNP General Purpose Amplifier	BCY-W3/E4	1	Q1			0
PNP General Purpose Amplifier	BCY-W3/E4	1	Q2			0
NPN Bipolar Transistor	BCY-W3	2	Q3, Q4			0
Resistor	AXIAL-0.4	19	R1, R2, R3, R4, R5, R6, R7, R8, R10, R11, R12, R13, R14, R15, R16, R17, R18, R19, R20			0
Potentiometer	VR2	1	R9			0
Transfer	Transfer	1	TR1			0
Quad Single-Supply Comparator	646-06	1	U1			0
Series 3-Terminal Positive Regulator	T03B	1	U2			0

图 4-67　BOM Manufacturer 模板的元器件清单

（6）如果选择 Add Project 则表示生成的元器件清单报表生成之后在工程文件里面就保存了。

（7）如果选择 Open Exported 则表示执行导出文件之后自动打开元器件清单报表。

单击图 4-63 所示 Columns 选项，将会弹出图 4-68 所示的属性设置：

在图 4-68 所示的选项里面的 Columns 栏，如果要在 BOM 表中显示相应的那一列，就可以单击相应的 ⊙ 按钮。

4.2.8.2　元器件交叉参考表

元器件交叉参考表（Component Cross Reference）可为多张原理图中的每个元器件列出其器件类型、流水号和隶属的绘图页文件名称。

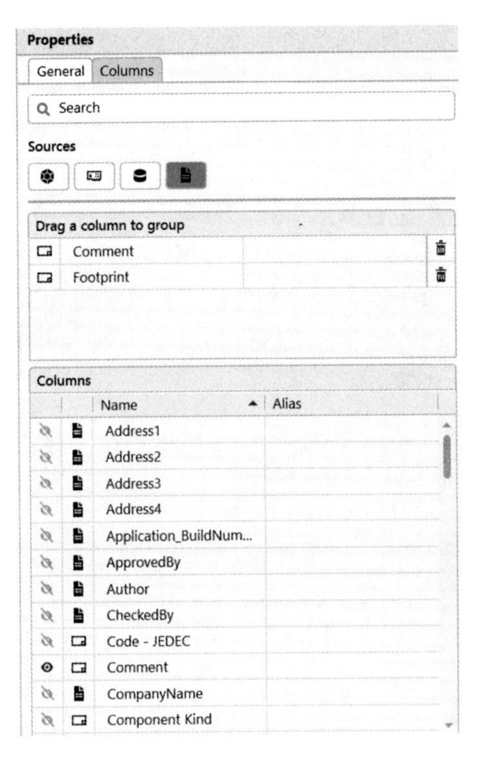

图 4-68　Columns 选项

建立交叉参考表的步骤如下：执行“报告”（Reports）→“Component Cross Reference”命令，执行该命令后，系统会弹出图 4-69 所示的元器件交叉参考表窗口，在此窗口可以看到原理图的元器件列表。

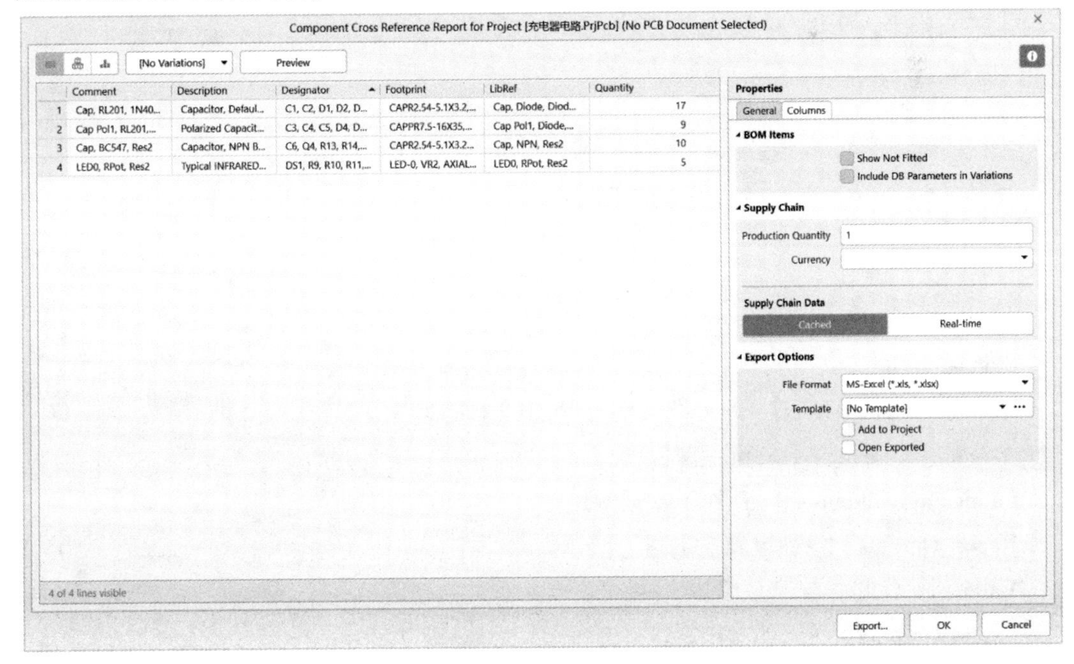

图 4-69　元器件交叉参考表

4.2.9　批量输出文件

除了可以采用前面介绍的各种命令来输出报表以外，Altium Designer 20 还具有批量输出工作文件功能，只需一次设置，即可完成所有任务（如网络表、元器件交叉参考表、材料清单、原理图文档打印输出、PCB 文档的打印输出等）的输出。

要使用输出任务配置文件来批量输出或单项输出数据文件，必须先打开需要输出数据文件的原理图自由文档或 PCB 项目工程文件，然后执行操作即可。执行命令“文件”（File）→“新的”（New）→“Output Job 文件”（Output Job File），就可以在弹出窗口设置输出配置文件，主要输出的文件如图 4-70 所示。

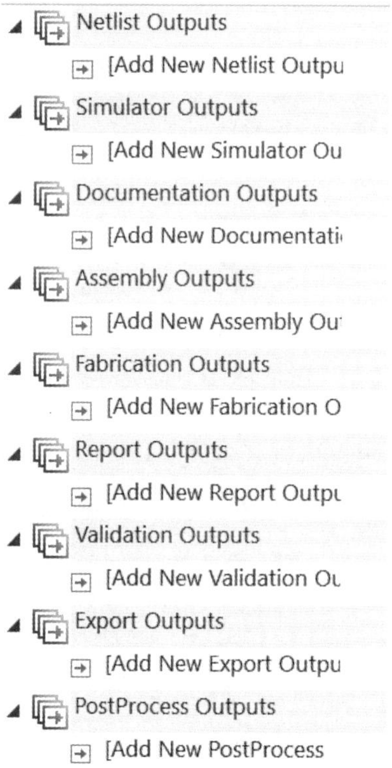

Netlist Outputs
[Add New Netlist Outpu
Simulator Outputs
[Add New Simulator Ou
Documentation Outputs
[Add New Documentati
Assembly Outputs
[Add New Assembly Ou
Fabrication Outputs
[Add New Fabrication O
Report Outputs
[Add New Report Outpu
Validation Outputs
[Add New Validation Ou
Export Outputs
[Add New Export Outpu
PostProcess Outputs
[Add New PostProcess

图 4-70　输出配置文件

Netlist Outputs：各种格式输出的网络表文件。

Simulator Outputs：仿真输出文件。

Documentation Outputs：原理图文档及 PCB 文档打印输出。

Assembly Outputs：PCB 汇编数据输出。

Fabrication Outputs：PCB 加工数据输出。

Report Outputs：各种报表输出。

Validation Outputs：有效输出文件。

Export Outputs：导出的输出文件。

Post Process Outputs：后处理输出文件。

4.2.10 原理图设置与打印

原理图绘制结束后，往往要通过打印机或绘图仪输出，以供设计人员参考、备档。用打印机打印输出，首先要对页面进行设置，然后设置打印机，包括打印机的类型设置、纸张大小的设定、原理图纸的设定等内容。

4.2.10.1 页面设置

（1）打开要输出的原理图，执行菜单命令“文件”（File）→“页面设置”（Page Setup），系统将弹出图4-71所示的原理图打印属性对话框。

图4-71 打印属性对话框

（2）设置各项参数。在这个对话框中可设置打印机类型、选择目标图形文件类型、设置颜色等。

尺寸（Size）：选择打印纸的大小，并设置打印纸的方向，包括垂直（Portrait）和水平（Landscape）。

缩放模式（Scale Mode）：设置缩放比例模式，可以选择 Fit Document On Page（文档适应整个页面）和 Scaled Print（缩放打印）。

偏移（Offset）：设置页边距，分别可以设置水平和垂直方向的页边距，图4-71打印属性对话框如果选中居中复选框，则不能设置页边距，默认中心模式。

颜色设置（Color Set）：输出颜色的设置，可以分别选择单色（Mono）、彩色（Color）和灰色（Gray）。

校正设置（Corrections）：X、Y 轴矫正，需要缩放模式下选择缩放打印才可以调节。

4.2.10.2 打印机设置

单击图4-72所示对话框中的打印设置（Printer Setup）按钮或者直接执行“文件”（File）→“打印”（Print）命令，将弹出图4-72所示的打印机设置窗口。

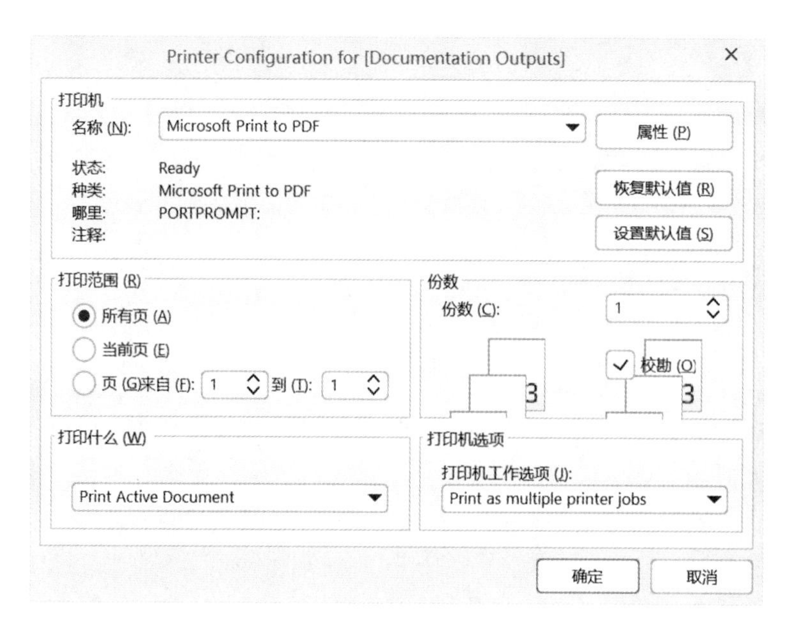

图 4-72　打印机设置窗口

此时可以设置打印机的配置，包括打印的页码、份数等，设置完毕后单击“确定”按钮即可实现图纸的打印。如果用鼠标左键单击图 4-72 中的“Properties”按钮，会出现图 4-73 所示的打印机属性对话框，可以设置打印纸张的大小和方向。在高级里面可以选择纸张大小。

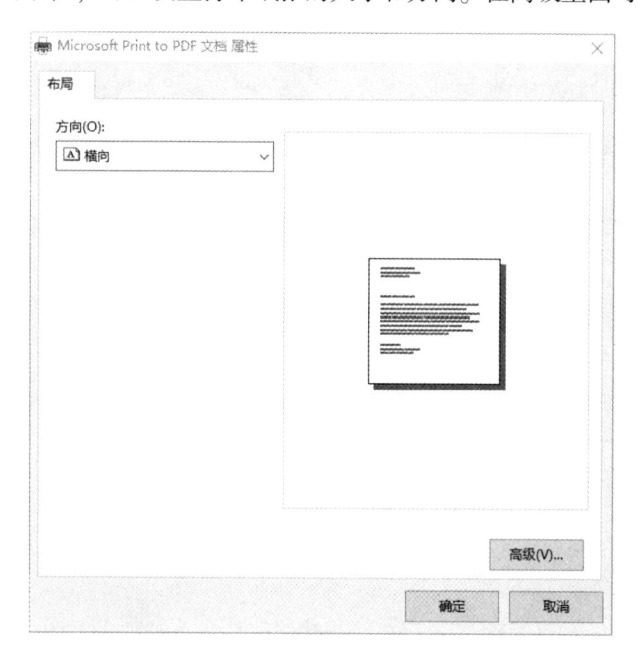

图 4-73　打印属性窗口

也可以直接在“文件”（File）→“打印预览”（Print Preview）按钮，就可以预览即将打印的图形，如图 4-74 所示。

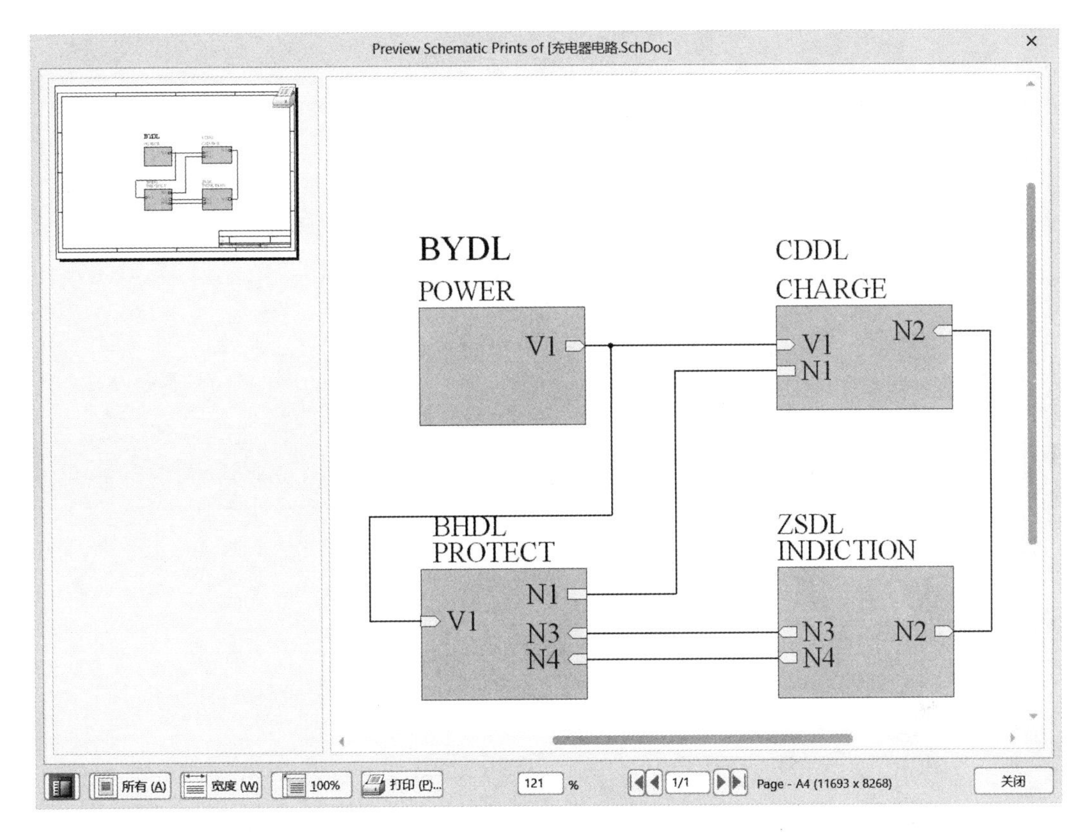

图 4-74　打印预览

小结

本项目介绍了绘图工具的使用，原理图检查规则的知识，通过项目任务的实施，理解层次电路原理图的概念，学会层次电路原理图的设计，学会使用利用已有的原理图制作新的原理图元器件。

习题

4-1　一般绘制电气连接线采用什么命令，在工具栏里选择哪种图标？

4-2　什么是层次原理图，说明层次原理图的设计步骤。

4-3　如何利用已有的原理图制作原理图元器件？

项目 5　绘制单片机电路 PCB

【教学方式】

采用项目引领、任务驱动方式，教师授课采取理论讲授、技能操作演示，学生边学边做的方式完成任务，建议学时为 12~15 学时。

【教学目标】

知识目标

- 掌握 PCB 用户界面和快捷键的使用；
- 掌握 PCB 元器件库的含义。

技能目标

- 掌握 PCB 文件的建立；
- 掌握原理图文件导入 PCB 的方法；
- 掌握 PCB 元器件库的制作；
- 掌握 PCB 布线基本流程。

【项目任务】

根据项目 3 绘制的原理图电路，完成单片机电路双面板 PCB 设计。

5.1　理论知识学习

Altium Designer 20 集成了相当强大的开发管理环境，能够有效地对设计的各项文件进行分类及层次管理。下面将通过图文的形式介绍 PCB 设计开发环境最常用的视图和命令，并对各类操作的快捷键和自定义快捷键进行介绍。

5.1.1　PCB 设计工作界面介绍

5.1.1.1　PCB 设计交互界面

扫一扫查看
PCB 工作界面

与 PCB 库编辑界面类似，PCB 设计交互界面主要包含菜单栏、工具栏、绘制工具栏、工作面板、层显示、状态信息显示及绘制工作区域，如图 5-1 所示。丰富的信息及绘制工具组成了非常人性化的交互界面。状态信息及工作面板会随绘制工作的不同而有所不同。

特别提示：

为了书籍的印刷显示效果，本书把 PCB 底色设置为白色，设置方法是在 PCB 界面下，用鼠标右键单击空白处，选择优先选项，在 PCB Editor 下的菜单中选择 General，然后选

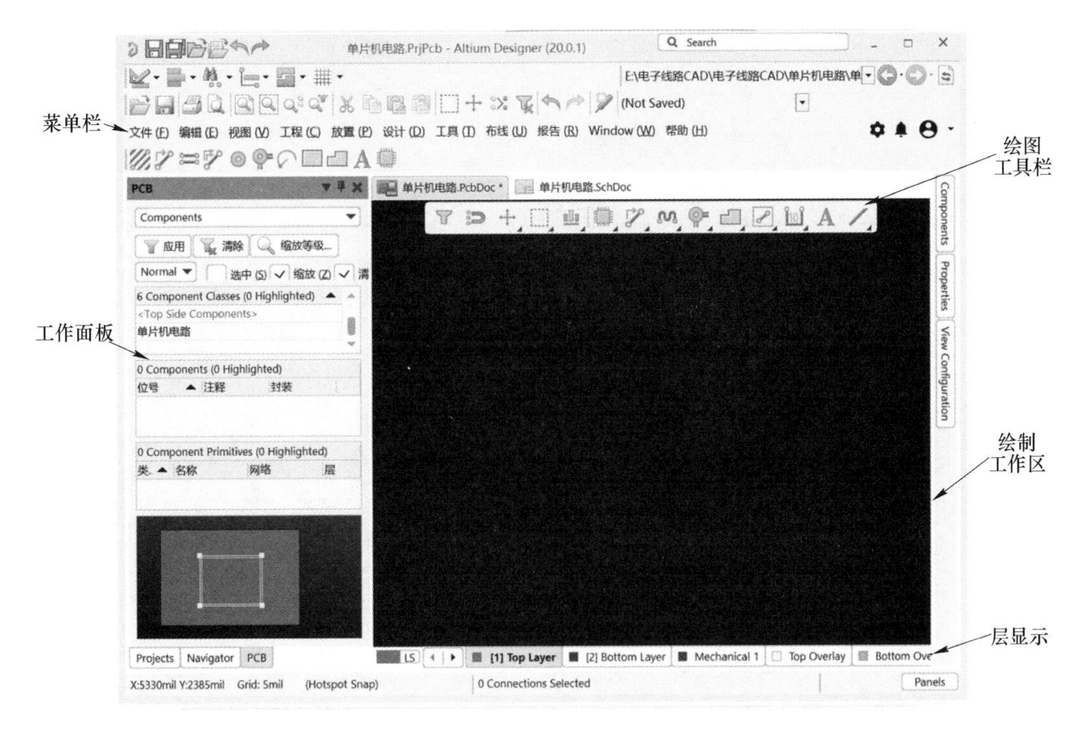

图 5-1 PCB 设计交互界面

择 Layer Colors，在激活色彩方案里选择 Board Area Color，把颜色修改为白色（233），Top-Overlay 颜色修改为墨绿色（194）即可（在实际工程或教学任务中，建议大家采用默认颜色）。

5.1.1.2 PCB 对象编辑窗口

在 PCB 设计交互界面的右下角执行命令“Panels”→“PCB”，或者直接用鼠标在工程面板单击 PCB 可以调出 PCB 对象编辑窗口，如图 5-2 所示。该窗口主要涉及对 PCB 相关的对象进行编辑操作，如元器件选择、差分添加、铜皮管理、过孔分类信息等，可以方便地对某一类对象进行处理。

5.1.1.3 PCB 设计常用面板

Altium Designer 提供非常丰富的面板，为 PCB 设计效率的提高起到了很大的促进作用。相比于其他版本增加了许多功能面板，为 PCB 设计效率的提高起到了很多的促进作用。值得推荐的是我们可以将“Projects”“View Configuration”“Properties”和“PCB”等设计面板调用出来，并且可以根据自己的设计习惯自定义这些面板的设置，如图 5-1 所示。

（1）“Projects”面板是管理设计工程文件的设计面板，因为在设计中需要不断地查看原理图、关闭原理图、新增工程文件等，使用的频率比较频繁，所以一般会调用出来放在左侧窗口。

（2）“View Configuration”面板是控制整板元素显示与关闭的设计面板。为了方便布

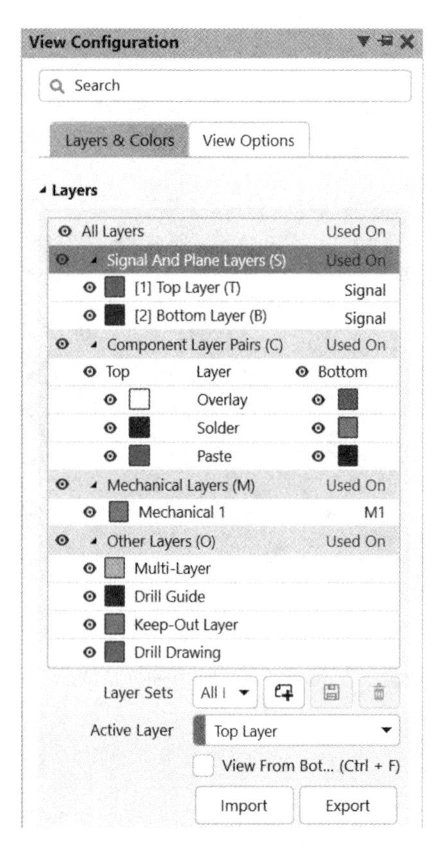

图 5-2　View Configuration 窗口

局、布线设计或者查看的时候，会经常打开或者关闭某个层，透明显示、完全显示或者隐藏某个元素都会用到这个窗口，所以建议也调用出来。调用该窗口方法如下：PCB 文件设计界面下，“视图”（View）→“面板”→“View Configuration”，这时候弹出配置窗口如图 5-2 所示。我们直接把弹出的窗口向最右边拖动到 Properties 那里即可。

（3）“Properties” 面板是针对整板设计环境参数设置的一个设计面板，选择过滤器、格点、捕捉、设计单位，包括查看设计信息等都可以在这个设计面板中进行。执行不同的操作命令或者选择不同的操作对象，“Properties” 面板会显示不同的参数设置界面，方便我们根据不同的设计场合进行快速合理地设置，提高设计效率。在最右侧的菜单栏可以用鼠标单击倒三角或者直接单击相应的菜单实现快速的窗口切换，如图 5-3 所示。

至于其他操作面板，可以根据具体情况进行调用。如果调用出来的面板过多，Altium Designer 20 也提供了非常方便的面板显示切换操作。比如图 5-3 中有 “Components” “Properties” “View Configuration” 三个窗口。

（4）在 PCB 编辑界面下还有一个可以快速调出面板的方法。执行右下角的 “Panels” 命令，可以从中调出 “PCB Fitter” 和 “PCB List” 等实用面板，如图 5-4 和图 5-5 所示。

5.1.1.4　工具栏

Altium Designer 20 的 PCB 图编辑环境中，提供了 4 个工具栏：主工具栏、标准工具

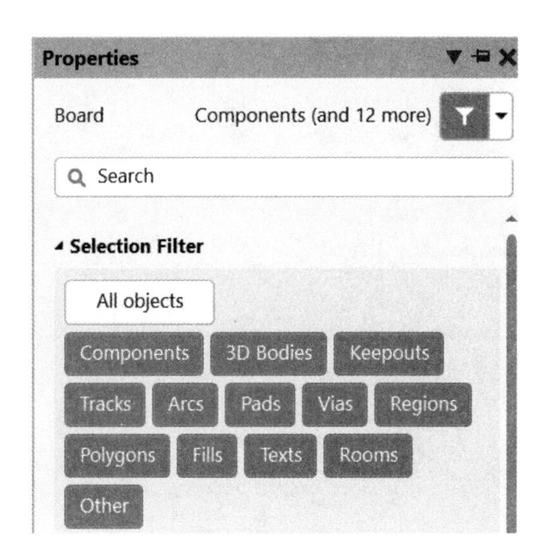

图 5-3　面板切换操作

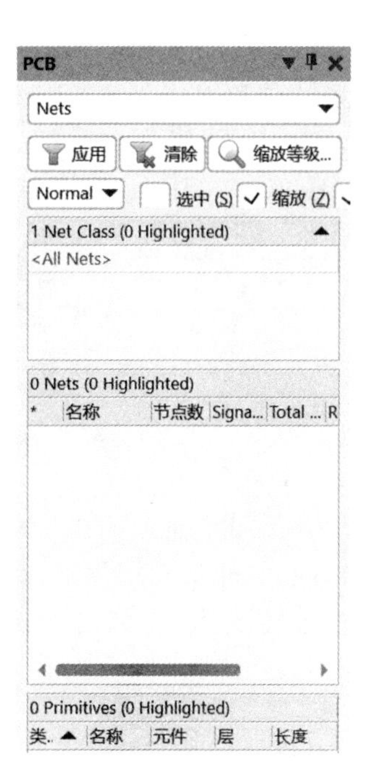

图 5-4　PCB 对象编辑窗口

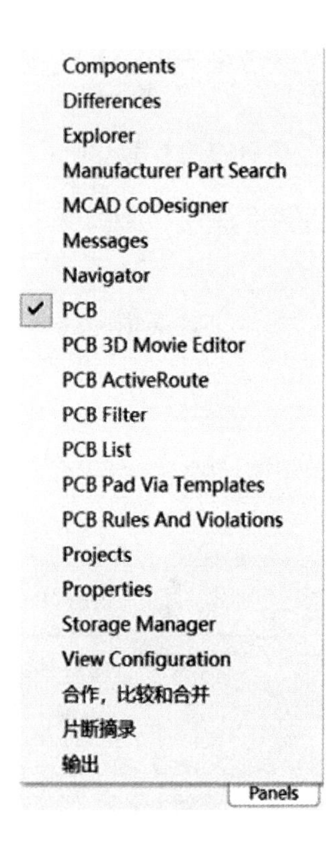

图 5-5　PCB 常用面板的调用

栏、布线工具栏和实用工具栏。其中，实用工具栏又可分为元器件位置调整工具栏、查找选择工具栏和尺寸标注工具栏，用户可以根据工具命令快速、方便地进行 PCB 图编辑操作。这里针对 PCB 设计常用的操作命令进行介绍说明。

在 PCB 编辑界面下，执行命令“视图”（View）→“工具栏”（Toolbars）→“应用工具”（Utilities）则可以调出常用的工具栏，如图 5-6 所示，可以拖动前面的虚线段符号，实现拖动该工具栏到用户偏好的位置。

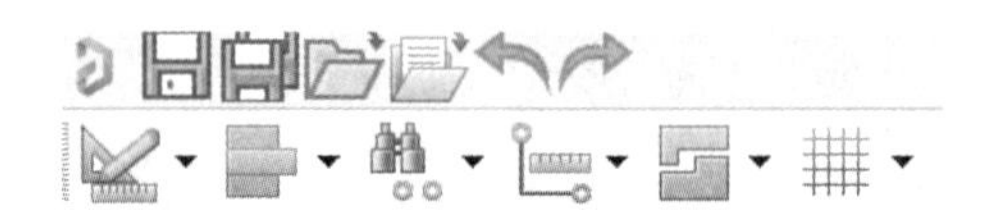

图 5-6　常用工具栏

在 PCB 编辑界面下，执行命令“视图”（View）→“工具栏”（Tools）→“布线工具”（Rooter Tools）则可以调出常用的工具栏，如图 5-7 所示，可以拖动前面的虚线段符号，实现拖动该工具栏到用户偏好的位置。

图 5-7　布线工具栏

（1）常用的布局、布线绘制命令。

对于各种电气属性的连接，可以通过走线、覆铜、绘制填充等操作来实现。Altium Designer 20 中提供了丰富的电气连接命令，见表 5-1。

表 5-1　电气连接命令

图标	功能	对应菜单命令
	区域自动布线	布线（Route）→执行布线（Active Route）
	连接电气导线	布线（Route）→交互式布线（Interactive Routing）
	总线布线	布线（Route）→交互式总线布线（Interactive Multi-Routing）
	差分对布线	布线（Route）→交互式差分对布线（Interactive Differential Routing）
	放置焊盘	放置（Place）→焊盘（Pad）
	放置过孔	放置（Place）→过孔（Via）
	通过边沿放置弧形	放置（Place）→圆弧（Arc）→（Arc Eged）
	放置矩形填充	放置（Place）→矩形填充区（Fill）
	放置多边形敷铜	放置（Place）→多边形敷铜（Polygon Plane）

续表 5-1

图标	功能	对应菜单命令
A	放置字符串	放置（Place）→字符串（String）
	放置元器件	放置（Place）→元器件（Component）

（2）常用的绘制命令。

在 PCB 设计中经常需要绘制一些非电气属性的对象辅助说明，可以使用常用的绘制命令进行，见表 5-2。

表 5-2 常用的绘制命令

图标	功能	对应菜单命令
	放置直线	放置（Place）→直线（Line）
10	放置标准尺寸	放置（Place）→标准尺寸（Standard Dimension）
	放置坐标原点	放置（Set）→坐标原点（Origin）
	放置中心圆弧	放置（Place）→中心圆弧（Arc by Center）
	放置任意圆弧	放置（Place）→任意圆弧［Arc by Edge（Any Angle）］
	放置实心圆	放置（Place）→实心圆（Arc Full Circle）
	阵列式粘贴	放置（Place）→阵列（Array）

（3）常用的排列与对齐命令。

在 PCB 设计中经常需要绘制一些对齐元器件等操作，Altium Designer 20 提供了丰富的排列对齐命令，见表 5-3。

表 5-3 常用的排列对齐命令

图标	功能	对应菜单命令
	向左对齐	以左边沿对齐器件（Align Components by Left Edges）
	水平中心对齐	以水平中心对齐器件（Align Components by Horizontal Centers）
	向右对齐	以右边沿对齐器件（Align Components by Right Edges）
	水平分布	使器件的水平间距相等（Make Horizontal Spacing of Components Equal）
	增加水平间距	增加器件的水平间距（Increase Horizontal Spacing of Components）
	减少水平间距	减少器件的水平间距（Decrease Horizontal Spacing of Components）

续表 5-3

图标	功能	对应菜单命令
	顶对齐	以上边沿对齐器件（Align Components by Top Edges）
	垂直中心对齐	以垂直中心对齐（Align Components by Vertical Centers）
	底对齐	以下边沿对齐器件（Align Components by Bottom Edges）
	垂直分布	使器件的垂直间距相等（Make Vertical Spacing of Components Equal）
	增加垂直间距	增加器件的垂直间距（Increase Vertical Spacing of Components）
	减少垂直间距	减少器件的垂直间距（Decrease Vertical Spacing of Components）
	Room 内排列	在 Room 内排列器件（Arrange Components Within Room）
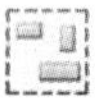	区域内排列	在区域内排列器件（Arrange Components Inside Area）
	移动器件到栅格	移动选中的器件到栅格上（Move Selected Components to Grid）
	管理目标联合	把选中目标添加到联合（Manage Unions of Objects）
	元器件对齐	元器件对齐（Align Components）

（4）常用的尺寸标注命令。

在 PCB 设计中，有时候也会用到尺寸标注，常用的尺寸标注见表 5-4。

表 5-4　常用的尺寸标注命令

图标	功能	对应菜单命令
	放置直线尺寸标注	放置（Place）→直线尺寸标注（Linear Dimension）
	放置半径尺寸标注	放置（Place）→半径尺寸标注（Radial Dimension）
	放置角度尺寸标注	放置（Place）→角度尺寸标注（Angular Dimension）
	放置坐标尺寸标注	放置（Place）→坐标尺寸标注（Ordinate Dimension）
	放置引线标注	放置（Place）→直线引线尺寸标注（Leader Dimension）
	放置标准尺寸	放置（Place）→标准尺寸标注（Standard Dimension）
	放置中心尺寸标注	放置（Place）→中心尺寸标注（Center Dimension）
	放置基线尺寸标注	放置（Place）→基线尺寸标注（Baseline Standard Dimension）

续表 5-4

图标	功能	对应菜单命令
	放置线性半径尺寸标注	放置（Place）→线性半径尺寸标注（Linear Diameter Dimension）
	放置弧形直径标注	放置（Place）→径向直径尺寸标注（Radial Diameter Dimension）

5.1.1.5 快捷键使用

扫一扫查看PCB快捷键

（1）常用快捷键。

Altium Designer 20 软件自带丰富的组合快捷键，通过多次按字母按键组合启动需要的操作命令，避免在菜单栏中寻找相关命令的烦琐操作。在整个项目过程中，PCB 的设计工作是耗时相对较多的，如果读者能够熟练地将快捷键应用到设计当中，可以提高放置设计效率。Altium Designer 20 软件中，菜单栏中带有下划线的字母为这个功能命令的快捷键。例如，“P”为打开放置菜单栏组合键，“PP”为放置焊盘命令，如图 5-8 所示（注意，所有快捷键的使用都是在基于英文输入法状态下输入的）。Altium Designer 20 也推荐很多默认的快捷键，这些是由操作的英文首字母构成的，下面对其列出，学会了快捷键的使用可以对绘制 PCB 带来很大的帮助。

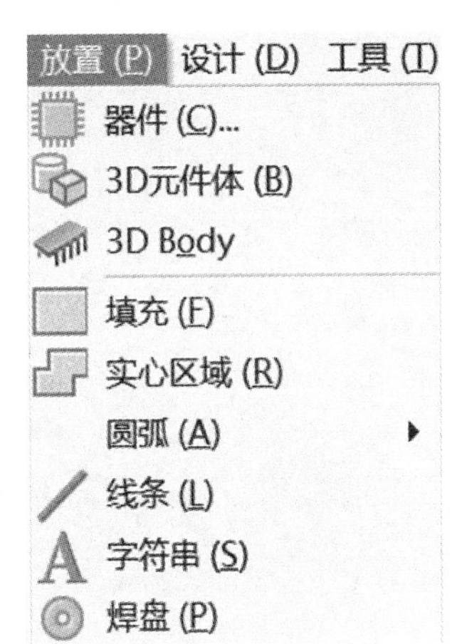

图 5-8 放置焊盘

1）L：打开层设置开关选项（在元器件移动的状态下，按下“L”键换层）。

2）S：打开选择，如 S+L（线选）、S+I（框线），S+E（滑动选择）。

3）J：跳转，如 JC（跳转到元器件）、JHN（跳转到网络）。

4）Q：英寸和毫米相互切换。

5）Delete：删除已被选择的对象，E+D 点选删除。

6）按鼠标中键向前后推动或者按 Page Up、Page Down 放大、缩小。

7）小键盘上面的“+”“.”，点选下面层选项：切换层。

8）A+T：向上对齐；A+L：向左对齐；A+R：向右对齐；A+B：向下对齐。

9）Shifts：单层显示与多层显示切换。

10）Ctrl+M：任意两点间的距离测量；R+P：边缘距离测量。

11）空格键：翻转选择某对象（导线、过孔等），同时按<Tab>键可改变其属性（导线长度、过孔大小等）。

12）Shift：空格键，改变走线模式。

13）P+S：字体（条形码）放置。

14）Shift+W：线宽选择；Shift+Y：过孔选择。

15）Shift+G：走线时显示走线长度。

16）Shift+H：显示或关闭坐标显示信息。

17）Shift+M：开关放大镜。

18）Shift+A：局部自动走线。

（2）快捷键的自定义。

由于 Altium Designer 20 软件的快捷键多种多样，如果利用系统默认的快捷键来进行 PCB 设计，特别是组合键在 3 次甚至以上的快捷键，就不是那么快捷了。Altium Designer 20 同样支持自定义快捷键，自定义快捷键设置的方法可以分为两种。

1）Ctrl+左键单击设置法。

把鼠标放置在对应的命令菜单栏下或图标上，按住<Ctrl>键，然后单击命令弹出快捷键设置窗口，输入需要设置的快捷键，图 5-9 所示为放置焊盘快捷键自定义窗口。在设计快捷键的时候，尽量不要与原来的快捷键冲突，这样两套快捷键都能正常使用。

图 5-9　放置焊盘快捷键自定义窗口

2）菜单选项设置法。

通过以下 3 个步骤即可通过菜单选项设置相应的快捷键。

①在菜单栏的任意地方单击鼠标右键，执行菜单命令“Customize...”，如图 5-10 所示。

②在弹出图 5-11 所示的对话框中，在左边栏中适配 All，在右边栏中找到自己需要设置快捷键的命令进行双击。

③在可选的（Alternative）文本框中输入需要设置的快捷键，比如<F2>，如图 5-12 所示。当发现与其他设置键有冲突的时候，如果一定要用此项设置，可以把之前的设置清除，再按照上述方法重新设置。

图 5-10　Customizing PCB Editor 对话框

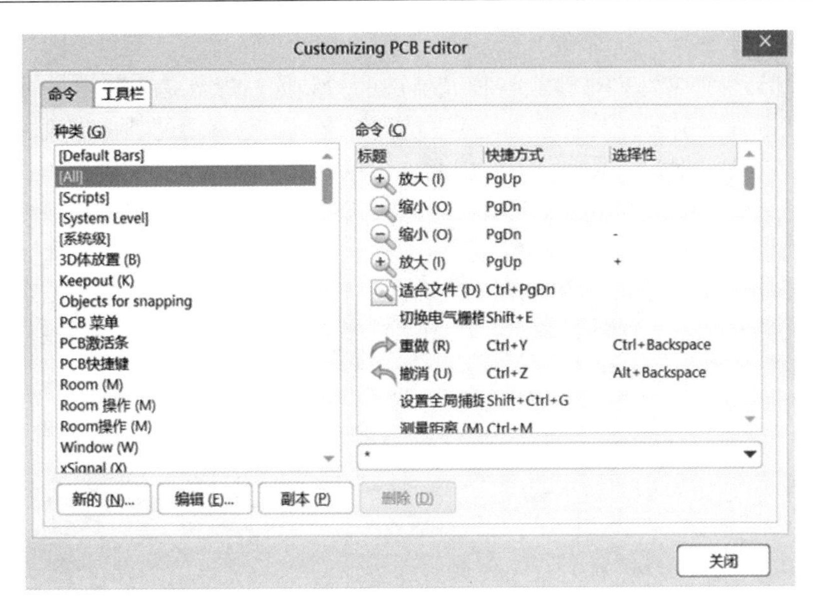

图 5-11　PCB 快捷键命令窗口

图 5-12　修改快捷键窗口

5.1.2　PCB 元器件库封装

扫一扫查看 PCB 元器件封装

5.1.2.1　封装概述

封装是指安装半导体集成电路芯片用的外壳，不但起到安放、固定、密封、保护芯片和增强电热性能的作用，而且还是沟通芯片内部世界与外部电路的桥梁。

芯片的封装在 PCB 上通常表现为一组焊盘、丝印层上的边框及芯片的说明文字，我们建 PCB 的元器件库文件就是建立各种元器件的封装库。焊盘是封装中最重要的组成部分，用于连接芯片的引脚，并通过印制板上的导线连接印制板上的其他焊盘，进一步连接焊盘所对应的芯片引脚，完成电路板的功能。在封装中，每个焊盘都有唯一的标号，以区别于封装中的其他焊盘。丝印层上的边框和说明文字主要起指示作用，指明焊盘组所对应的芯片，方便印制板的焊接。焊盘的形状和排列是封装的关键组成部分，确保焊盘的形状和排列正确才能正确地建立一个封装。对于安装有特殊要求的封装，边框也需要绝对正确。比如我们建一个贴片电阻的 PCB 库，其外形封装为 0402，我们需要绘制贴片式焊盘，绘制外形边框，还需要添加说明文字等。

5.1.2.2　常用封装介绍

根据元器件采用安装技术的不同，可分为插入式封装技术（Through Hole Technology，THT）和表贴式封装技术（Surface Mounted Technology，SMT）。

插入式封装元器件安装时，元器件安置在板子的一面，将引脚穿过 PCB 焊接在另一面上。插入式元器件需要占用较大的空间，并且要为每只引脚钻一个孔，所以它们的引脚会占据两面的空间，而且焊点也比较大。从另一方面来说，插入式元器件与 PCB 连接较好，机械性能好。例如，排线的插座、接口板插槽等类似的界面都需要一定的耐压能力，因此通常采用 THT 封装技术。

表贴式封装元器件，引脚焊盘与元器件在同一面。表贴元器件一般比插入式元器件体积要小，而且不必为焊盘钻孔，甚至还能在 PCB 的两面都焊上元器件。因此，与使用插入式元器件的 PCB 比起来，使用表贴元器件的 PCB 上元器件布局要密集很多，体积也小很多。此外，表贴封装元器件也比插入式元器件要便宜一些，所以现今的 PCB 上广泛采用表贴元器件。

元器件封装可以大致分成以下种类。

（1）QFP（Quad Flat Package）：方形扁平封装，为当前芯片使用较多的一种封装形式。

（2）PLCC（Plastic Leaded Chip Carrier）：有引线塑料芯片载体。

（3）DIP（Dual In-line Package）：双列直插封装。

（4）SIP（Single In-line Package）：单列直插封装。

（5）SOP（Small Out-line Package）：小外形封装。

（6）SOJ（Small Out-line -Leaded Package）：J 形引脚小外形封装。

（7）BGA（Ball Grid Array）：球栅阵列封装。因其封装材料和尺寸不同还细分成不同的 BGA 封装，如陶瓷球栅阵列封装 CBGA、小型球栅阵列封装 BGA 等。

（8）PGA（Pin Grid Array）：插针栅格阵列封装技术，这种技术封装的芯片内外有多个方阵形的插针，每个方阵形插针沿芯片的四周间隔一定距离排列，根据引脚数目的多少可以围成 2~5 圈。安装时，将芯片插入专门的 PGA 插座，该技术一般用于插拔操作比较频繁的场合之下，如个人计算机的 CPU。

（9）CSP（Chip Scale Package）：芯片级封装，较新的封装形式，常用于内存条中。在 CSP 的封装方式中，芯片是通过一个个锡球焊接在 PCB 上的，由于焊点和 PCB 的接触面积较大，因此内存芯片在运行中所产生的热量可以很容易地传导到 PCB 上并散发出去。另外，CSP 封装芯片采用中心引脚形式，有效地缩短了信号的传导距离，其衰减随之减少，芯片的抗干扰、抗噪性能也能得到大幅提升。

（10）Flip-Chip：倒装焊芯片，也称为覆晶式组装技术，是一种将 IC 与基板相互连接的先进封装技术。在封装过程中，IC 会被翻覆过来，让 IC 上面的焊点与基板的接合点相互连接。由于成本与制造因素，使用 Flip-Chip 接合的产品通常根据 I/O 数的多少分为两种形式，即低 I/O 数的 FCOB（Flip Chip on Board）封装和高 I/O 数的 FCIP（Flip Chip in Package）封装。Flip-Chip 技术应用的基板包括陶瓷、硅芯片、高分子基层板及玻璃等，其应用范围包括计算机、PCMCIA 卡、军事设备、个人通信产品、钟表及液晶显示器等。

（11）COB（Chip on Board）：板上芯片封装，即芯片被绑定在 PCB 上，这是一种现在比较流行的生产方式，COB 模块的生产成本比 SMT 低，并且可以减小模块体积。

5.1.3 PCB 元器件库封装创建

常见的封装创建方法包含向导创建法和手工创建法。对于一些引脚数目比较多、形状又比较规则的封装，一般倾向于利用向导法创建封装。对于一些引脚数目比较少或者形状比较不规则的封装，一般倾向于利用手工法创建封装。下面以实例来分别说明这两种方法的步骤及不同之处。

5.1.3.1 向导创建法

PCB 库编辑界面包含一个封装向导，用它创建元器件的 PCB 封装是基于对一系列参数的问答。此处以创建 DIP16 封装为例详细讲解向导创建法的步骤。

扫一扫查看
向导法建立封装

（1）首先在工程项目中建立一个 PCB 库文件，执行命令如图 5-13 所示，建立好之后保存到相应的工程项目文件中。

图 5-13 建立 PCB 文件库

（2）在工作面板的 Footprints 栏中单击鼠标右键，选择执行向导命令“Footprint Wizard..”，出现封装向导，如图 5-14 所示。

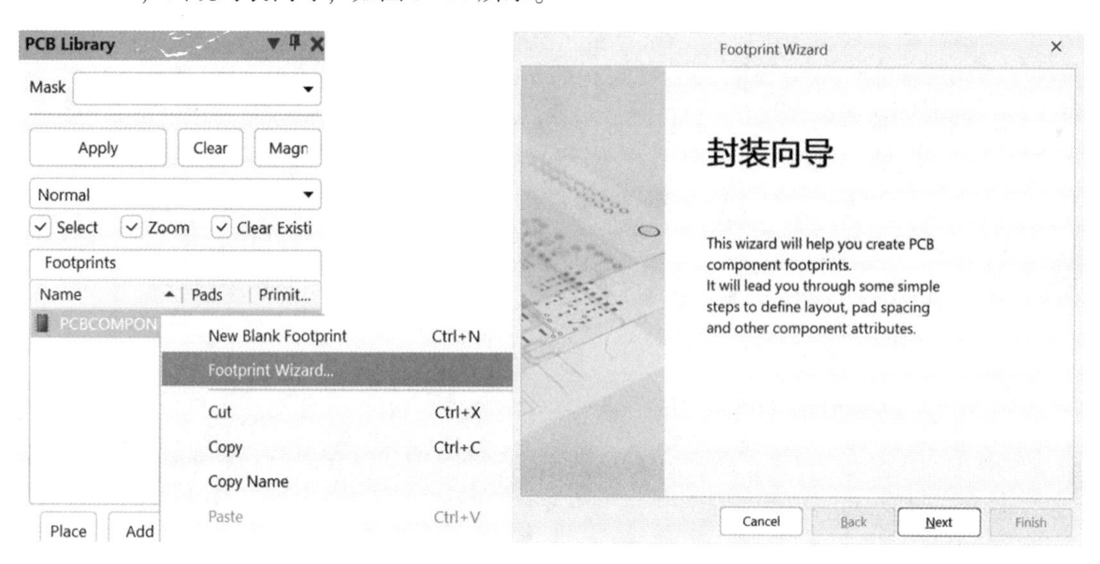

图 5-14　执行向导命令

也可以直接执行命令“工具栏”（Tool）→“元器件向导”（Footprint Wizard）达到同样的效果，如图 5-15 所示。

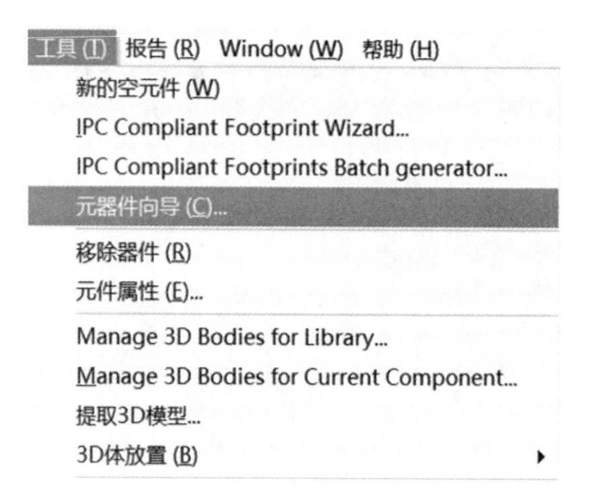

图 5-15　菜单执行向导命令

（3）在图 5-14 中直接单击下一步（next），弹出图 5-16 所示的窗口，在该窗口中选择 DIP 系列，单位可以选择 mil，也可以选择 mm，如果芯片资料提供了 mm，建议就用 mm，如果提供了 mil，建议就使用 mil，如果两个都有，就选择和 PCB 文件一样的度量单位。在这里选择 mm 单位。

（4）图 5-17 是 DIP16 的数据手册，可以根据数据手册来创建该元器件的 PCB 库。

焊盘参数：内径为 B-0.46mm，但是为了考虑余量，一般比数据手册的数据大，此处设置为 0.8mm，外径为 B1-1.52mm，如图 5-18 所示，填入向导参数栏。

图 5-16 向导参数选择

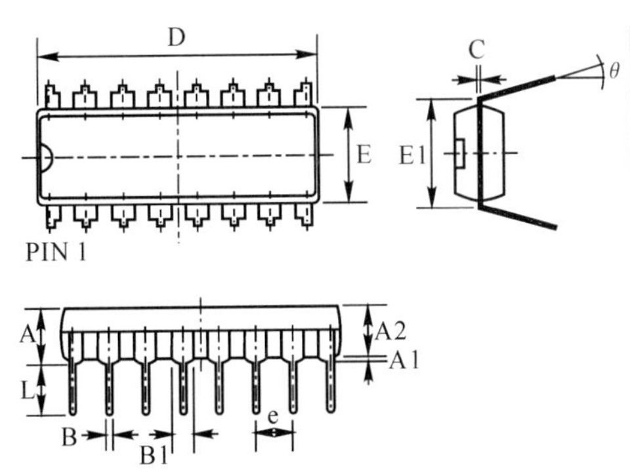

Symbol	Dimensions In Millmeters			Dimensions In Inches		
	Min	Nom	Max	Min	Nom	Max
A	—	—	4.31	—	—	0.170
A1	0.38	—	—	0.015	—	—
A2	3.15	3.40	3.65	0.124	0.134	0.144
B	0.38	0.46	0.51	0.015	0.018	0.020
B1	1.27	1.52	1.77	0.050	0.060	0.070
C	0.20	0.25	0.30	0.008	0.010	0.012
D	19.00	19.30	19.60	0.748	0.760	0.772
E	6.15	6.40	6.65	0.242	0.252	0.262
E1	—	7.62	—	—	0.300	—
e	—	2.54	—	—	0.100	—
L	3.00	3.30	3.60	0.118	0.130	0.142
θ	0°	—	15°	0°	—	15°

图 5-17 DIP16 的数据手册

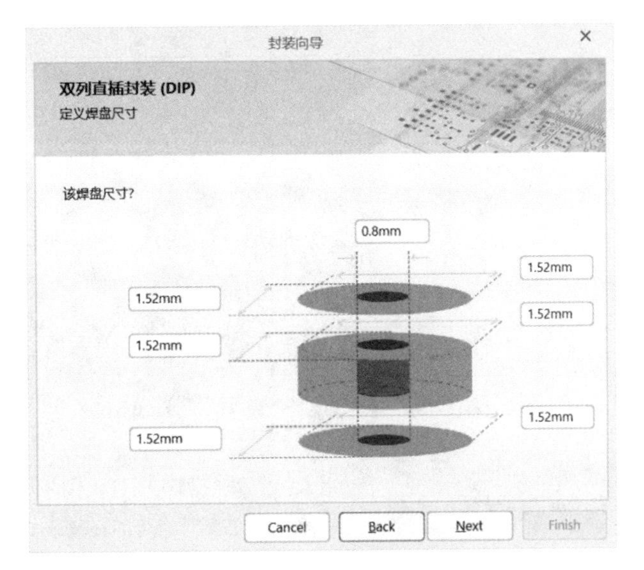

扫一扫查看
焊盘特性介绍

图 5-18 焊盘参数

焊盘间距参数：纵向间距为 e－2.54mm，横向间距为 E1－7.62mm，如图 5－19 所示。

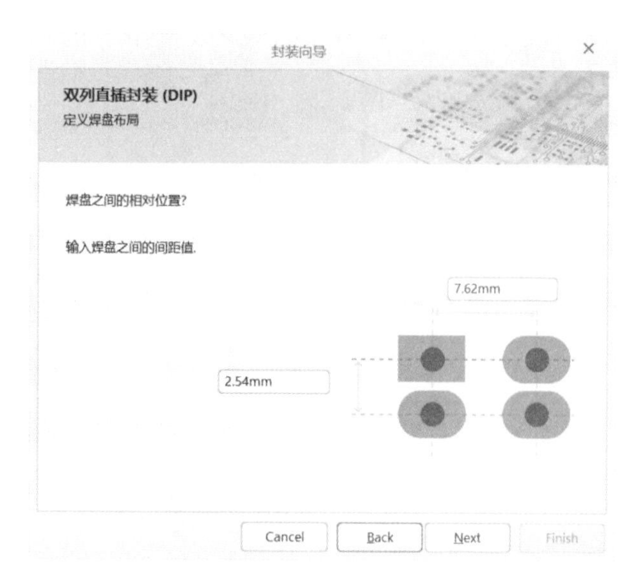

图 5-19　焊盘间距参数

剩下部分选项按照向导默认即可，选择需要的焊盘数量为 16。

（5）单击“Finish”按钮，DIP16 封装创建完成，如图 5-20 所示。

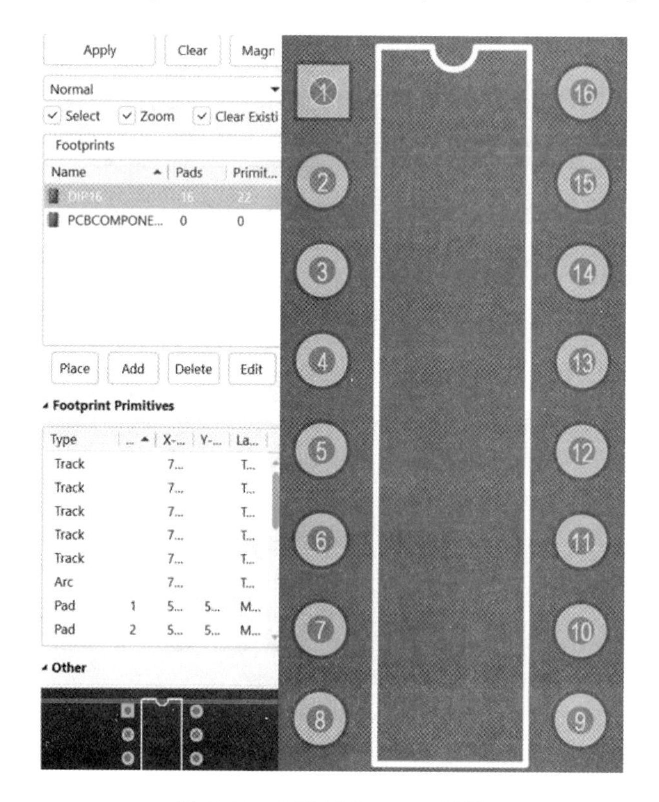

图 5-20　创建好的 DIP16 封装

扫一扫查看
手动创建 PCB 封装

5.1.3.2 手动创建法

(1) 执行菜单命令"文件"(File)→"新的"(New)→"库"→"PCB 元器件库",出现默认命名为"PcbLib1. PcbLib"的 PCB 库文件和一个名为"PCBCOMPONENT_1"的元器件,如图 5-21 所示。

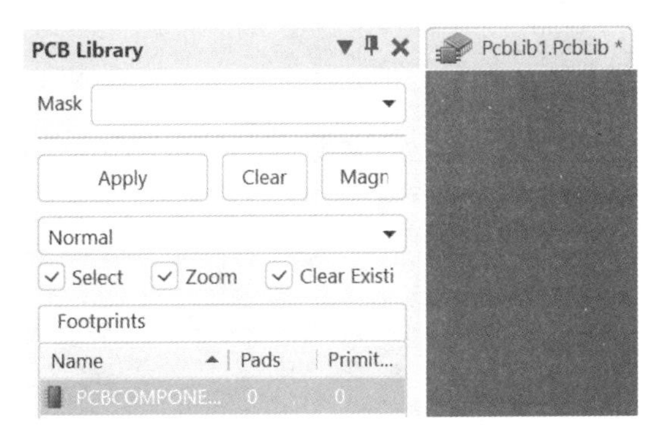

图 5-21 新建 PCB 库

(2) 执行"保存"命令,将 PCB 库文件更名为"单片机电路 . PcbLib"进行保存。

(3) 双击"PCBCOMPONENT_1",就可以更改这个元器件的名称,也可以在 Footprints 栏中单击鼠标右键,执行"New Blank Footprint"命令,或者执行菜单命令"工具"→"新的空元器件",可以创建新的 PCB 封装添加到 PCB 封装列表中,如图 5-22 所示。

5.1.4 PCB 封装的检查与报告

Altium Designer 20 提供 PCB 封装错误的检查功能。创建完封装之后,可以执行菜单命令"报告"(Report)→"元器件规则检查",对所创建的封装进行一些常规检查,如图 5-23 所示,可以对 PCB 封装进行选择性的检查。

(1)"重复的"选项:

1) 焊盘:检测元器件封装库中是否有重名的焊盘。

2) 基元:检测元器件封装库中是否有重名的边框。

3) 封装:检测元器件封装库中是否有重名的元器件封装。

(2)"约束"选项:

1) 丢失焊盘名称:检测是否缺少焊盘名称。

2) 镜像的元器件:检测元器件封装库中是否有镜像的元器件封装。

3) 元器件参考偏移:用于检查元器件封装中元器件参考点是否偏离元器件实体。

4) 短接铜皮:用于检查元器件封装中是否存在导线短路。

5) 未连接铜皮:用于检查元器件封装中是否存在未连接铜箔。

6) 检查所有元器件:检测是否检查元器件封装库中所有封装。

一般情况下,为了创建 PCB 封装的正确性,会按照图 5-23 所示的那样对其进行常规检查,如果需要特殊检查某项,单独勾选检查即可。单击"确定"按钮之后,系统会生成一个图 5-24 所示的报告栏,从中获知封装检查的相关信息,从而可以根据信息更新、更正 PCB 封装。

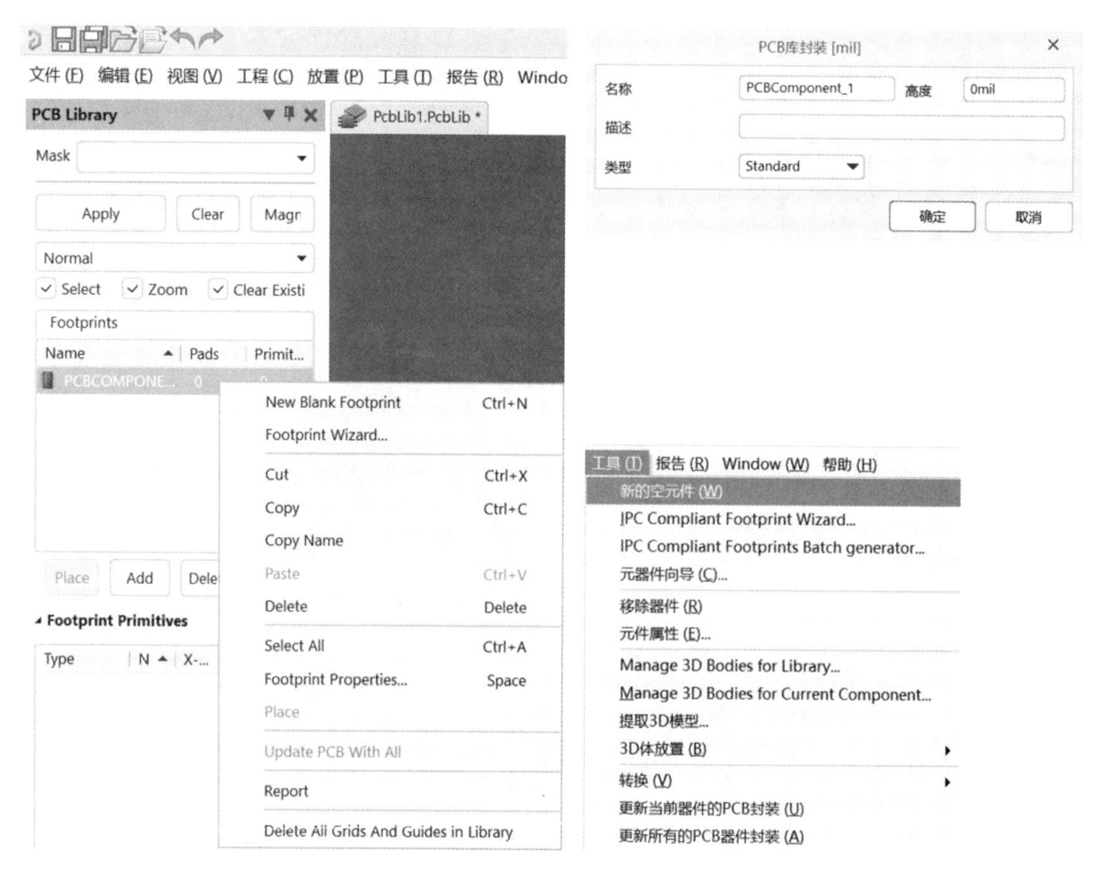

图 5-22　更改元器件名称及新的 PCB 封装的创建

图 5-23　封装错误检查　　　　图 5-24　封装检查报告

PCB 封装是元器件物料在 PCB 上的映射。封装是否设计规范牵涉到元器件的贴片装配，需要正确地处理封装数据，满足实际生产的需求。有的工程师做的封装无法满足手工贴片，有的无法满足机器贴片，也有的未创建第一引脚标识，手工贴片的时候无法识别正反，造成 PCB 短路的现象时有发生，这个时候需要设计工程师对自己创建的封装进行一定的约束。

封装设计应统一采用公制单位，对于特殊元器件，资料上没有采用公制标注的，为了避免英制到公制的转换误差，可以按照英制单位。精度要求：采用 mil 为单位时，精度为小数点后两位；采用 mm 为单位时，精度为小数点后四位。

5.2　技能操作学习

在项目 3 中已经绘制好了原理图，下面进行 PCB 的设计，本次任务初步了解学习 PCB 的设计流程和基本的方法，本项目中的 PCB 是由原理图直接更新到 PCB 中。

5.2.1　PCB 文件建立

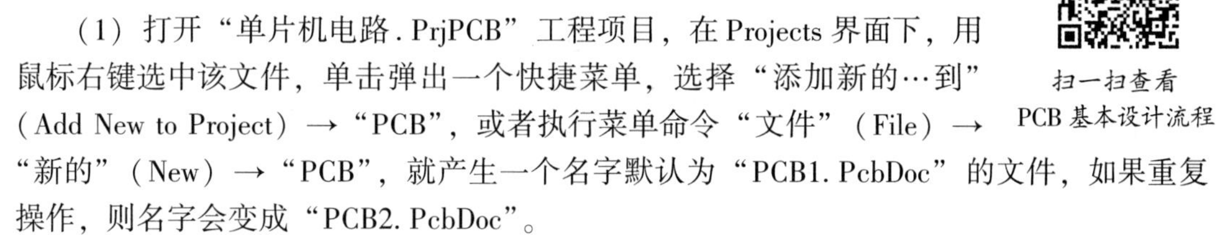

扫一扫查看
PCB 基本设计流程

(1) 打开“单片机电路.PrjPCB”工程项目，在 Projects 界面下，用鼠标右键选中该文件，单击弹出一个快捷菜单，选择“添加新的…到”(Add New to Project) →“PCB”，或者执行菜单命令“文件”(File) →“新的”(New) →“PCB”，就产生一个名字默认为“PCB1.PcbDoc”的文件，如果重复操作，则名字会变成“PCB2.PcbDoc”。

(2) 将“PCB1.PcbDoc”文件保存在工程目录下，并更改名字为“单片机电路.PcbDoc”，这时候该 PCB 文件就加入到了工程文件中，如图 5-25 所示。

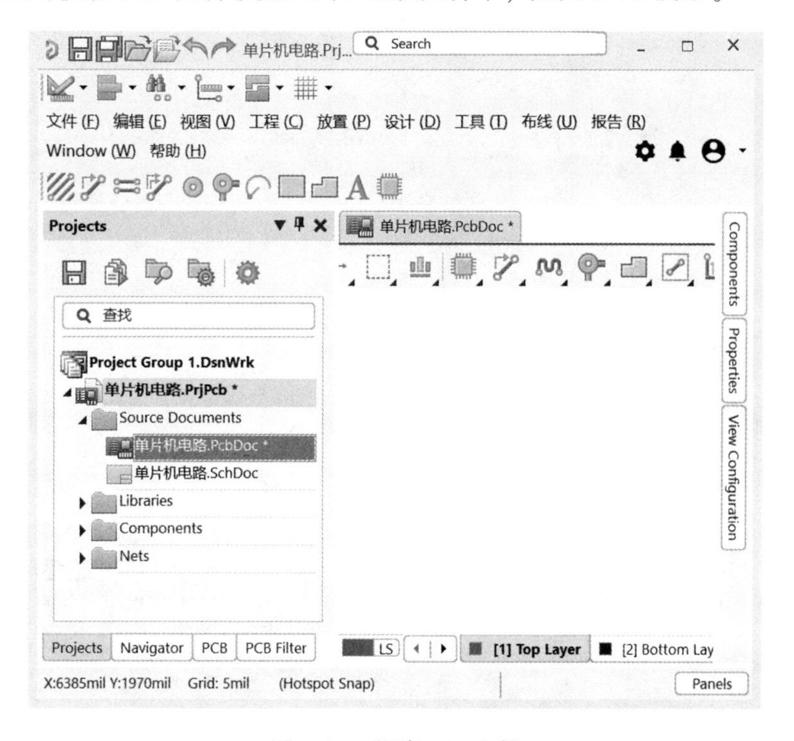

图 5-25　新建 PCB 文件

特别提示：

原理图和 PCB 必须要在同一个工程项目中，如果不在同一个项目中，则原理图无法导入到 PCB 文件中，PCB 文件建议保存在和原理图文件相同的一个路径下，否则可能 PCB 装入的时候找不到路径而无法后续操作。

5.2.2　原理图导入

为了限定元器件布局和布线的范围，用禁止布线区来实现。在 PCB 编辑窗口中，选择鼠标单击 Keep Out Layer，然后执行菜单命令“放置”（Place）→“Keepout”→“线径”（Track），如图 5-26 所示，也可以直接在快捷工具栏单击 绘制禁止布线区。

特别注意：

如果没有选择在 Keep Out Layer 层绘制禁止布线区，无法实现禁止布线的功能，而且如果没有修改系统默认的颜色，则禁止布线区绘制后一定是紫色的线条，如果是其他颜色则意味着绘制错误。事实上，Keep Out Layer 层在实际电路板中没有实际的层面对象与其对应，是属于 PCB 编辑器的逻辑层，起着规范信号层布线的目的，如果设计没有规定 PCB 的尺寸必须有多大，可以根据布线情况调整禁止布线区大小和边界。

PCB 文件建立之后，需要把编译好的原理图导入到 PCB 文件中，执行命令“设计”（Design）→“Import Changes From 单片机电路 . PrjPcb”，如图 5-27 所示，系统将弹出更新 PCB 文件对话框。在图 5-27 中有两个更新选项，其中 Update Schematic in 单片机电路 . PrjPcb 的含义是：当原理图已经画好，导入到 PCB 后，在 PCB 布局布线的过程中，发现有部分封装不好用，便直接在 PCB 里面更改了封装，更改后如果要同步到原理图就执行该命令。而 Import Changes From 单片机电路 . PrjPcb 的含义是把原理图导入到 PCB 的过程。

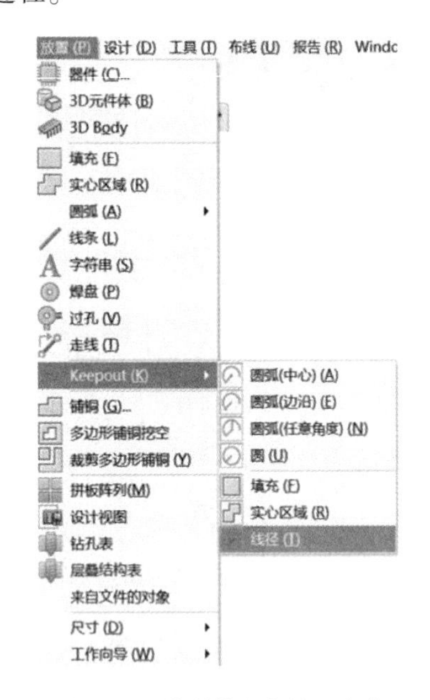

图 5-26　绘制禁止布线区命令

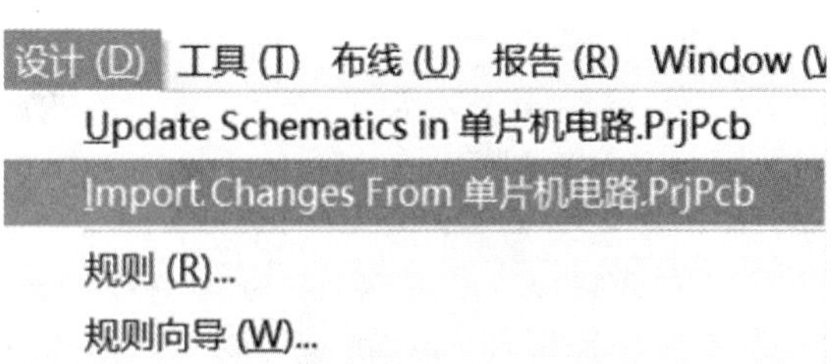

设计 (D)　工具 (T)　布线 (U)　报告 (R)　Window
Update Schematics in 单片机电路.PrjPcb
Import Changes From 单片机电路.PrjPcb
规则 (R)...
规则向导 (W)...

图 5-27　原理图导入到 PCB 命令

特别提示：

导入原理图之前必须创建好相关工程项目，对于“Free Document”类型的原理图是无法导入的；

在完整工程下，如果已经建立好 PCB 文件，也可以在原理图编辑界面中，执行菜单命令“设计”（Design）→“Update PCB Document 单片机电路 . PcbDoc”实现原理图到 PCB 的导入。

单击“验证变更”（Validate Change）按钮，可检查所有更改是否都有效，如果有效，则检查状态栏的对应位置打“√”，否则打上红色的“×”表示错误。若是错误，则单击“关闭”（Close）按钮返回原理图进行修改。

若检查全部正确，单击“执行变更”（Excute Changes）按钮执行变化，系统将执行所有更改操作。若执行成功，在完成栏（Done）将全部打“√”，如图 5-28 所示。

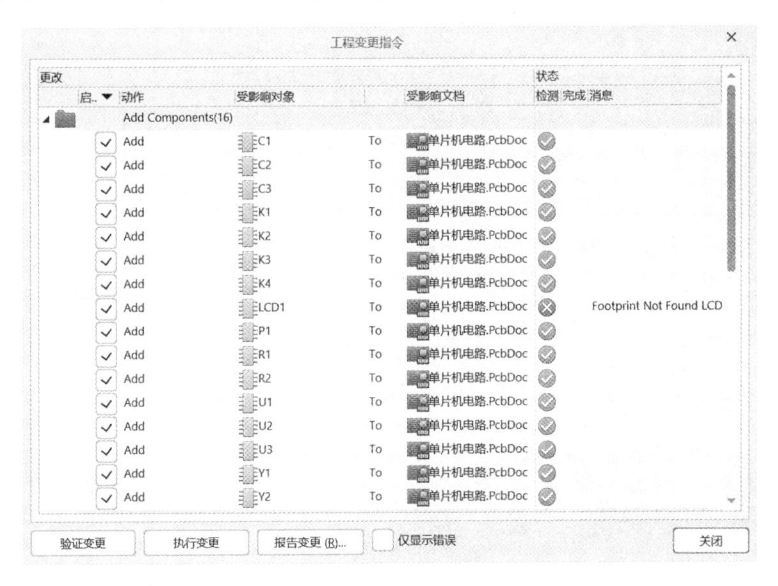

图 5-28　工程变更命令

单击“关闭”对话框，自动转到 PCB 文件编辑器界面下，执行菜单命令“视图”（View）→“适合板子”（Fit Sheet），在工作区右下角出现了从原理图导入过来的元器件及其连接关系，并被放在一个四周封闭的框内（成为元器件空间框，即 room 框），如图 5-32 所示。

5.2.3　网表对比导入

（1）在工程目录下单击鼠标右键，执行“显示差异”命令，把需要对比导入的网表添加到工程中，如图 5-29 所示。

（2）选中加入工程的网表，右键选择执行“显示差异”命令，如图 5-30 所示，进入图 5-31 所示的网表对比窗口，并按照图示序号操作。

1）勾选“高级模式”。

2）选择左边需要导入的网表。

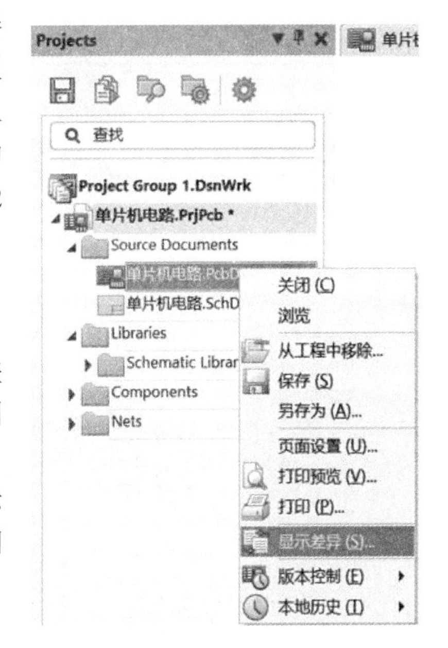

图 5-29　添加文件

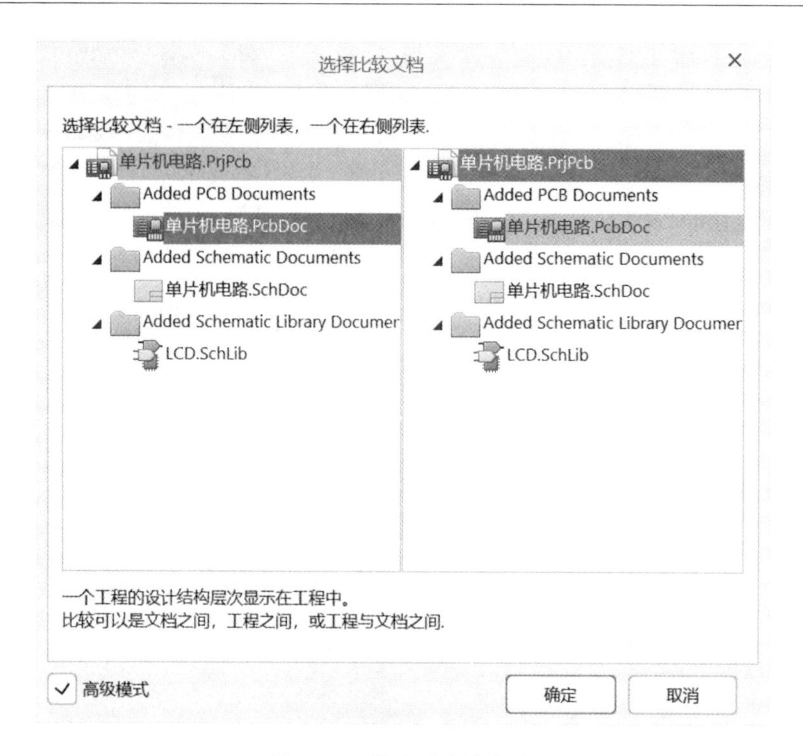

图 5-30　网表对比导入法

(a)

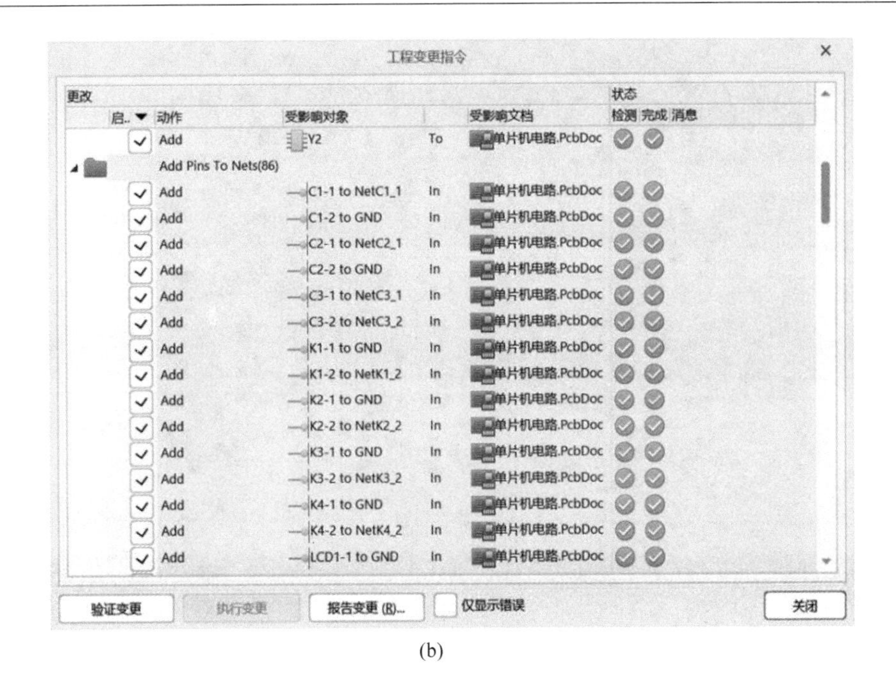

(b)

图 5-31 对比结果反馈窗口及导入执行窗口

3）选择右边需要更新进入的 PCB，单击“确定”按钮。

（3）出现对比结果反馈窗口，如图 5-31 中图（a）所示，继续用鼠标右键选择执行“Update All in>PCB Document 单片机电路.PcbDoc”命令，即把网表和 PCB 对比的相关所有结果准备导入进 PCB。

（4）执行左下角的“创建工程变更单”命令，进入和直接导入法一样的导入执行窗口，如图 5-31 中图（b）所示，单击“执行变更”按钮更新进入 PCB 即可。导入效果图如图 5-32所示。图 5-32 中正方形方框称为 Room 框，移动 Room 框就可以整体移动框内的元器件。

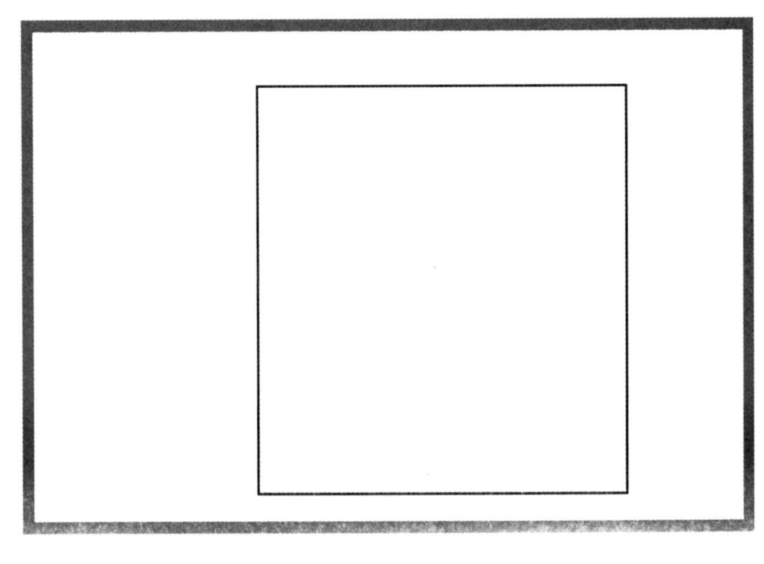

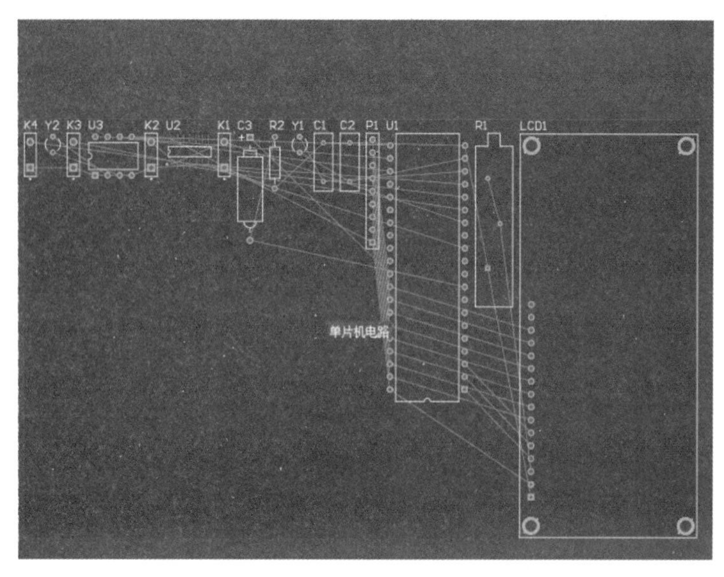

图 5-32　导入效果图

5.2.4　PCB 元器件库的制作

在执行变更发现有错误提示“Footprint Not Found LCD1602”，这条错误命令的意思是 LCD1602 这个封装没有找到，原因是 LCD 元器件是自制的，封装名取名为 LCD1602，为了解决该问题，需要制作一个相应的 PCB 元器件库文件。

（1）如图 5-33 所示，在工程面板新建 PCB 库文件，这时候会弹出 PCB 库文件编辑界面，如图 5-34 所示。

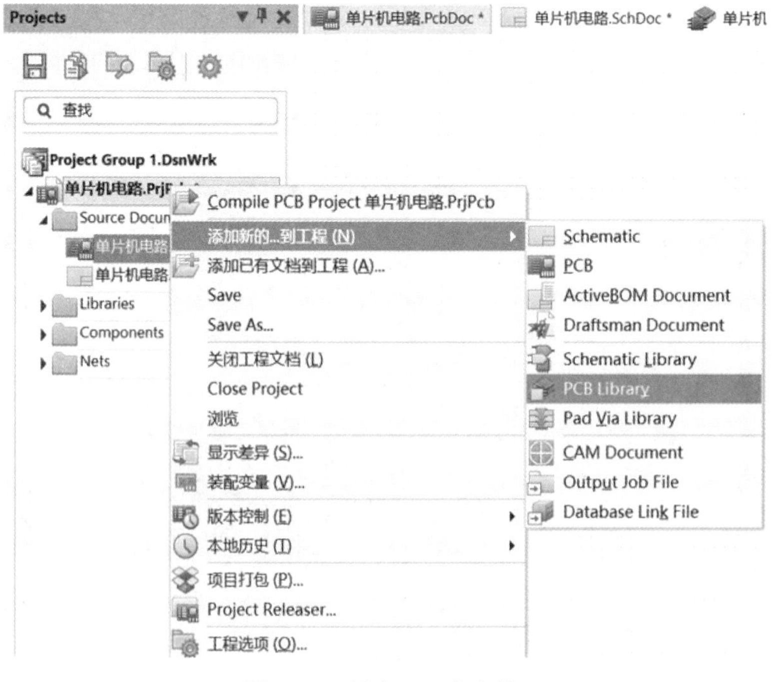

图 5-33　新建 PCB 库文件

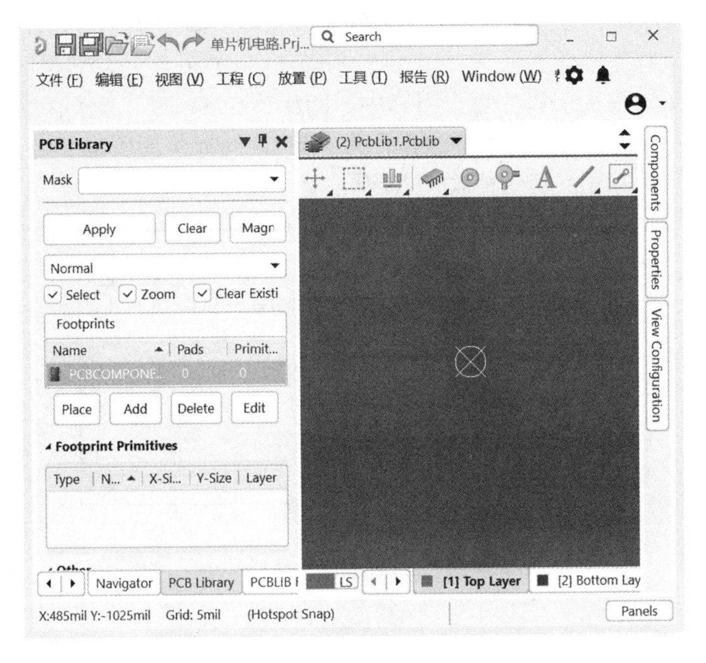

图 5-34　PCB 库文件编辑界面

（2）在图 5-34 中，直接双击 Footprints 栏里面的 PCBCOMPONENT_1，弹出图 5-35 所示的对话框。

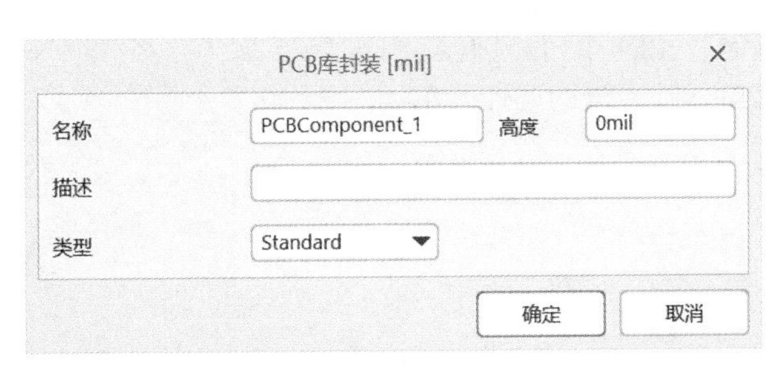

图 5-35　PCB 库封装对话框

（3）如图 5-35 所示，对话框的“名称”栏系统默认是 PCBComponent_1，“描述”栏默认为空，在“名称”栏和“描述”栏中输入名字 LCD1602，单击“确认”按钮，这时候 PCB Library 面板中封装名将变成修改的 LCD1602，如图 5-36 所示。

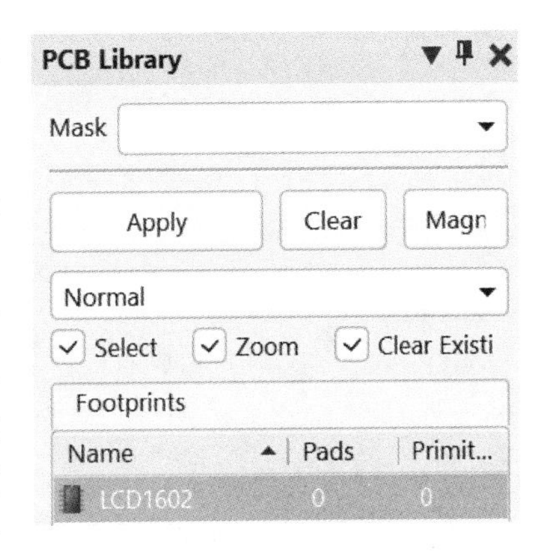

图 5-36　更改名字后的库面板

（4）下面就可以开始进行 PCB 库的制作。在图 5-34 中的 ⊗ 符号表示坐标原点，把鼠标放到该图形上可以在软件的左下角看到 X、Y 的坐标均为 0。制作 PCB 元器件库必须要在原点或者原点附近，否则有可能无法放入到 PCB 图中，一般情况下，有两种默认的规则：第一个引脚放在坐标原点或者把元器件的中心放在坐标原点，此处选择元器件第一个引脚的中心放在坐标原点。首先查看 LCD1602 的封装形式，确定 LCD1602 应该制作成什么样子，图 5-37 所示是 LCD1602 的封装说明书。从该图可知需要制作 16 个 0.60mm 的引脚，每个引脚中心间距为 2.54mm。为了让焊接的时候插装更容易，需要尺寸稍微大一点，每个焊盘孔径为 40mil，约等于 1.0mm，定位孔 1.25mm，半径设置为 2mm，外框尺寸不变或稍大一点均可。

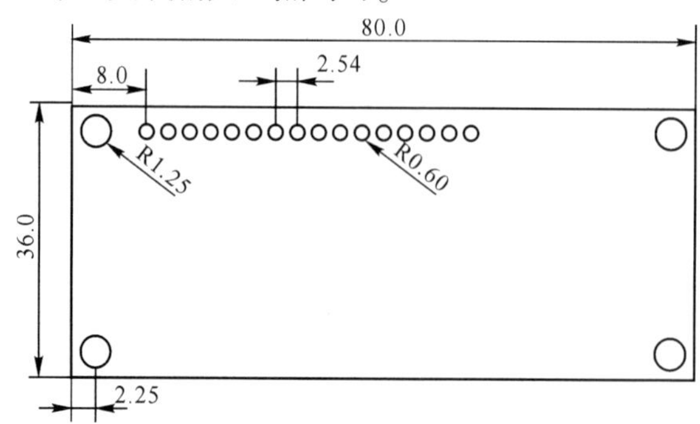

图 5-37　LCD1602 封装尺寸图

（5）首先在原点放置第一个引脚，执行命令“放置”（Place）→“焊盘”（Pad），把焊盘放置在中心原点，如图 5-38 所示，默认的形状是圆形的焊盘，也就是我们常说的引脚焊接的位置，其序号是 1。

图 5-38　焊盘的放置

（6）可以在放置焊盘的时候按<Tab>键进行属性修改，修改之后放置的序号就默认自动添加，同时尺寸也和前一个相同。由于 PCB 图选择为英制，为减少误差，在制作 PCB 库的时候我们选择英制，孔径选择 40mil，外径选择 60mil。按<Tab>键弹出的属性菜单如图 5-39 所示。

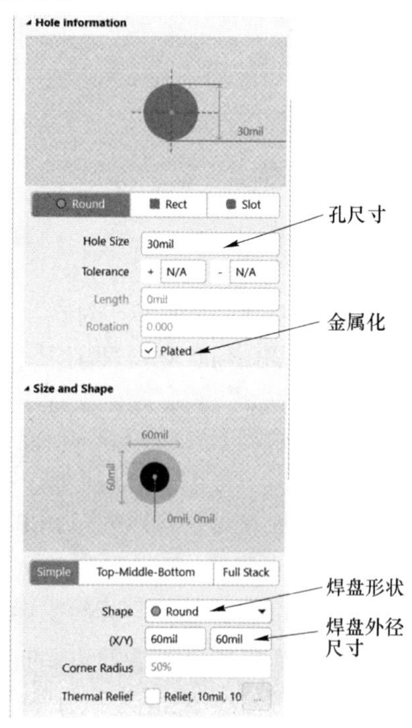

图 5-39　焊盘属性框

（7）依次放好焊盘之后，在焊盘形状选项把第一个焊盘修改为方形焊盘，如图 5-40 所示。

图 5-40 放置好的焊盘

特别提示：

放置焊盘的时候按<Tab>键修改焊盘属性，然后后面依次放置的时候序号就可以依次递增，同时，把第 1 个、第 8 个、最后一个放置在对应的位置上，然后全选焊盘，使用对齐命令就可以快速均匀放置好焊盘。

（8）放置好焊盘只是第一步，还需要根据图 5-37 所示的 LCD1602 的图形放置钻孔和外框。如果要放置焊盘，系统会认为是该元器件的引脚，因此放置过孔作为安装孔。在规则里面检查的时候需要忽略该规则或者做特殊规则设置。关于规则的设置将在下一项目中做详细的讲解。

如图 5-41 所示，放置四个过孔作为定位孔。这 4 个孔半径为 1.25mm，则直径约为 100mil。执行菜单命令“放置”（Place）→“过孔”（Via）或者按快捷键<PV>。在放置好的过孔或者在放置过孔的时候按<Tab>键可以修改过孔属性，如图 5-42 所示。

图 5-41 LCD1602 封装库

过孔属性栏含义如下：

1）Definition（定义）。

①Name：过孔名字。

②Template：过孔的模板。

2）Location（位置）：表示过孔在什么坐标位置。

3）Hole information（过孔信息）。

①Hole Size：过孔尺寸，表示过孔的孔径大小。

②Tolerance：过孔公差尺寸，默认为 N/A。

4）Size and Shape（尺寸与外形）。

①Simple：简单的尺寸设置，每层孔径一致。

②Top-Middle-Bottom：可以设置顶层、中间层、底层 3 个不同的尺寸。

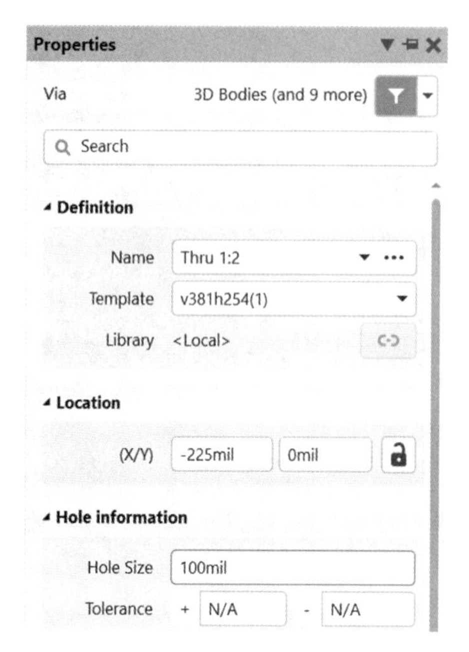

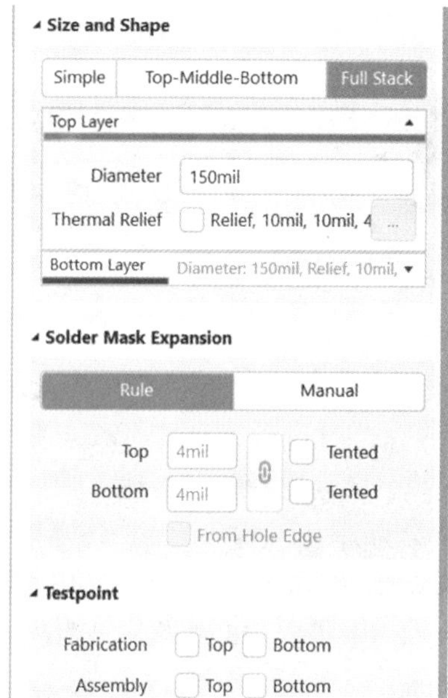

图 5-42　过孔属性设置

③Full Stack：就是每一层都可以单独设置孔径尺寸。

④Diameter：孔的外形直径大小。

⑤Thermal Relief：散热设计，为解决焊接时散热过快即器件引脚网络与内层平面网络相同需要用到 Thermal Relief，即通常所说的热焊盘，花焊盘，此处该焊盘为定位孔，不做焊接使用，不选择该选项。

5）Solder Mask Expansion（阻焊层延伸量）。

①Top/Bottom：导孔与阻焊漆之间的间距，默认为 4mil，可以通过 Manual 进行设置修改。

②Tented：阻焊盖绿油，如果选择表示盖上绿油，如果不选择表示开窗，盖绿油和过孔开窗的效果如图 5-43所示。

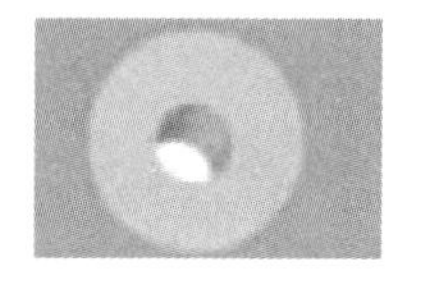

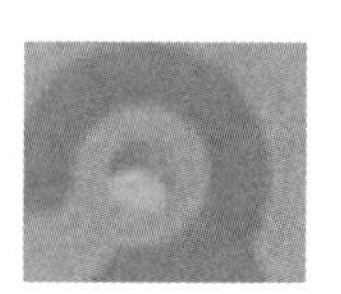

图 5-43　过孔开窗和过孔盖绿油

6）Testpoint（测试点）。

①Fabrication（制造测试点）：制造过程中用到的测试点。

②Assembly（装配测试点）：装配过程中用到的测试点。

特别注意：

凡是过孔、插件类的焊盘都是选择多层，这里多层是指 PCB 从顶层到底层都是钻穿了的，对于 SMD 贴装元器件则需要选择顶层。

外框必须在顶层丝印层（Top Overlay）绘制，层的选择如图 5-44 所示。LS 表示是当前层，现在是黄色，表示选择的是顶层丝印层。如果双击当前层的颜色窗口，则弹出图5-45所示颜色修改窗口，可以修改相应的层的颜色，一般采用默认设置，不建议修改颜色。

这样就把 LCD1602 的封装做好了，保存到相应的工程目录下，在原理图编辑界面下用鼠标双击 LCD1602，就可以在属性栏里预览 LCD1602 的封装，如图 5-46 所示。

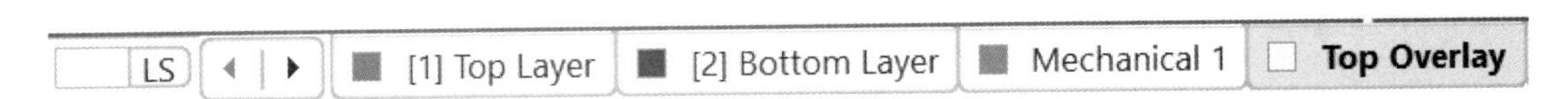

图 5-44 选择顶层丝印层

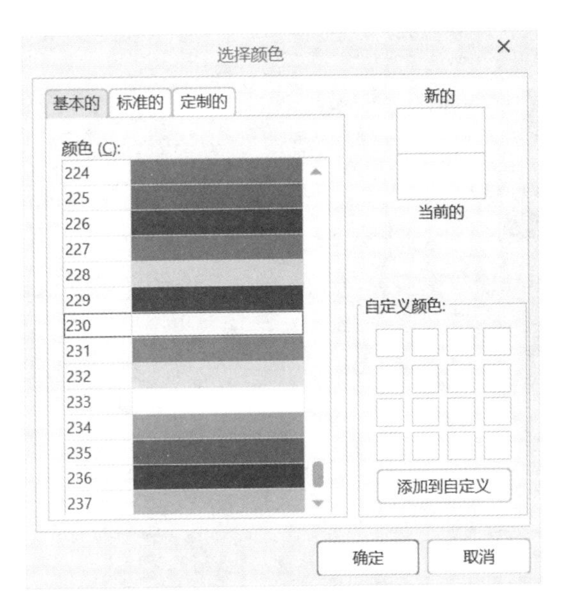

图 5-45 颜色修改窗口

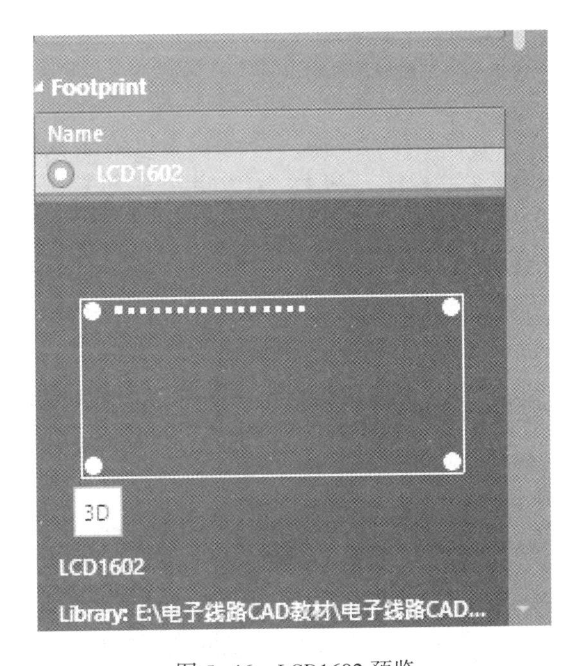

图 5-46 LCD1602 预览

如果是已经有制作好的库文件或者要更改元器件库，则可以直接指定相应的元器件库即可，比如 LCD1602 在原理图编辑器中执行命令：双击 LCD1602，在右侧弹出的属性栏的

Footprint 里面选择 ✎ 或者 Add 按钮，弹出图 5-47 所示的菜单。

图 5-47　PCB 库文件指定

在弹出的菜单中直接单击任意按钮，输入想要设置的名字或者直接在名称中输入名字，如果找不到相应的 PCB 元器件库，则无法显示出封装示意图，如果有相应的元器件库，则示意图自动出现在对话框中，如图 5-48 所示。

5.2.5　PCB 布局

扫一扫查看布局与调整

完成元器件库调入之后，可以通过移动 Room 把所有元器件一次性移动到禁止布线区里面，当然有些器件可能超出禁止布线区域，需要手动把器件拖动到区域内，也可以直接删除 Room，把元器件放置到禁止布线区域内。

直接移动元器件，初步调整如图 5-49 所示。

根据原理图的功能，按照就近原则把器件进行调整重新布局，如图 5-50 所示。

从最新的布局来看，禁止布线区域稍微大了一些，可以调整禁止布线区域到合适的位置，禁止布线区越大，表示加工的 PCB 越大，则成本就越高，因此，理论上是越小越好。

从图 5-50 可以看出，按键<K1>~<K4>布局较乱，将这四个元器件全部选中，用鼠标右键单击，选择“对齐”→“对齐”，系统将弹出元器件排列对齐对话框，如图 5-51 所示，设置为水平方向对齐，垂直方向均匀分布，单击“确定”按钮，排列效果如图 5-52 所示。

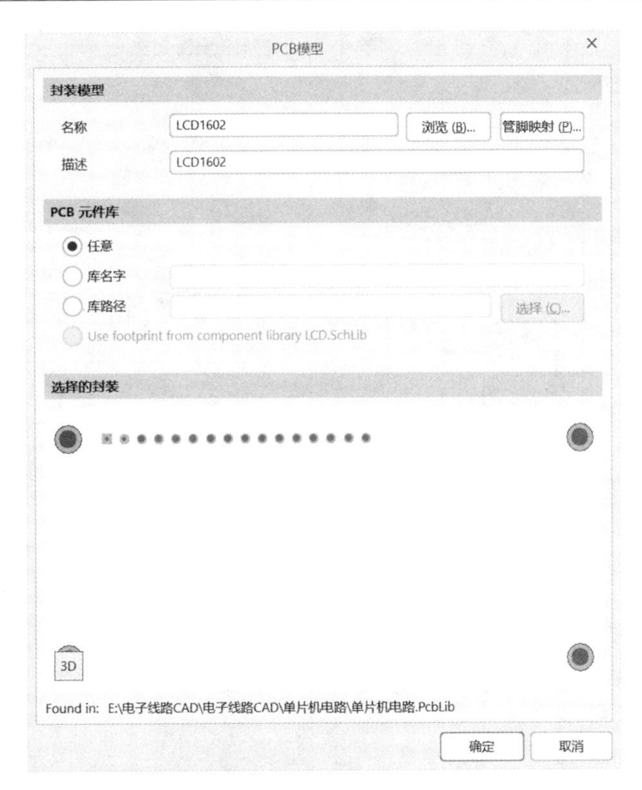

图 5-48　封装更改示意图

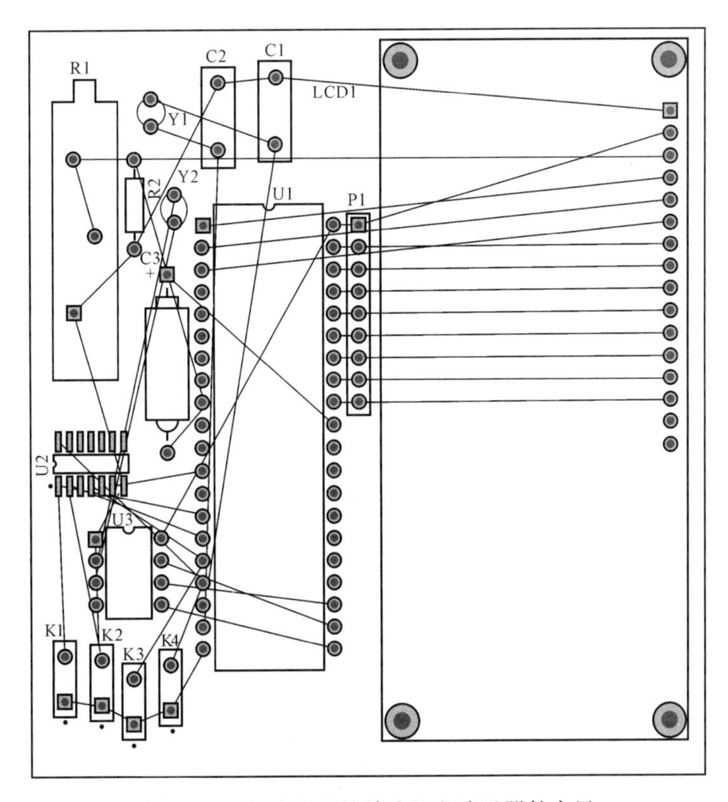

图 5-49　初步调整的单片机电路元器件布局

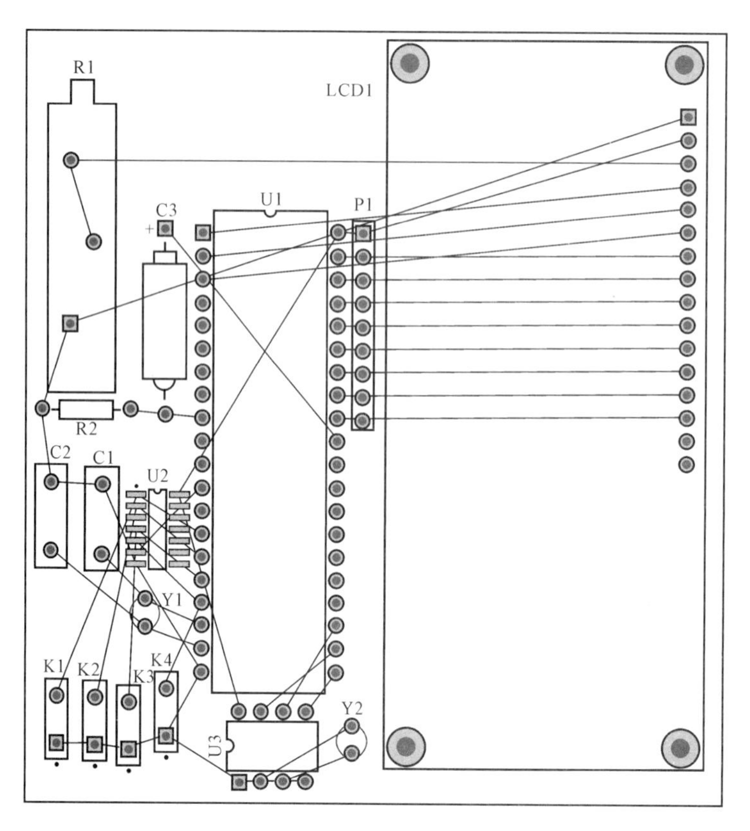

图 5-50　根据功能调整后的布局

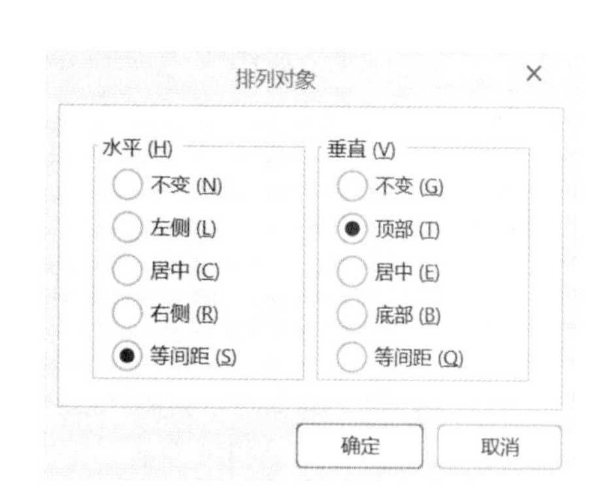

图 5-51　元器件排列对话框

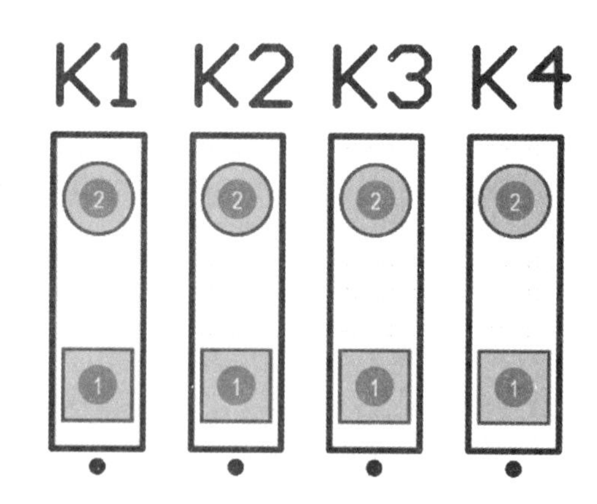

图 5-52　按键对齐效果

调整元器件编号和外框之后，如图 5-53 所示，调整元器件标注信息，使其不在元器件图形、焊盘、过孔下面。

元器件位置调整后，若想锁定元器件以免不小心改变已调整好元器件的位置。双击元器件轮廓，进入属性菜单选中 🔒 按钮，锁定元器件位置，如图 5-54 所示。

锁定之后，在工作区对该元器件的操作就不起作用了。若想移动该元器件，必须双击

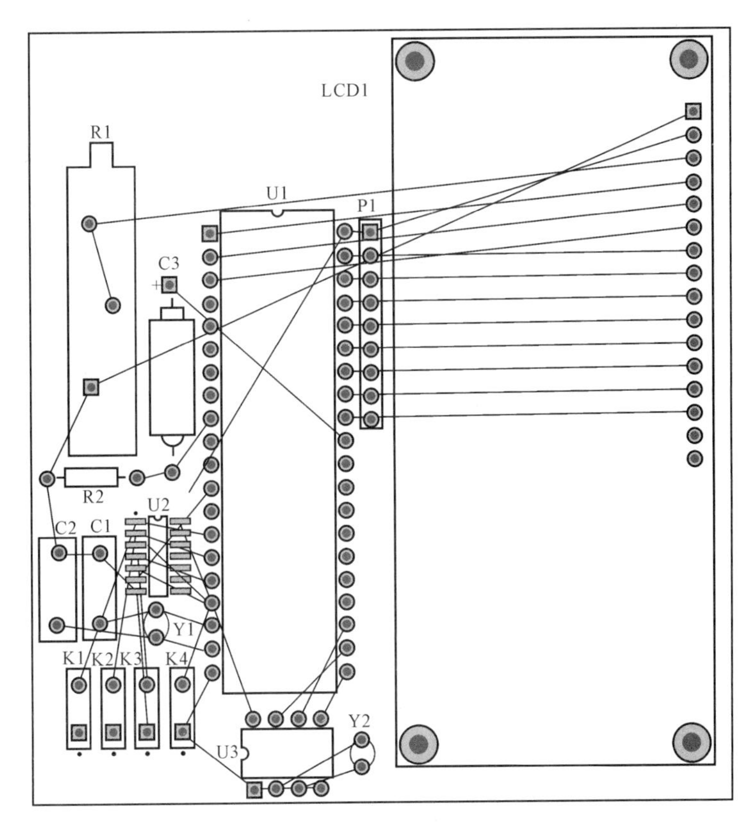

图 5-53　调整外框和丝印之后的布局

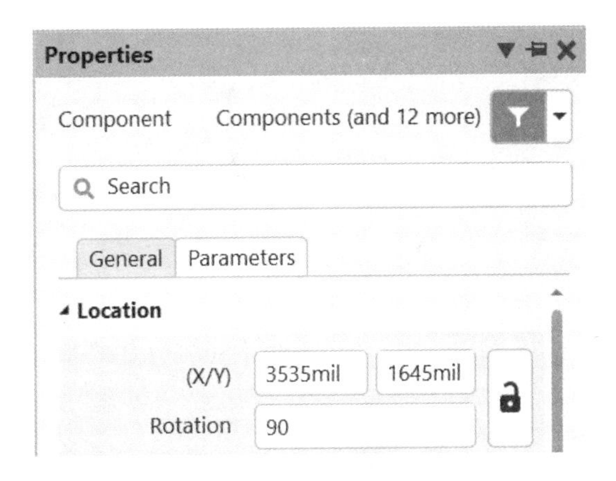

图 5-54　锁定选项

元器件，单击取消锁定 🔒 符号。

特别提示：

一般布局时不进行元器件镜像翻转，以免造成元器件引脚无法对应。

根据元器件布局的需要可重新定义印制电路板面积，并在机械层标注尺寸。

元器件布局完成但不等于不再布局，往往结合布线的结果，进行多次调整。

5.2.6　PCB 自动布线

扫一扫查看
电气设计规则

项目设定 PCB 双面布线，接地导线宽度为 50mil，电源导线宽度为 45mil，其他导线宽度为 8mil，电气间距为 8mil。

5.2.6.1　调用规则界面

执行菜单命令“设计”（Design）→“规则”（Rules），将弹出一个对话框，左侧显示设计规则类型，本项目用到的是 Electrical（电气类型）和 Routing（布线）设计规则，右侧显示对应设计规则的具体属性界面。

5.2.6.2　设置一般线宽

设置双面布线层面，双击左边栏的 Routing 设计规划展开，双击其下的 Routing 标签，展开右边的 Routing 属性设置界面，选中顶层（Top Layer）和底层（Bottom Layer）。修改导线宽度为 8mil，如图 5-55 所示。

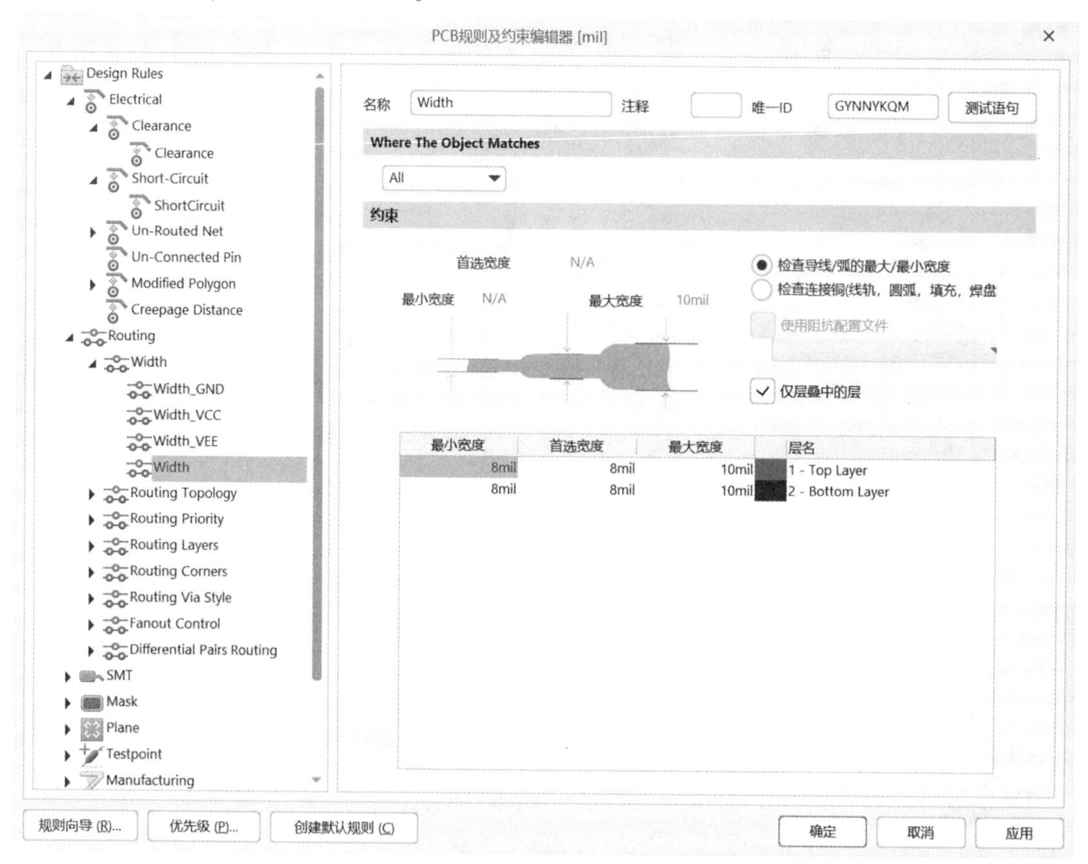

图 5-55　导线宽度设置

5.2.6.3 设置电源、接地导线的宽度

项目规定，电源和地线宽度分别为45mil、50mil。先执行菜单命令“设计”（Design）→“规则”（Rules），选择图5-55所示的Width选项，用鼠标右键单击，弹出图5-56所示菜单，选择“新规则”（New Rule）菜单，将出现Width_1选项，双击“Width_1”选项，进行相应设置，如图5-57所示。

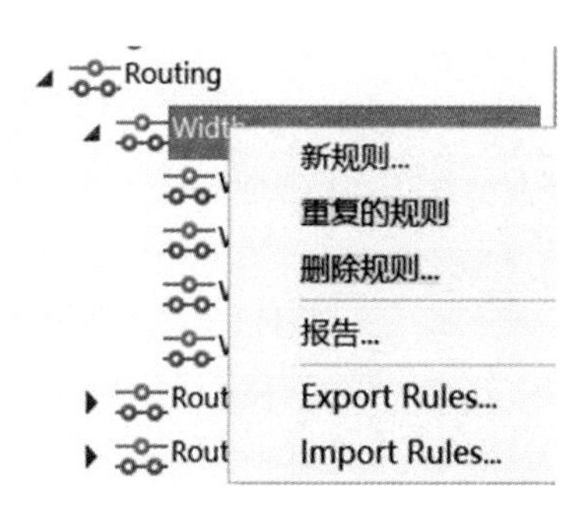

图5-56 宽度规则弹出窗口

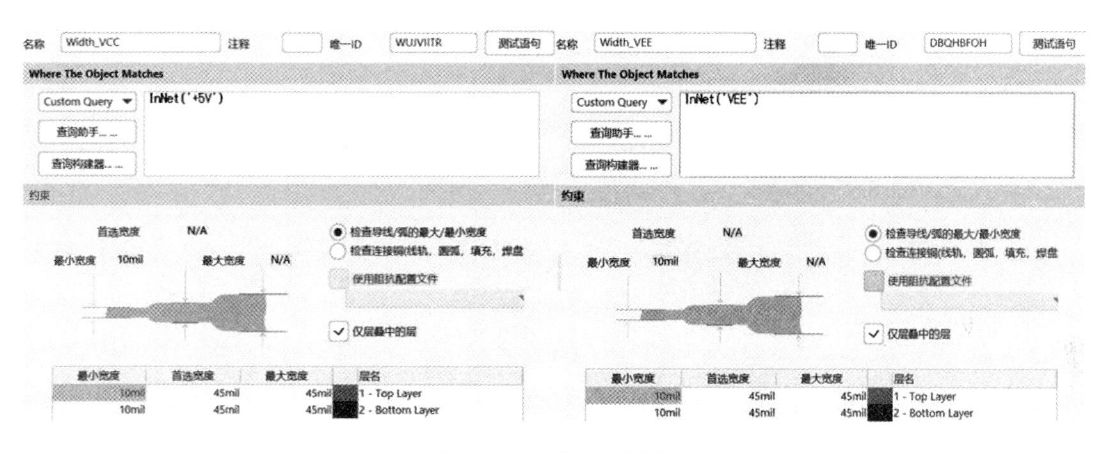

图5-57 电源宽度设置

在图5-57中，电源分别为+5V和VEE，都采用了45mil线宽，在Where The Object Matches下面选择Net，然后选择+5V和VEE，修改最大线宽和首选线宽为45mil即可。同样的方法设置地线宽度为50mil，如图5-58所示。

5.2.6.4 设置布线宽度优先级

在完成了一般导线、电源和接地导线的设置之后，要想实现这些设置要求，还需要进一步设置，必须要保证有特殊要求或约束条件的布线级别高于其他一般导线，在PCB规则及约束编辑器（PCB Rules and Constraints Editor）对话框中，单击优先级（Priority）按钮，将弹出布线规则优先级对话框，如图5-59所示。

从图中可以看到，优先级别顺序为GND > VCC >VEE>其他网络，如果约束规则优先级顺序不正确，在图5-59中，选中某一布线规则，单击降低优先级（Decrease Priority）

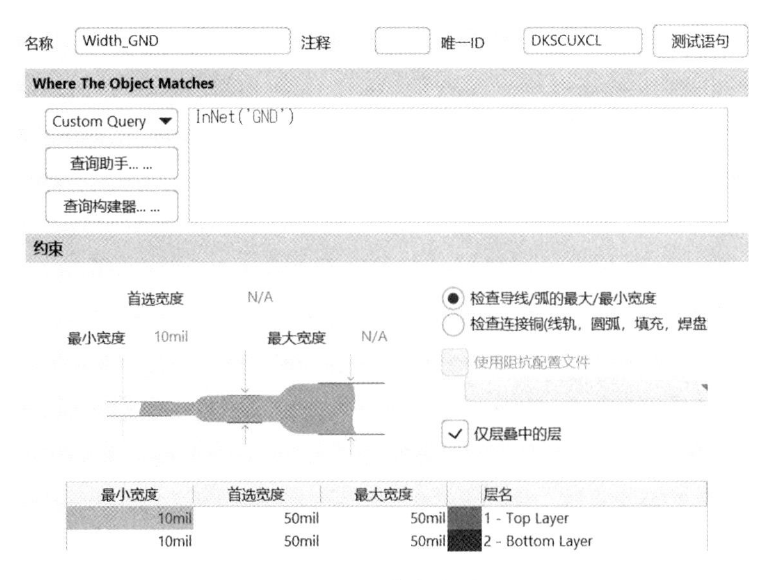

图 5-58　地线宽度设置

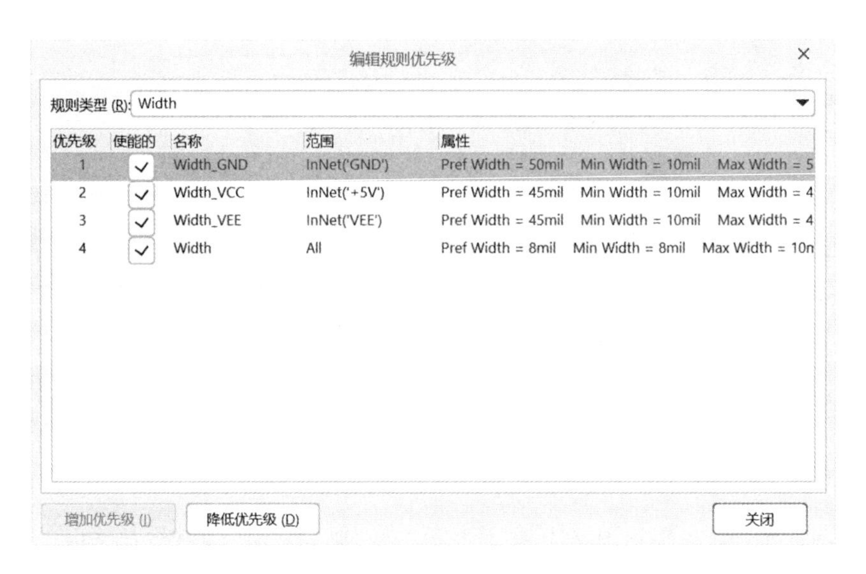

图 5-59　规则优先级

或增加优先级（Increase Priority）按钮，可更改布线规则的优先级。

5.2.6.5　线间距电气规则设置

不同导线之间、焊盘之间、导线与焊盘之间要保持适当的距离，以免造成短路。系统默认为 10mil（1mil=0.0254mm），要求按图 5-60 进行设置。

5.2.6.6　按布线规则设置进行自动布线

执行菜单命令“布线”（Route）→“自动布线”（Auto Route）→“All”，系统将弹

图 5-60　电气间距设置

出布线策略对话框，选用默认的双面板选项，单击“Route All”按钮，即可自动布线，布线结果提示如图 5-61 所示，弹出对话框提示有一条布线没有完成，没有完成的布线将在下面进行手动修改完成，自动布线之后的图如图 5-62 所示。

Messages

Class	Document	Source	Message	Time	Date	No.
Situs	单片机电路.Pcb	Situs	Completed Memory in 0 Seconds	14:52:00	2021-02-0	6
Situs	单片机电路.Pcb	Situs	Starting Layer Patterns	14:52:00	2021-02-0	7
Routi	单片机电路.Pcb	Situs	Calculating Board Density	14:52:00	2021-02-0	8
Situs	单片机电路.Pcb	Situs	Completed Layer Patterns in 0 Seconds	14:52:00	2021-02-0	9
Situs	单片机电路.Pcb	Situs	Starting Main	14:52:00	2021-02-0	10
Routi	单片机电路.Pcb	Situs	Calculating Board Density	14:52:00	2021-02-0	11
Situs	单片机电路.Pcb	Situs	Completed Main in 0 Seconds	14:52:00	2021-02-0	12
Situs	单片机电路.Pcb	Situs	Starting Completion	14:52:00	2021-02-0	13
Routi	单片机电路.Pcb	Situs	57 of 58 connections routed (98.28%) in 1 Second	14:52:00	2021-02-0	14
Situs	单片机电路.Pcb	Situs	Completed Completion in 0 Seconds	14:52:01	2021-02-0	15
Situs	单片机电路.Pcb	Situs	Starting Straighten	14:52:01	2021-02-0	16
Situs	单片机电路.Pcb	Situs	Completed Straighten in 0 Seconds	14:52:01	2021-02-0	17
Routi	单片机电路.Pcb	Situs	57 of 58 connections routed (98.28%) in 1 Second	14:52:01	2021-02-0	18
Situs	单片机电路.Pcb	Situs	Routing finished with 0 contentions(s). Failed to complete 1 conn	14:52:01	2021-02-0	19

图 5-61　布线结果提示

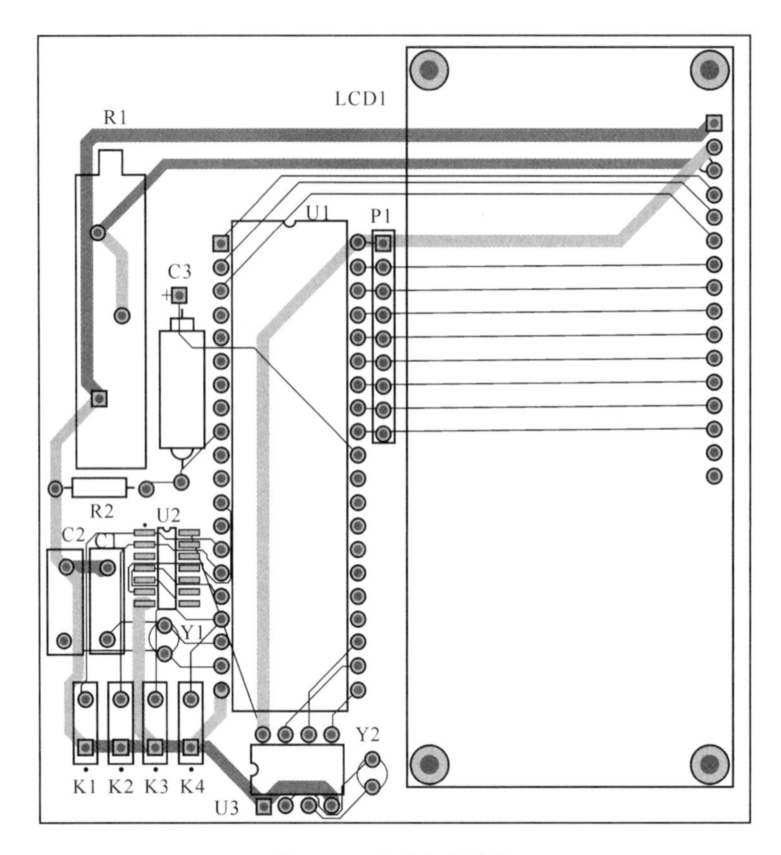

图 5-62　自动布线结果

特别提示：

同一电路，每一次自动布线的结果都不相同。而且自动布线结果往往也存在一定的不足和缺陷，必须仔细检查和修改，比如图 5-62 中 P1 到 LCD1 的连线有缺陷。

5.2.6.7　手动修改布线

层显示控制如图 5-63 所示。

自动布线提供了一个简单而强大的布线功能，但自动布线存在一些问题，如走线凌乱、拐弯较多、舍近求远等。对于一些需要特殊考虑的电气性能，自动布线不能很好地解决，在这些情况下，可以在自动布线情况下进行手动修改，或者进行全部手动布线。

为便于更好地分析走线情况，暂时不去考虑元器件布局、元器件编号、参数、元器件外形等信息，采用单层显示模式，单独查看各层导线的走线情况。

在 PCB 界面下，单击右侧 View Configuration 或者执行命令“视图”（View）→“面板”→“View Configuration”，弹出层显示界面，在 Signal and Plane Layers 可以修改为单层模式。

如图 5-64 所示，存在导线重叠，走线冗余问题。

如图 5-65 所示，存在绕行直角问题。

通过上面分析，基本能知道哪些导线需要修改，但双面板导线修改要兼顾顶层和底层的导线，才能确定修改方案。可以在单层显示模式或者同时显示顶层和底层的情况下修改，

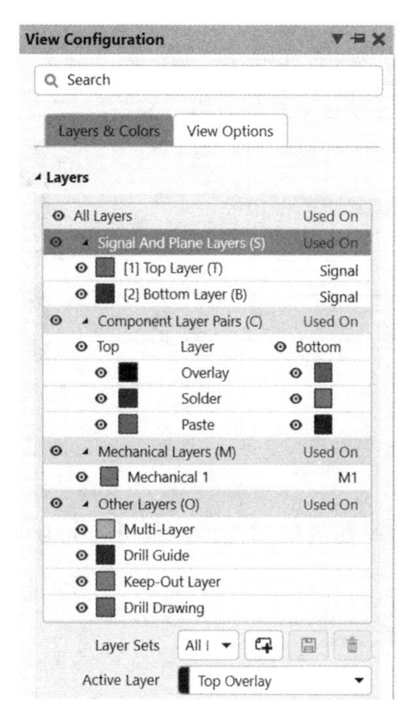

图 5-63 层显示控制

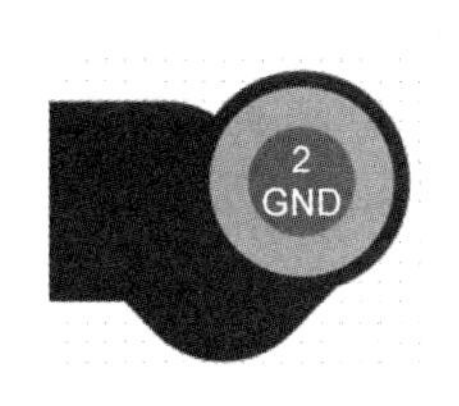

图 5-64 导线重叠，走线冗余

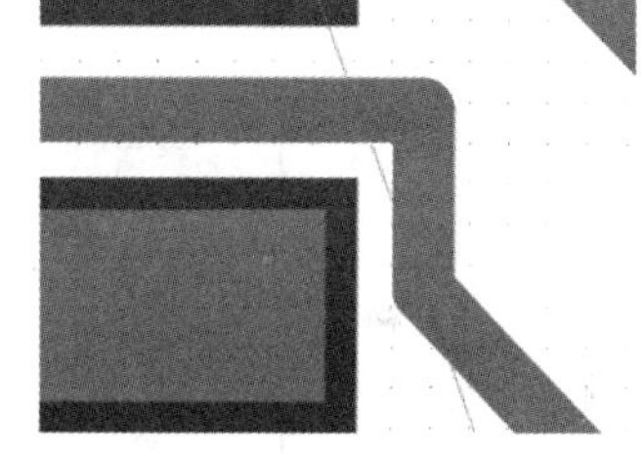

图 5-65 直角走线

单层和双层快捷键切换为同时按下<Shift>和<S>键即可。针对以上分析情况，进行修改操作：

（1）重叠导线，直接删除。

（2）绕行较远的导线，移动元器件，重新布线。

（3）冗余导线的修改。LCD1 导线有冗余线存在，并且是 Bottom Layer 层，在 PCB 编辑界面选中 Bottom Layer 层，直接用快捷键<P>+<T>进行修改。修改后的走线如图 5-66 所示。

扫一扫查看布线与修改

（4）U2 的 NetU1_12 网络有明显的直角走线，找到起止焊盘位置，执行菜单命令放置（Place→Interactive Routing）或直接用快捷键<P>+<T>，即可开始布线，布线完成之后原来的走线会自动消失。直角走线修改后的图形如图 5-67 所示。

（5）顶层导线在走线过程遇到同层导线的阻碍，为继续走线，必须改变层面，在手动绘制过程中改变导线层面的位置应按<+>键，切换依次就会看到一个过孔。一块板子希望

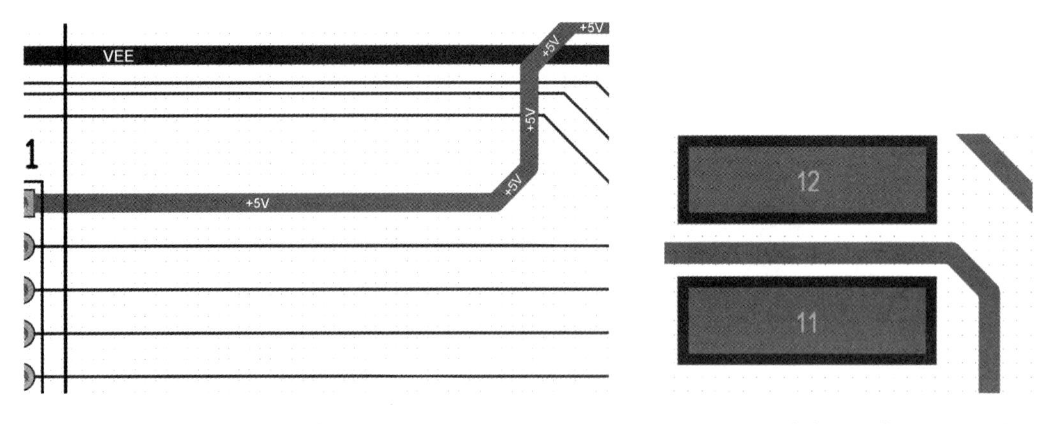

图 5-66　冗余走线的修改　　　图 5-67　直角走线修改后的走线

过孔尽量少点，一方面是因为过孔越少则在规定尺寸上可供布线的空间越多，另一方面是因为可降低工艺成本。

特别提示：

修改顶层走线必须将顶层作为当前工作层，修改底层走线必须将底层作为当前工作层。

反复手动调整元器件位置，修改布线，效果如图 5-68 所示。布线的调整不会一步到位，走线修改是一项艰巨的工作，往往需要结合局部调整元器件。

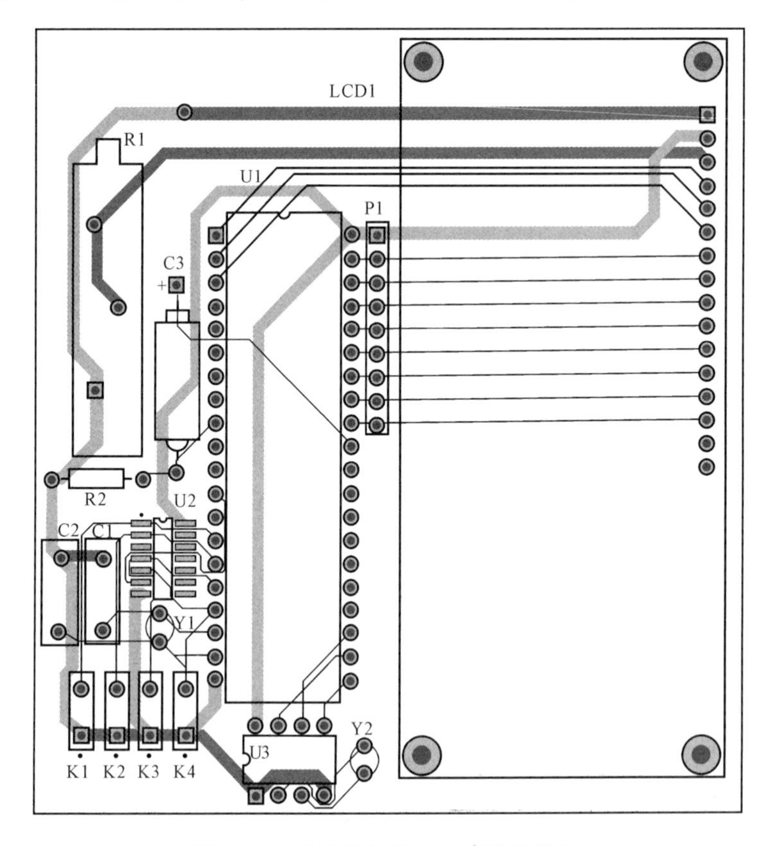

图 5-68　单片机电路 PCB 布线效果图

小结

本项目使读者学会在工程中建立 PCB 文件，在 PCB 设计中，能排除错误并将 SCH 元器件封装和网络关系载入到 PCB 中，会手动布局元器件，根据要求设置布线规则，根据原理图连接 PCB 元器件焊盘网络，掌握基本的手动连线方法，学会 PCB 元器件库的制作，学会基本的 PCB 布线流程。

习题

5-1　在 D 盘下建立一个 Test 文件夹，并完成 PCB 文件的建立，保存在 Test 文件夹中。

5-2　在布线规则中设定好布线要求后，手动连线会按照要求执行吗？

5-3　在 PCB 设计中，同一层面的导线能相互交叉吗？为什么？

5-4　新建 PCB 封装库，有哪些注意事项？

5-5　新建一个图 5-69 所示的封装库。

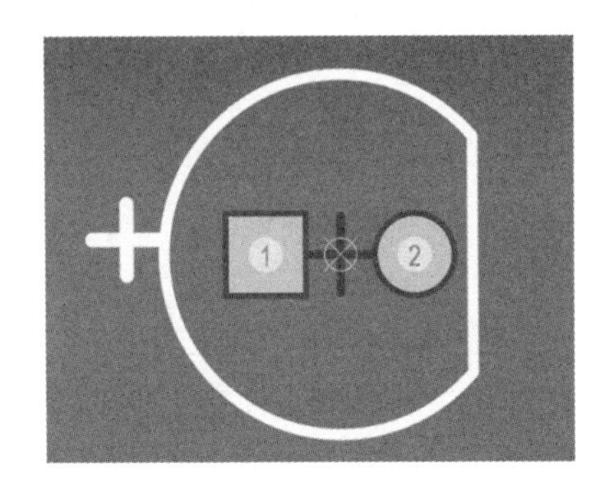

图 5-69　封装库

项目 6　STM32 电路多层 PCB 设计

【教学方式】

采用项目引领、任务驱动方式，教师授课采取理论讲授、技能操作演示，学生边学边做的方式完成任务，建议学时为 25~30 学时。

【教学目标】

知识目标

- 掌握常见原理图到 PCB 处理方法；
- 理解布局基础知识；
- 掌握 PCB 规则设计知识；
- 掌握 PCB 集成库；
- 理解多层板设计知识。

扫一扫查看
项目 6 原理图

技能目标

- 能完成多层板设计；
- 能制作 PCB 集成库；
- 能完成 PCB 布局；
- 能制定 PCB 规则；
- 能完成 PCB 铺铜；
- 能完成 PCB 生产报表文件的输出。

【项目任务】

绘制图 6-1 所示 STM32 电路原理图并绘制 4 层 PCB 印制电路板，完整电路图可以参考二维码。

图 6-1 是顶层框图，绘制方式参考项目 4。图 6-2 为无电气特性的框图，表示的是整个电路信号的流向，相当于注释说明的功能，并不表示实际的电气连接，执行菜单命令“放置”→“绘图工具”，选择矩形框和线条即可实现。

图 6-3~图 6-10 原理图均为 STM32F103. SchDoc 页面的原理图，要求绘制在一张原理图中，由于显示篇幅限制，此处分开，图 6-11~图 6-15 要求绘制在一张原理图 PowerAndInterface. SchDoc 中。

为差分对指示符，为 NO ERC 指示符，均在菜单命令“放置”→“指示”下选择放置。T26 是测试点，用于后期测试使用，其封装类型后面用表格给出，可以不放置。

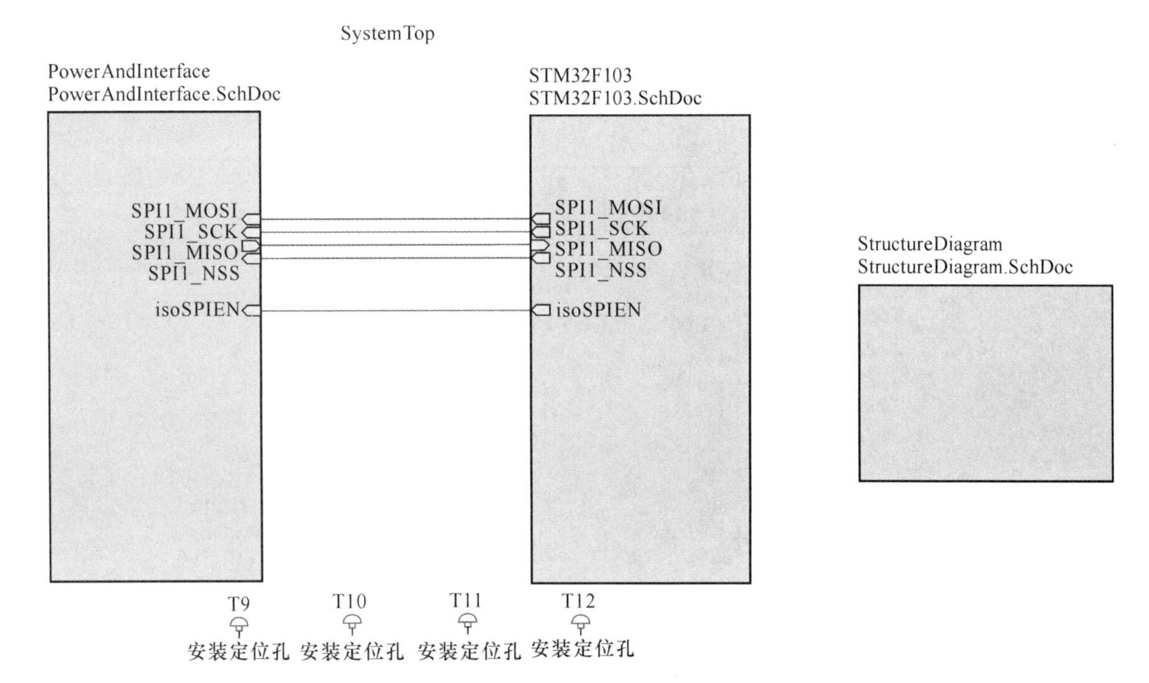

图6-1　STM32原理图顶层

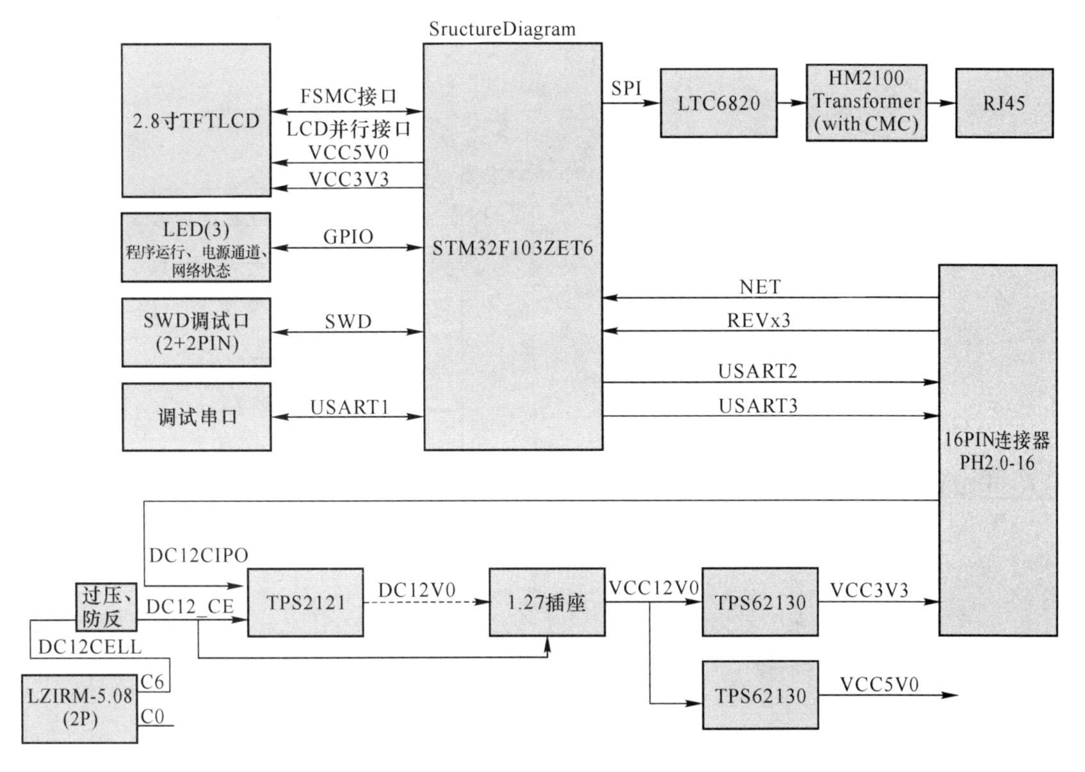

图6-2　Structure框图

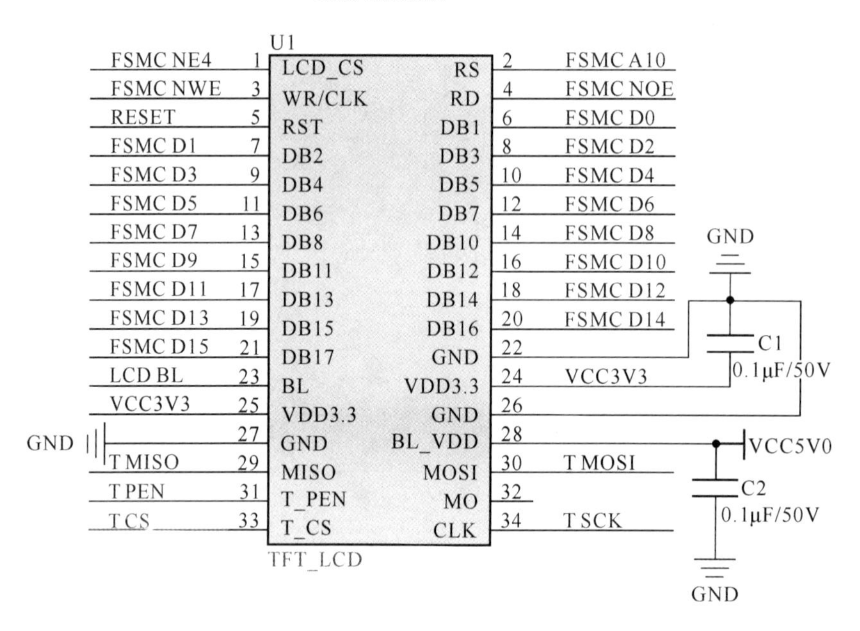

图 6-3　LCD 接口

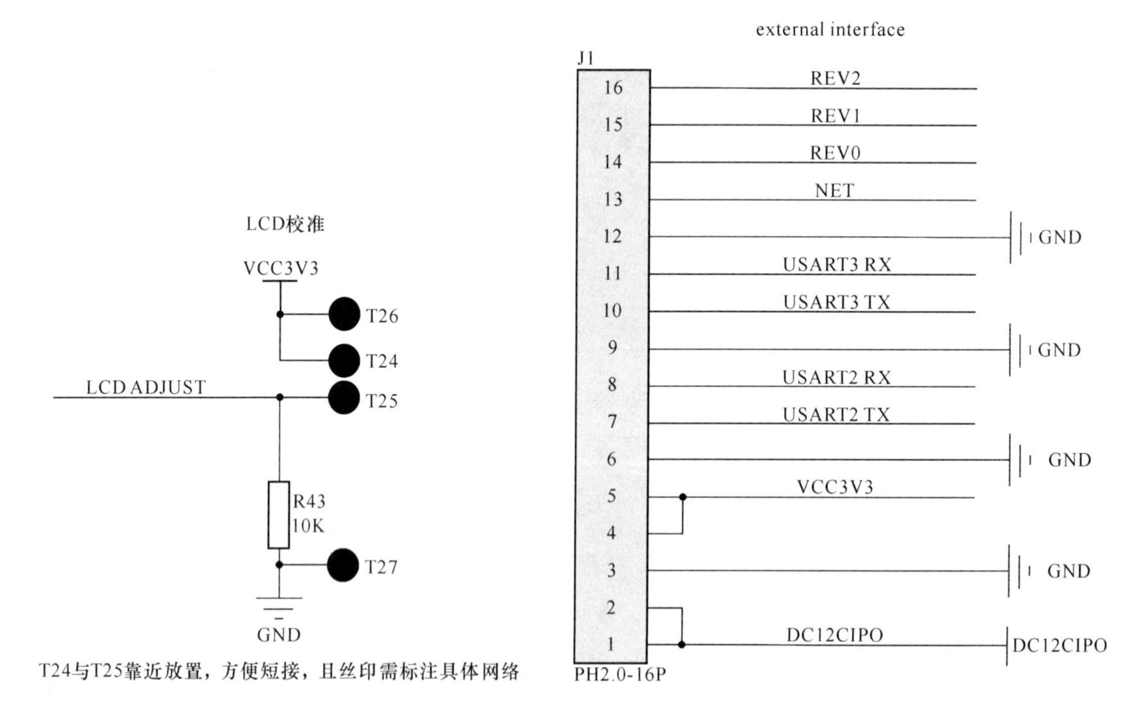

图 6-4　LCD 校准

图 6-5　外部接口

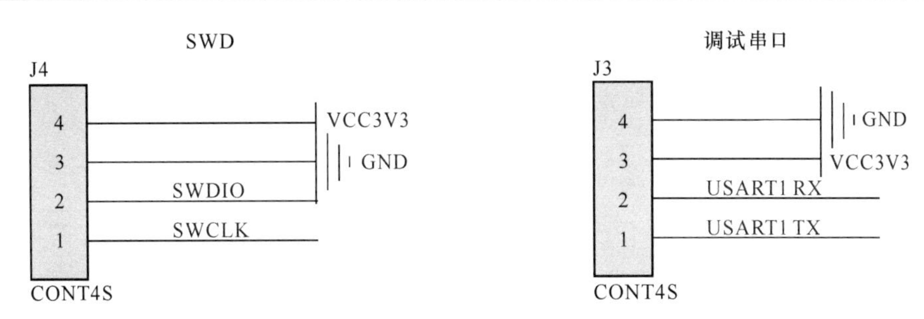

图 6-6　SWD 与调试口

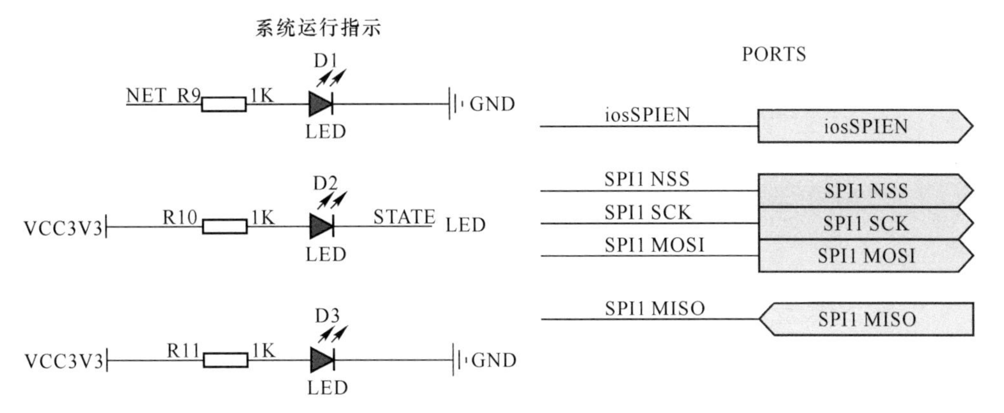

图 6-7　系统运行指示与 PORTS

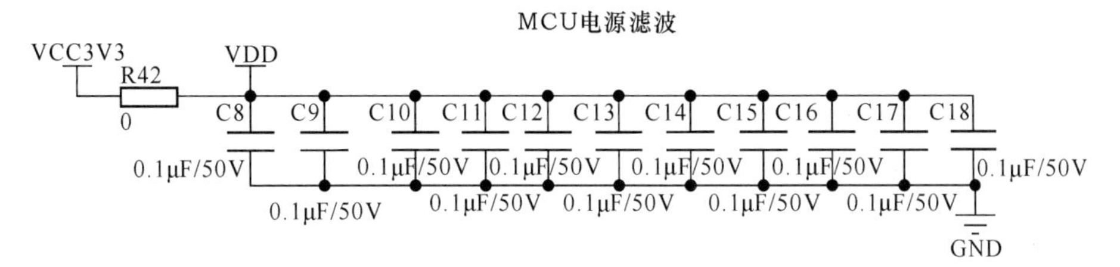

图 6-8　MCU 滤波电容

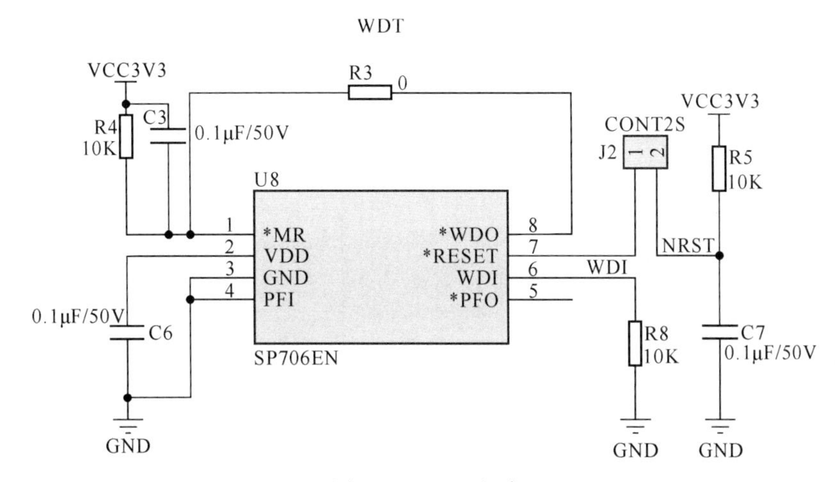

图 6-9　WDT 电路

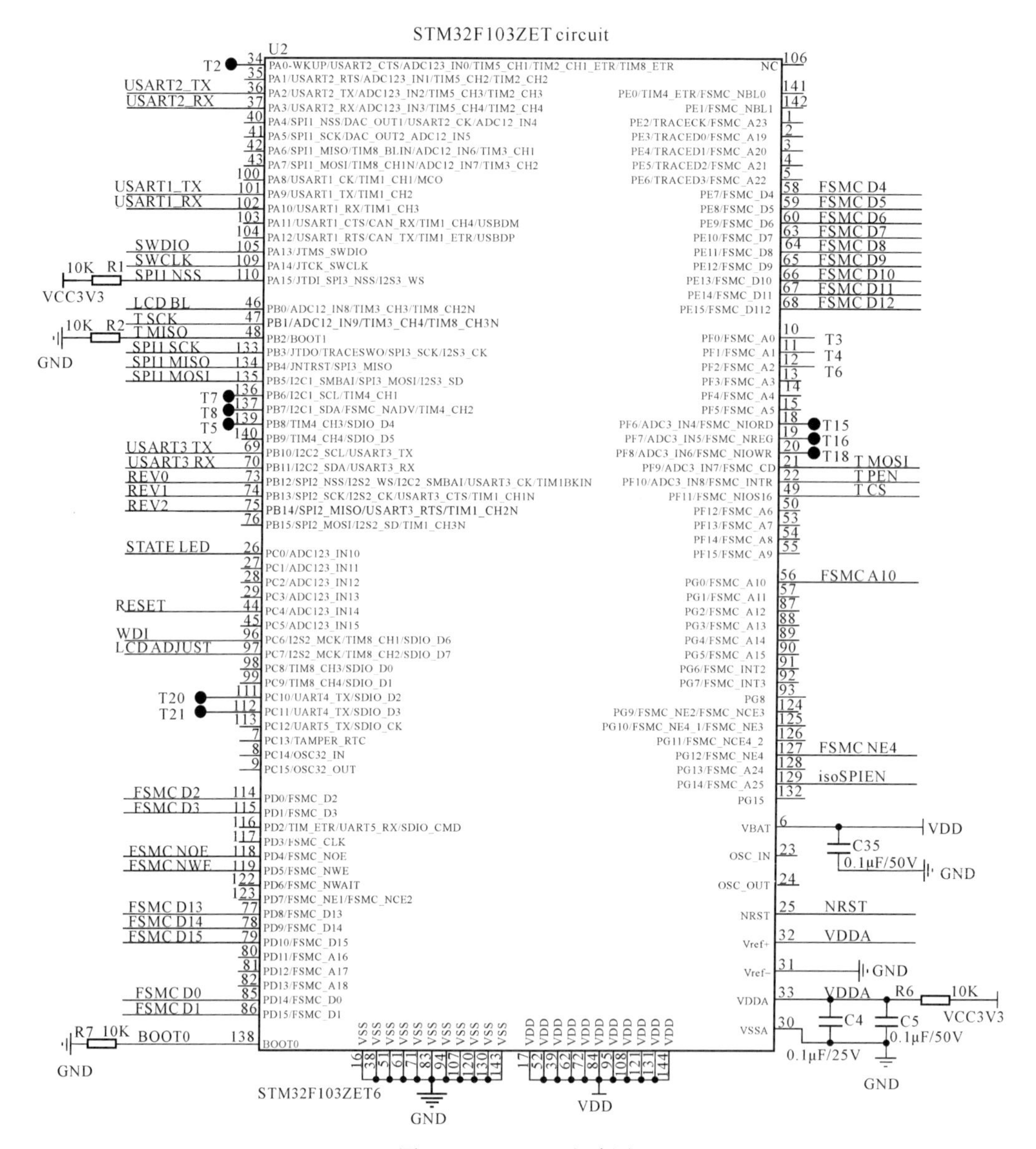

图 6-10　STM32 电路图

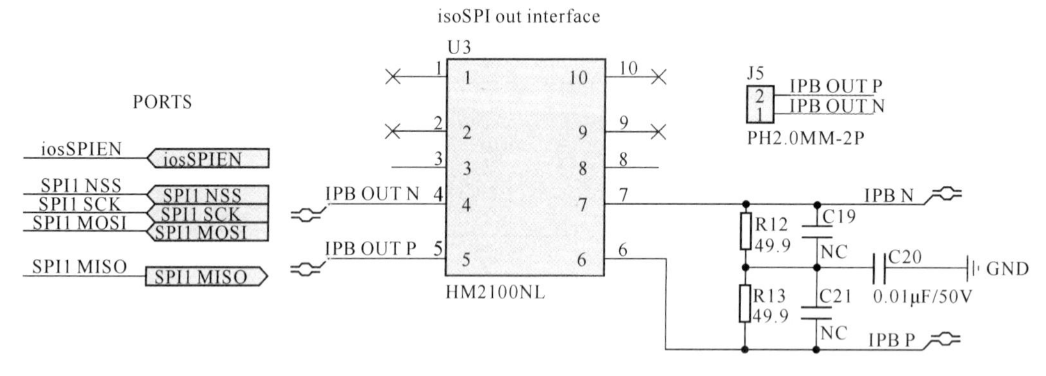

图 6-11　PORTS 和 SPI 输出接口

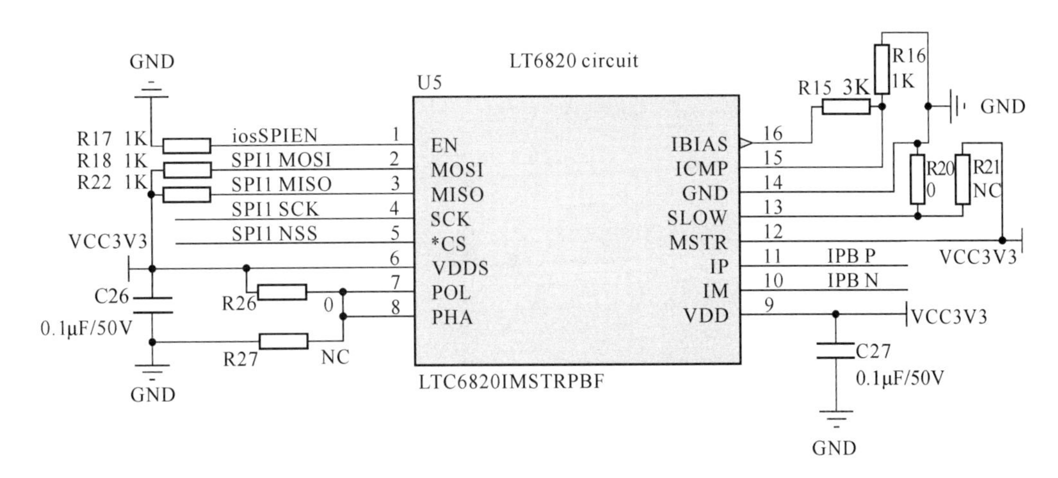

图 6-12　LT6820 电路

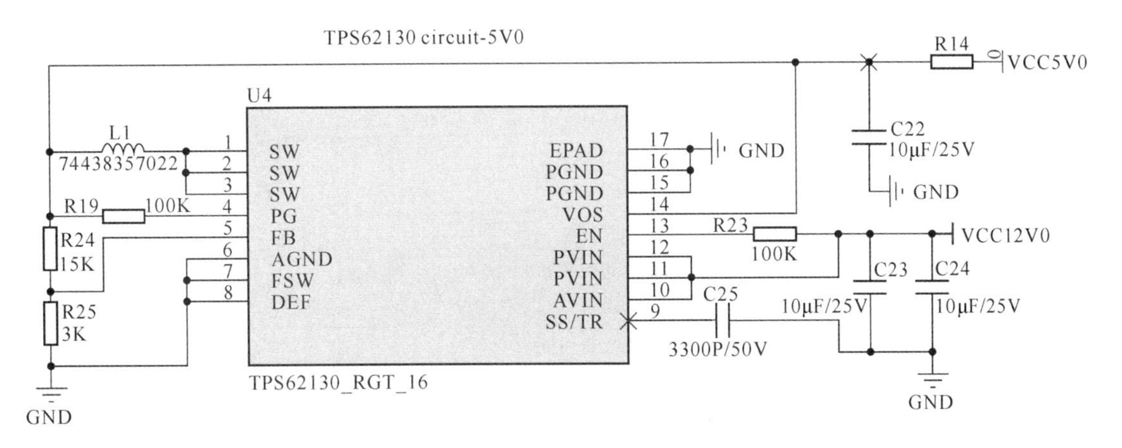

图 6-13　TPS621305V 电路

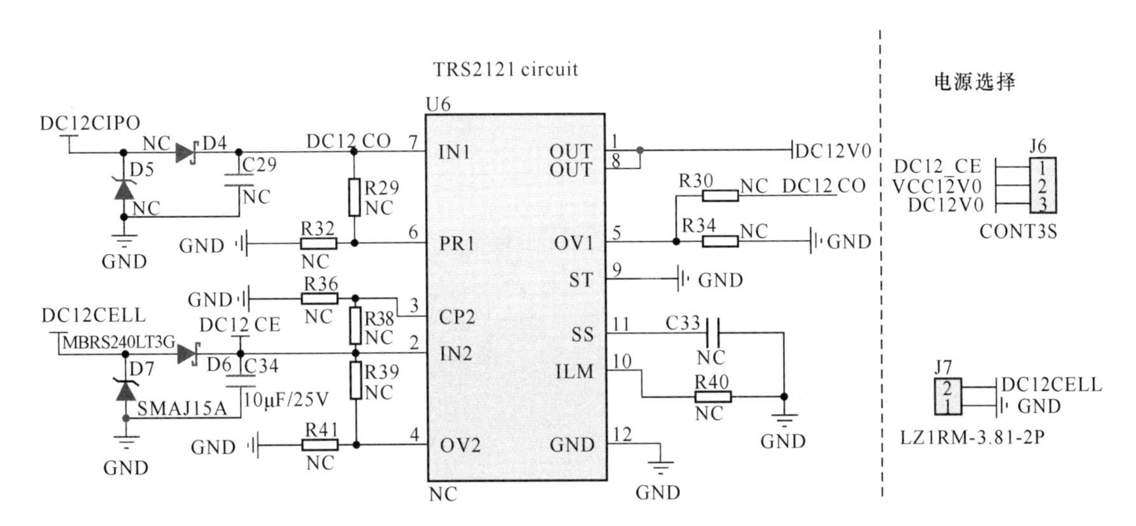

图 6-14　TPS DC12 及电源选择电路

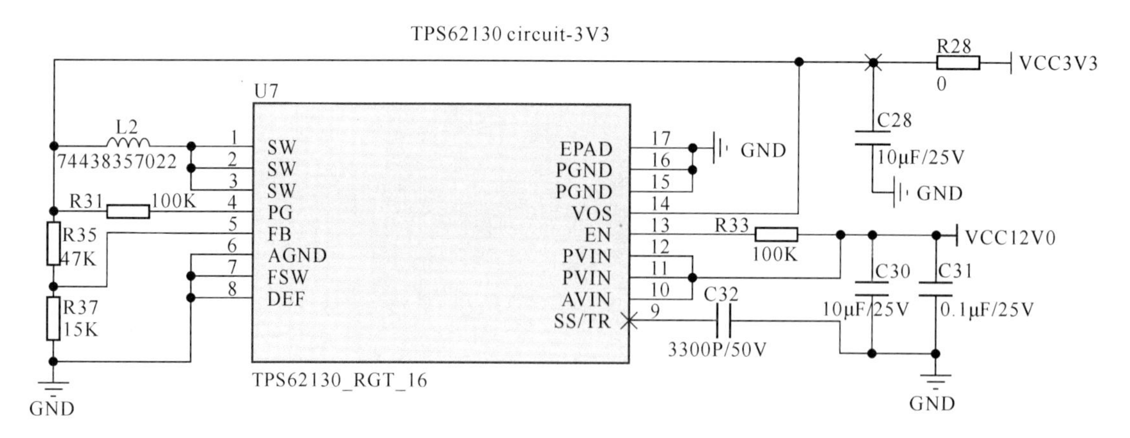

图 6-15 TPS 3.3V 电路

该电路原理图参考 BOM 表见表 6-1。

表 6-1 BOM 表

Comment	Description	Designator	Footprint	LibRef	Quantity
0.1μF/50V	0.1	C1～C3，C5～C18，C24，C26，C27，C31，C35	0603	C_贴片	22
10μF/25V	0.1	C4，C22，C23，C28，C30，C34	0603	C_贴片	6
NC	0.1，[NoValue]	C19，C21，C29，C33，R21，R27，R29，R30，R32，R34，R36，R38～R41	0603	C_贴片，R_贴片	15
0.01μF/50V	0.1	C20	0603	C_贴片	1
3300pF/50V	0.1	C25，C32	0603	C_贴片	2
LED		D1，D2，D3	RB0.1/M5	LED	3
NC	MBRS240LT3G 7227 ON	D4	SMD-0.1	MBRS240LT3G	1
NC		D5	DO-214AC	SMAJ58A	1
MBRS240LT3G	MBRS240LT3G 7227 ON	D6	SMD-0.1	MBRS240LT3G	1
SMAJ15A		D7	DO-214AC	SMAJ58A	1
PH2.0-16P	CONNECTOR	J1	PH2.0MM-16P	CONT16S	1
CONT2S	CONNECTOR	J2	2.54SV-2	CONT2S	1
CONT4S	CONNECTOR	J3，J4	1.27SV-4	CONT4S	2
PH2.0MM-2P	CONNECTOR	J5	PH2.0MM-2P	CONT2S	1
CONT3S	CONNECTOR	J6	2.54SV-3	CONT3S	1
LZ1RM-3.81-2P	CONNECTOR	J7	LZ1RM-3.81-2P	CONT2S	1

续表 6-1

Comment	Description	Designator	Footprint	LibRef	Quantity
74438357022		L1，L2	74438357022	L_通用	2
10kΩ		R1，R2，R4~R8，R43	0603	R_贴片	8
0		R3，R14，R20，R26，R28，R42	0603	R_贴片	6
1kΩ		R9~R11，R16，R17，R18，R22	0603	R_贴片	7
49.9		R12，R13	0603	R_贴片	2
3kΩ		R15，R25	0603	R_贴片	2
100kΩ		R19，R23，R31，R33	0603	R_贴片	4
15kΩ		R24，R37	0603	R_贴片	2
47kΩ		R35	0603	R_贴片	1
测试点		T2~T8，T15，T16，T18，T20，T21，T24~T27	M1-T	测试点	16
安装定位孔	安装螺钉	T9，T10，T11，T12	M6-NPTH	安装定位孔	4
TFT_LCD		U1	DB2 * 17-2.8	TFT_LCD	1
STM32F103ZET6	STM32F103ZET6	U2	LQFP144	STM32F103ZET6	1
HM2100NL		U3	HM2100NL	HM2100NL	1
TPS62130_RGT_16	Imported	U4，U7	RGT16_1P7X1P7	TPS62130_RGT_16	2
LTC6820IMSTRPBF	Imported	U5	MSOP-16_MS	LTC6820IMSTRPBF	1
NC	Imported	U6	RUX0012A	TPS2121RUXR	1
SP706EN	Imported	U8	SOIC-8	SGM706	1

读者可以通过自制原理图封装或者直接调用原理图库中的封装绘制该原理图。

6.1　理论知识学习

6.1.1　布线规则

对于 PCB 的设计，Altium Designer 提供了详尽的 10 种不同的设计规则，这些设计规则包括导线放置、导线布线方法、元器件放置、布线规则、元器件移动和信号完整性等规则。根据这些规则，Altium Designer 20 进行自动布局和自动布线。布线是否成功和布线质量的高低很大程度上取决于设计规则的合理性，也依赖于用户的设计经验。

对于具体的电路可以采用不同的设计规则，如果是设计双面板，很多规则可以采用系统默认值，系统默认值就是对双面板进行布线的设置。

下面对布线规则进行讲解。

6.1.1.1　设计规则设置

进入设计规则设置对话框的方法是在 PCB 电路板编辑环境下，从 Altium Designer 20 的主菜单中执行菜单命令“设计”（Design）→“规则”（Rules…），系统将弹出图 6-16 所示的 PCB 设计规则和约束（PCB Rules and Constraints Editor）对话框。

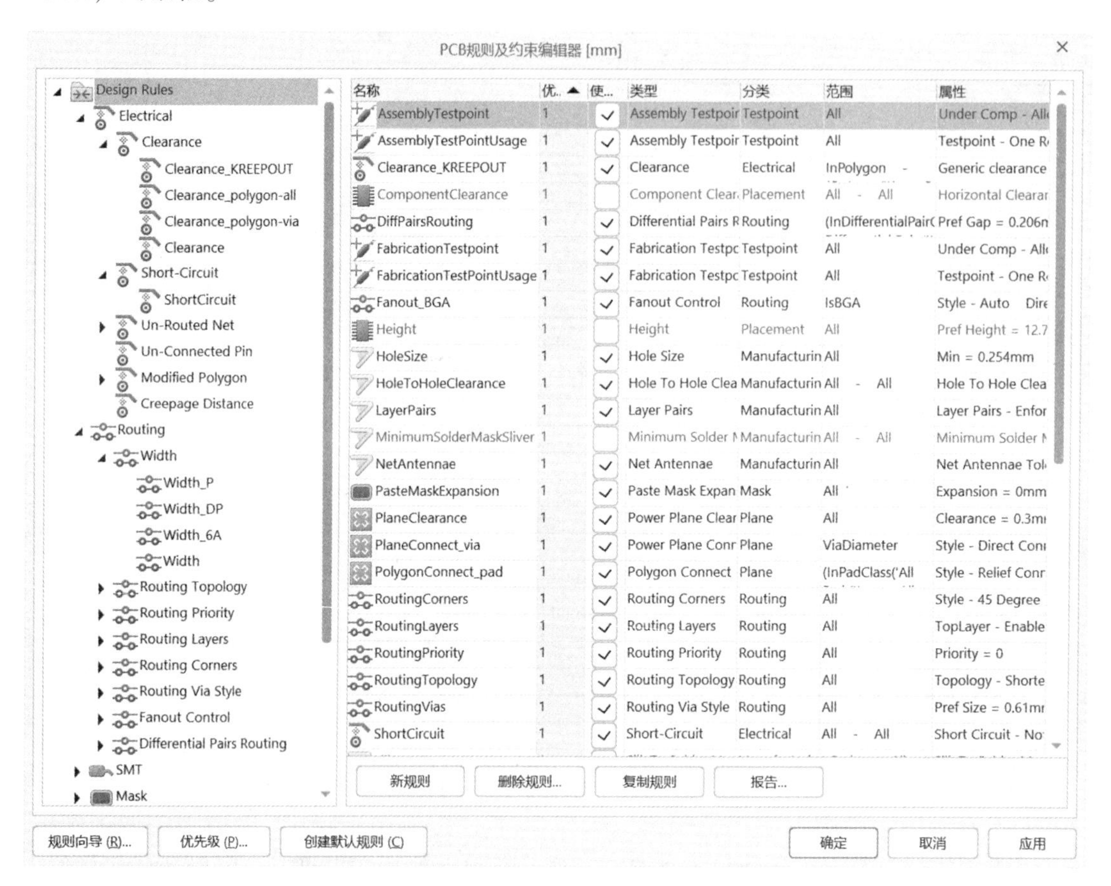

图 6-16　PCB 设计规则和约束对话框

该对话框左侧显示的是设计规则的类型，共分 10 类。左边列出的是 Design Rules（设计规则），其中包括 Electrical（电气类型）、Routing（布线类型）、SMT（表面粘着元器件类型）规则等，右边则显示对应设计规则的设置属性。

该对话框左下角有按钮“优先级”（Priorities），单击该按钮，可以对同时存在的多个设计规则设置优先权的大小。

对这些设计规则的基本操作有：新建规则、删除规则、导出和导入规则等。可以在左边任一类规则上用鼠标右键单击鼠标，将会弹出图 6-17 所示的菜单。

新规则...
重复的规则
删除规则...
报告...
Export Rules...
Import Rules...

图 6-17　规则基本操作

在该设计规则菜单中，新规则是指新建立一个规则；重复的规则是指复制一个和上一条规则一样的规则，删除规则是删除当前已经存在的规则；Export Rules 是将规则导出，将以 . rul 为后缀名导出到文件中；Import Rules 是从文件中导入规则，和导出一样使用 . rul 后缀；导出或者导入都需要进行规则选择，如图 6-18 所示；Report ……选项，将当前规则以报告文件的方式给出。

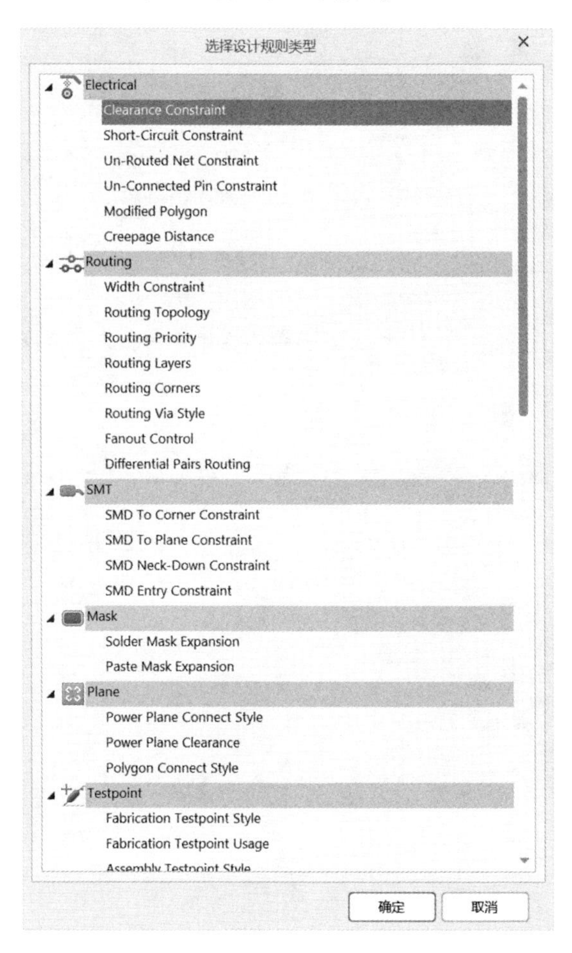

图 6-18 导入/导出规则选择

下面将分别介绍各类设计规则的设置和使用方法。

6.1.1.2 电气设计规则

Electrical（电气设计）规则是设置电路板在布线时必须遵守的，包括安全距离、短路允许等几个方面的设置。

（1）Clearance（安全距离）选项区域设置。

安全距离设置的是 PCB 电路板在布置铜膜导线时，元器件焊盘和焊盘之间、焊盘和导线之间、导线和导线之间的最小的距离。

下面以新建一个安全规则为例，简单介绍安全距离的设置方法。

1）在 Clearance 上用鼠标右键单击，从弹出的快捷菜单中选择“新规则”（New Rule）选项，如图 6-19 所示。

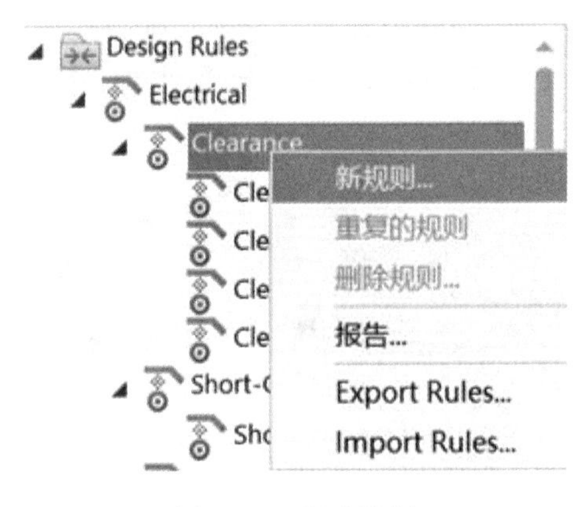

图 6-19　新建规则

系统将自动以当前设计规则为准，生成名为 Clearance_1 的新设计规则，其设置对话框如图 6-20 所示。

	Track	SMD Pad	TH Pad	Via	Copper	Text
Track	8					
SMD Pad	8	8				
TH Pad	8	8	8			
Via	8	8	8	8		
Copper	8	8	8	8	8	
Text	8	8	8	8	8	8

图 6-20　新建 Clearance_1 设计规则

2）在 Where The First Object Matches 选项区域中选定一种电气类型。在这里选定 Net 单选项，同时在下拉菜单中选择在设定的任一网络名。

3）同样的，在 Where The Second Object Matches 选项区域中也选定 Net 单选项，从下拉菜单中选择另外一个网络名。

4）在约束（Constraints）选项区域中的最小间距（Minimum Clearance）文本框里输入 8mil 。这里 mil 为英制单位，1mil = 0. 0254mm。文中其他位置的 mil 也代表同样的长度单位。在不同网络类型（Different Nets Only）那里可以选择各种选项，其中默认是 Different

Nets Only，如图 6-21 所示。

5）忽略同一封装内的焊盘间距是指一个元器件自身的间距忽略不做检测，对于一些比较特殊的焊盘间距较小的元器件常设置该规则。

6）简单和高级选项，高级相比简单多一些图形间距设置。

7）单击“确定”按钮，将退出设置，系统自动保存更改。

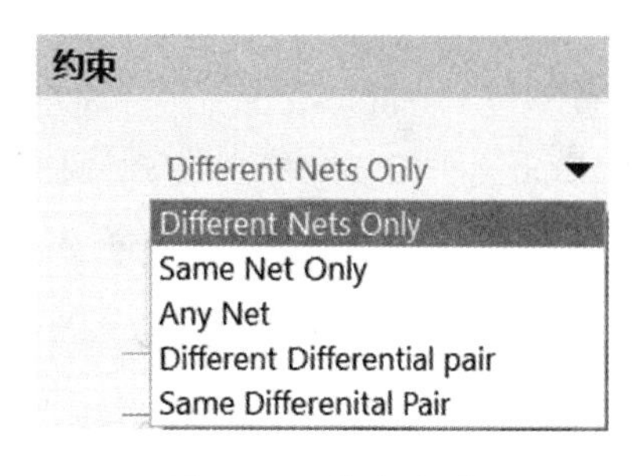

图 6-21 约束选项

（2）Short Circuit（短路）选项区域设置。

短路设置就是是否允许电路中有导线交叉短路。设置方法同上，系统默认不允许短路，即取消允许短路（Allow Short Circuit）复选项的选定，如图 6-22 所示。

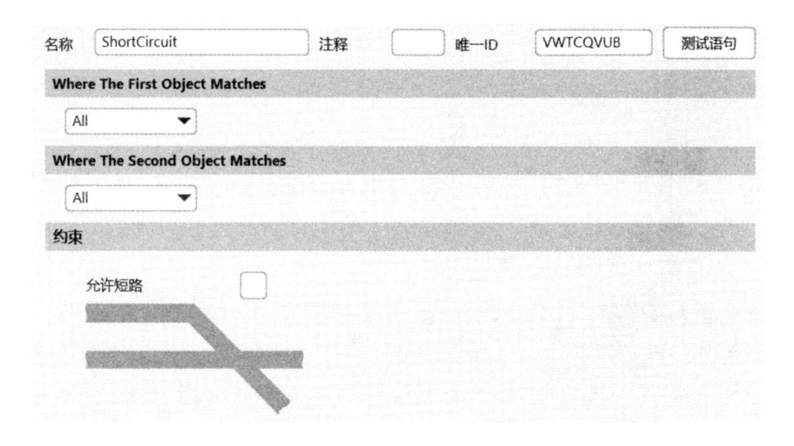

图 6-22 短路是否允许设置

（3）Un-Routed Net（未布线网络）选项区域设置。

可以指定网络、检查网络布线是否成功，如果不成功，将保持用飞线连接。

（4）Un-connected Pin（未连接引脚）选项区域设置。

对指定的网络检查是否所有元器件引脚都连线了。

（5）UnpouredPolygon（未浇筑的多边形）。

该规则检测仍搁置或已修改但尚未浇注的多边形，允许搁置-如果启用，则属于该设计规则范围且当前已搁置的所有多边形将不会被标记为违规；允许修改-如果启用，则属于此设计规则范围内且当前已修改但尚未重新浇筑的所有多边形将不会被标记为违规。

（6）Creepage Distance（爬电距离）。

当第一个对象上的任何点等于或小于到第二个对象上的任何点的距离时，会标记为违反规则。

6.1.1.3 布线设计规则

Routing（布线设计）规则主要有如下几种。

（1）Width（导线宽度）选项区域设置。

导线的宽度有三个值可以设置，分别为 Max width（最大宽度）、Preferred Width（最佳宽度）、Min width（最小宽度）三个值，如图 6-23 所示。系统对导线宽度的默认值为 10mil，单击每个项直接输入数值进行更改。这里采用系统默认值 8mil 设置导线宽度。

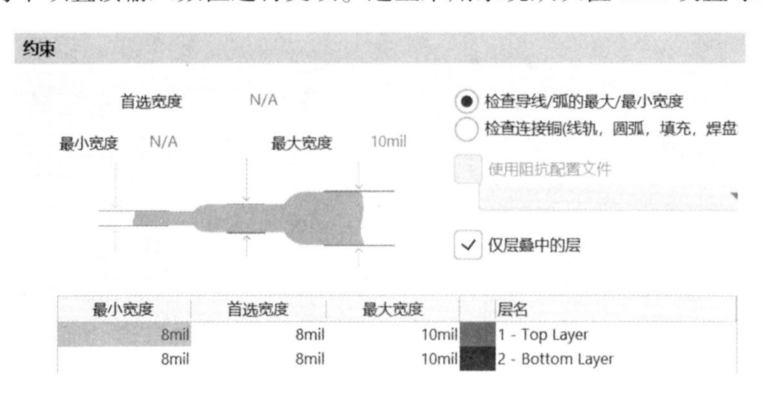

图 6-23　设置导线宽度

（2）Routing Topology（布线拓扑）选项区域设置。

拓扑规则定义采用的是布线的拓扑逻辑约束。Altium Designer 20 中常用的布线约束为统计最短逻辑规则，用户可以根据具体设计选择不同的布线拓扑规则。Altium Designer 20 提供了以下几种布线拓扑规则。

1）Shortest（最短）规则设置。最短规则设置如图 6-24 所示，从 Topology 下拉菜单中选择 Shortest 选项，该选项的定义是在布线时连接所有节点的连线最短规则。

2）Horizontal（水平）规则设置。水平规则设置如图 6-25 所示，从 Topology 下拉菜单中选择 Horizontal 选项。它采用连接节点的水平连线最短规则。

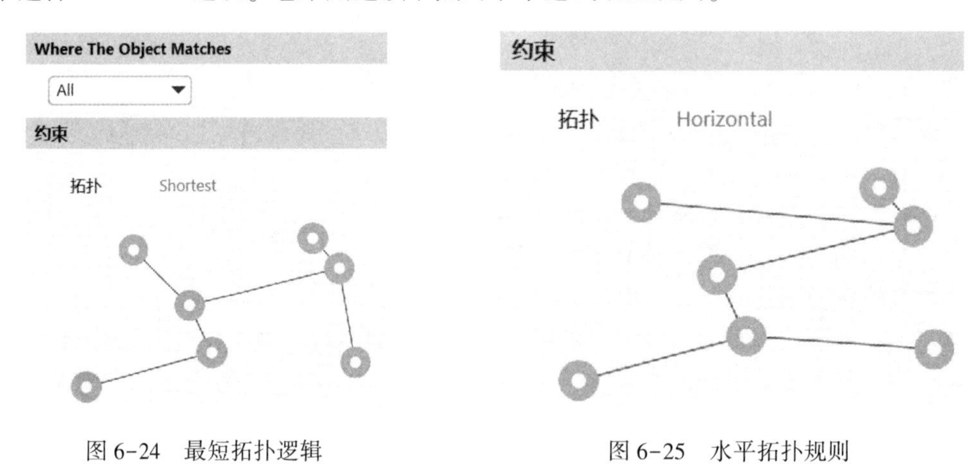

图 6-24　最短拓扑逻辑　　　　图 6-25　水平拓扑规则

3）Vertical（垂直）规则设置。垂直规则设置如图 6-26 所示，从 Topology 下拉菜单中选择 Vertical 选项。它采用的是连接所有节点，在垂直方向连线最短规则。

4）Daisy Simple（简单菊花链）规则设置。简单菊花链规则设置如图 6-27 所示，从 Topology 下拉菜单中选择 Daisy Simple 选项。它采用的是使用链式连通法则，从一点到另一点连通所有的节点，并使连线最短。

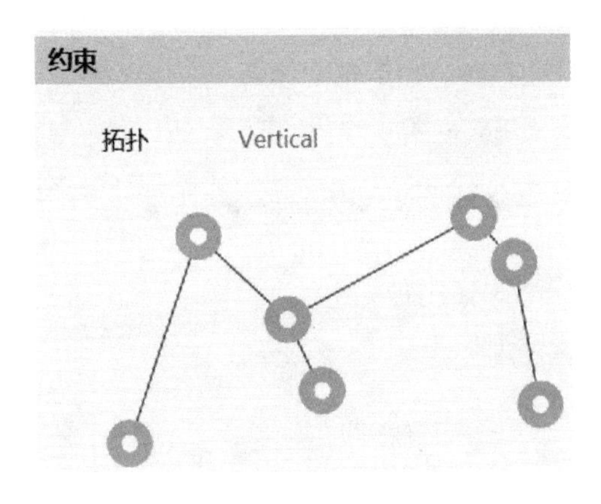

图 6-26 垂直拓扑规则

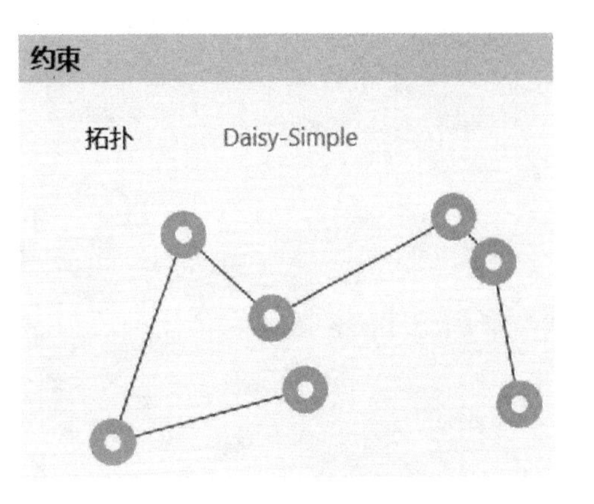

图 6-27 简单菊花链规则

5）Daisy-MidDriven（中间向外的菊花链形）规则设置。雏菊中点规则设置如图 6-28 所示，从 Topology 下拉菜单中选择 Daisy-MidDriven 选项。该规则选择一个 Source（源点），以它为中心向左右连通所有的节点，并使连线最短。

6）Daisy Balanced（平衡菊花链）规则设置。平衡菊花链规则设置如图 6-29 所示，从 Topology 下拉菜单中选择 Daisy Balanced 选项。它也选择一个源点，将所有的中间节点数目平均分成组，所有的组都连接在源点上，并使连线最短。

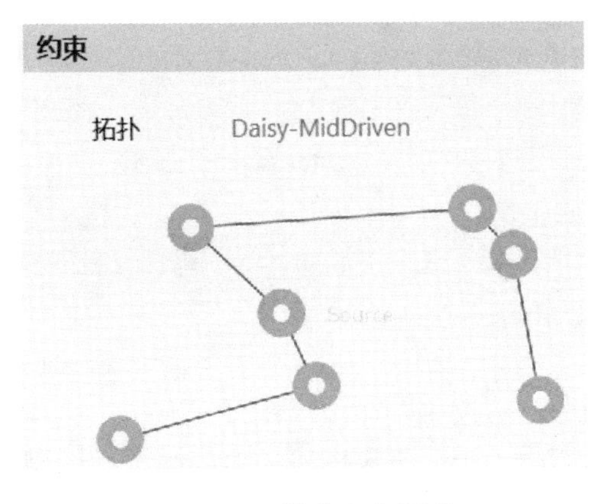

图 6-28 雏菊中点规则

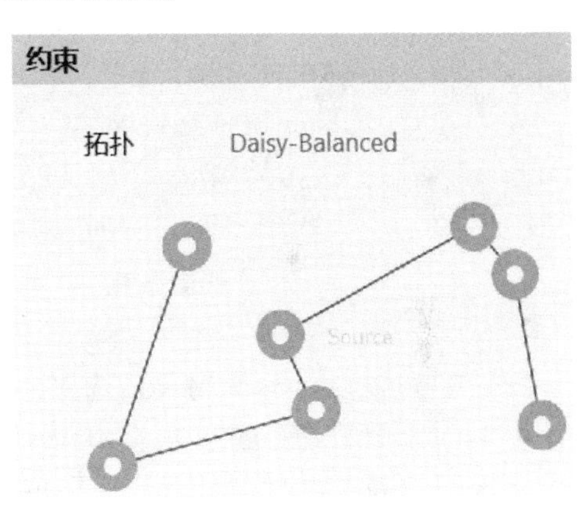

图 6-29 雏菊平衡规则

7）Star Burst（星形）规则设置。星形规则设置如图 6-30 所示，从 Topology 下拉菜单中选择 Star Burst 选项。该规则也是采用选择一个源点，以星形方式去连接别的节点，并使连线最短。

（3）Routing Priority（布线优先级别）选项区域设置。

该规则用于设置布线的优先次序，设置的范围从 0~100，数值越大，优先级越高，如图 6-31 所示。

（4）Routing Layers（布线层）选择区域设置。

该规则设置布线板导的导线走线方法。包括顶层和底层布线层，默认是顶层和底层，如图 6-32 所示。

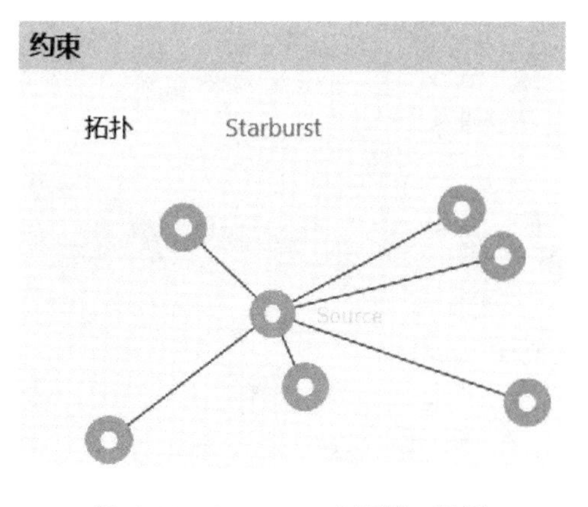

图 6-30　Star Burst（星形）规则

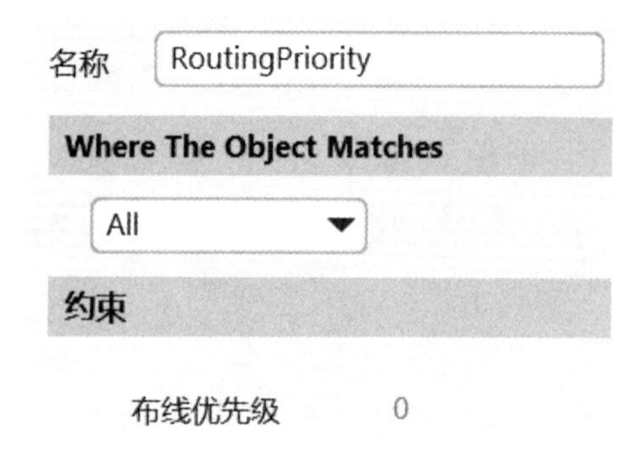

图 6-31　布线优先级设置

由于设计的是双层板，所以只有顶层和底层。如果是四层板，允许中间层布线，则需要添加信号，然后再在这里设置就可以看到相应的中间信号层，如图 6-33 所示。

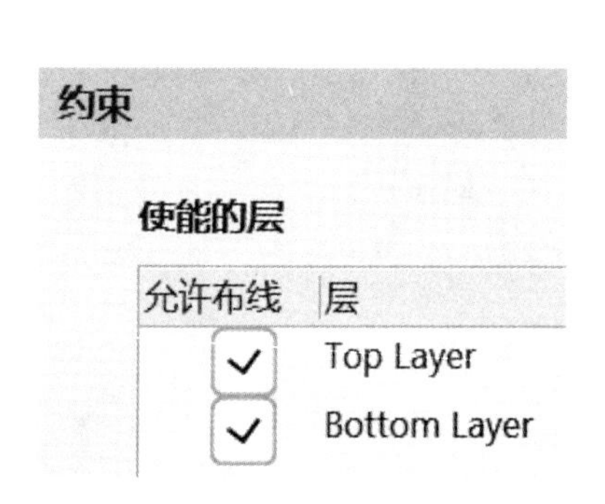

图 6-32　布线层设置

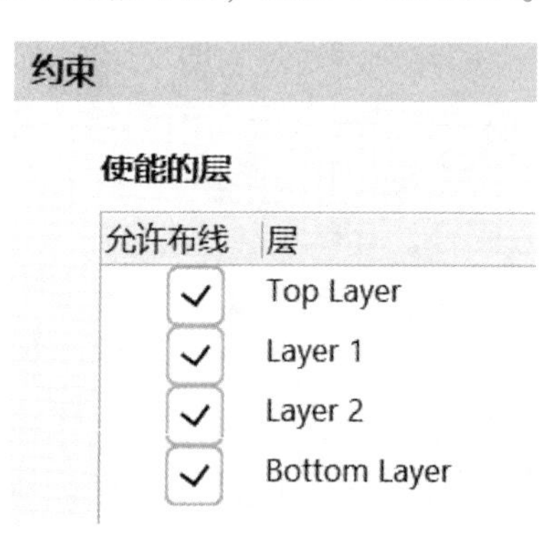

图 6-33　增加中间层的布线层设置

（5）Routing Corners（拐角）选项区域设置。

布线的拐角可以有 45°拐角、90°拐角和圆形拐角三种，如图 6-34 所示。

从 Style 下拉菜单栏中可以选择拐角的类型。如图 6-34 中 Setback 文本框用于设定拐角的长度。“到”（To）文本框用于设置拐角的大小。90°拐角设置如图 6-35 所示，圆形拐角设置如图 6-36 所示。

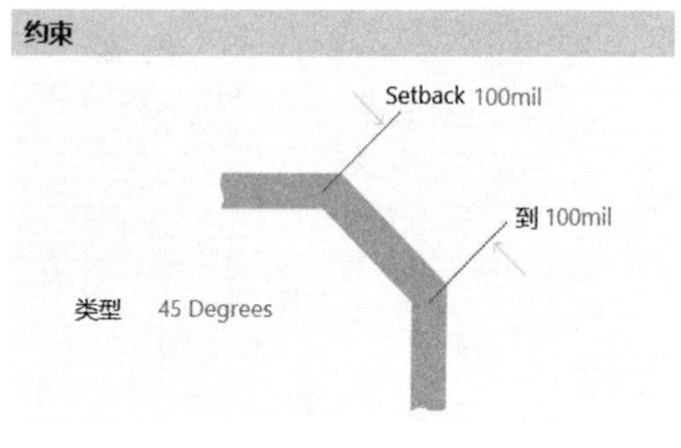

图 6-34　拐角设置

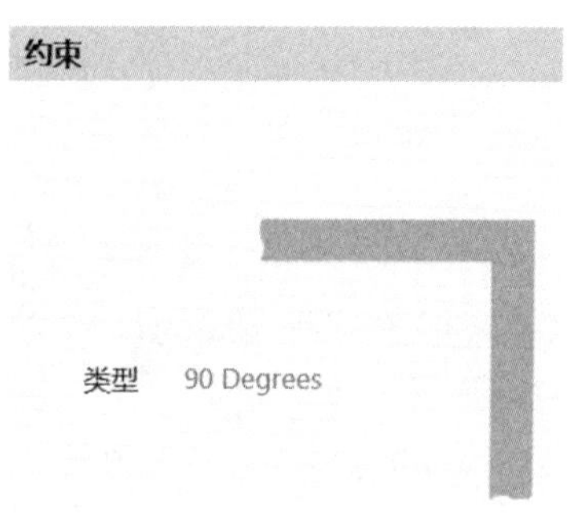

图 6-35　90°拐角设置

（6）Routing Via Style（导孔）选项区域设置。

该规则设置用于设置布线中导孔的尺寸，其界面如图6-37所示。

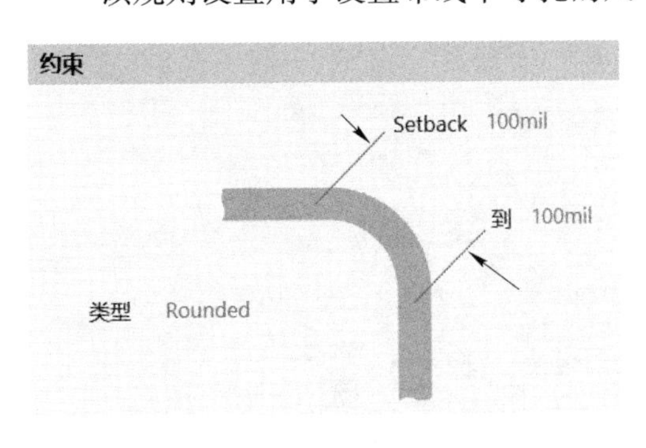

图6-36　圆形拐角设置

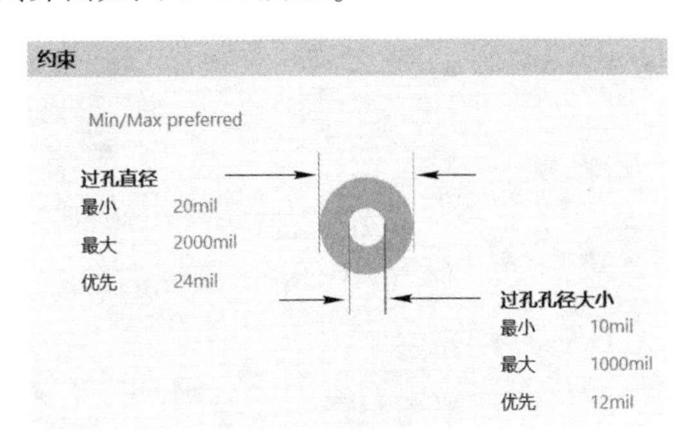

图6-37　导孔设置

可以协调的参数有导孔的直径 Via Diameter 和导孔中的通孔直径 Via Hole Size，包括 Maximum（最大值）、Minimum（最小值）和 Preferred（最佳值）。设置时需注意导孔直径和通孔直径的差值不宜过小，否则将不宜于制板加工。合适的差值在10mil以上。

（7）Fanout Control（扇出控制）选项区域设置。

扇出选项有BGA、LCC、SOIC、Small、默认扇出五种，分别对应相应的封装类型，默认扇出是指没有特别指定的时候的默认参数。扇出包括扇出类型、扇出方向、方向指向焊盘、过孔放置模式等，如图6-38所示。

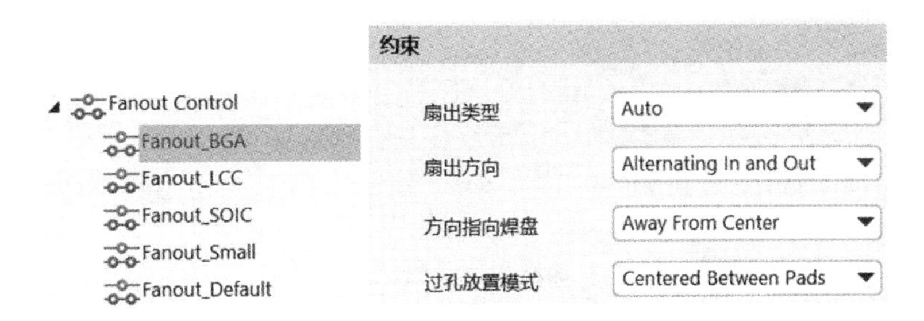

图6-38　扇出选项和约束

（8）Differential Pairs Routing（差分对布线）选项区域设置。

差分对布线设置包括最小导线宽度，最大未耦合长度、最小间隙、优选间隙、最大导线宽度等，一般差分对未耦合长度越小越好，导线宽度保持一致，如果阻抗有变化需要改变间隙，如图6-39所示。

6.1.1.4　SMT（表贴焊盘规则）

该规则用于SMD焊盘到其他对象的间距规则，有如下几种规则。

（1）SMD To Corner（SMD焊盘到拐角）选项设置。

该规则用于SMD焊盘与导线拐角处最小间距。如图6-40所示，默认距离为0mil。

（2）SMD To Plane（SMD焊盘电源层过孔）选项设置。

该规则用于SMD焊盘与电源层过孔最小间距。如图6-41所示，默认距离为0mil。

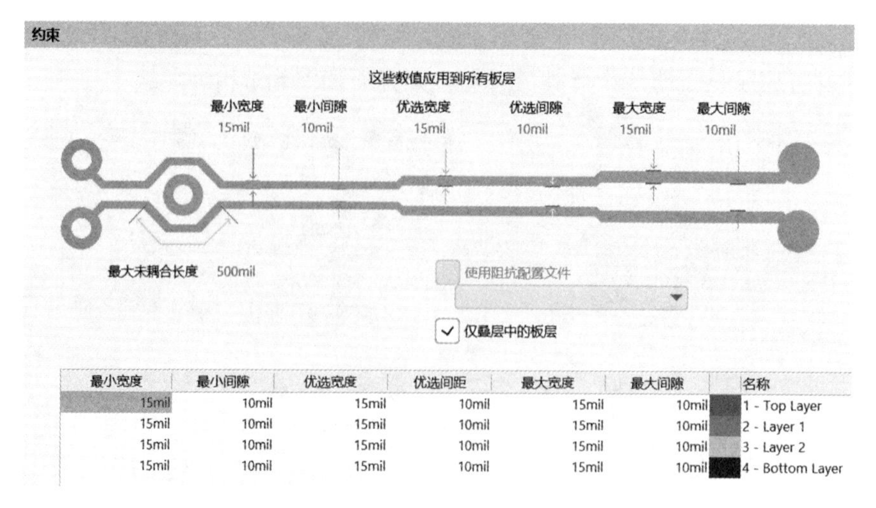

图 6-39　差分对布线设置

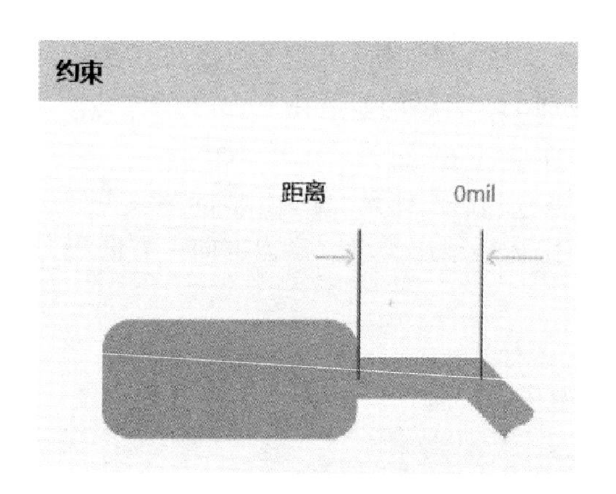

图 6-40　SMD 焊盘到拐角

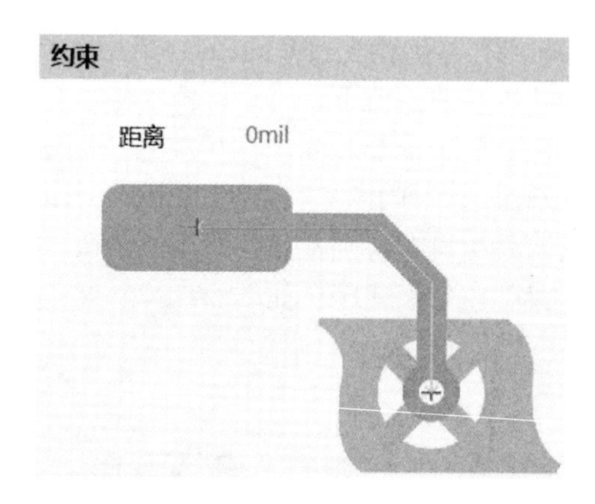

图 6-41　SMD 焊盘到电源层过孔

（3）SMD Neck Down（SMD 焊盘颈缩率）规则。

该规则用于 SMD 焊盘颈部收缩的尺寸。如图 6-42 所示，默认距离为 50%。

（4）SMD Entry（SMD 入口）规则。

该规则指 SMD 导线连接的时候以哪种角度连接到该焊盘，如图 6-43 所示，可以选择任意角度。

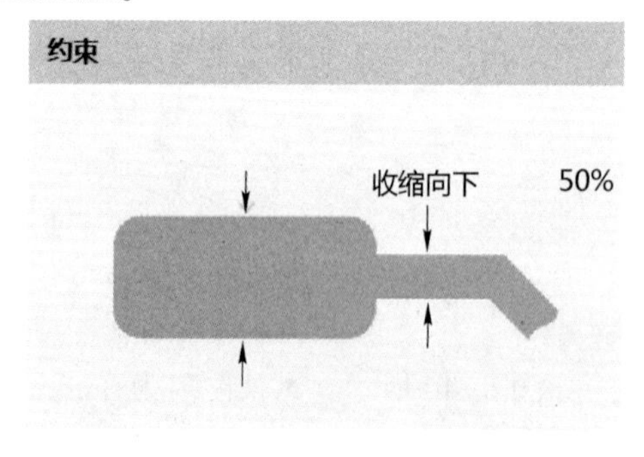

图 6-42　SMD 焊盘颈缩率

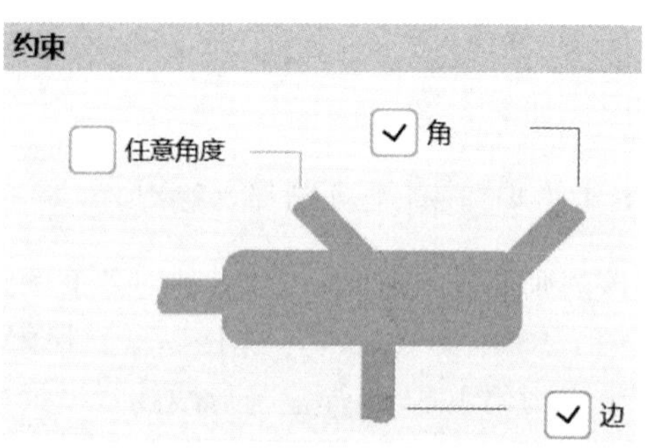

图 6-43　SMD 入口规则

6.1.1.5 阻焊层设计规则

Mask（阻焊层设计）规则用于设置焊盘到阻焊层的距离，有如下几种规则。

（1）Solder Mask Expansion（阻焊层延伸量）选项区域设置。

该规则用于设计从焊盘到阻焊层之间的延伸距离。在电路板的制作时，阻焊层要预留一部分空间给焊盘。这个延伸量就是防止阻焊层和焊盘相重叠，图 6-44 所示系统默认值为 4mil，扩充设置延伸量的大小。

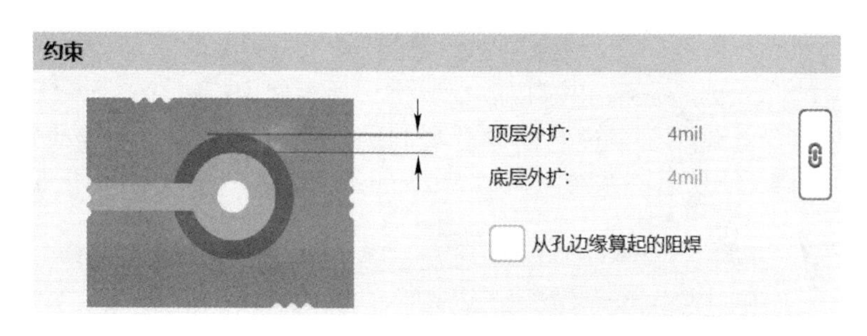

图 6-44 阻焊层延伸量设置

（2）Paste Mask Expansion（表面粘着元器件延伸量）选项区域设置。

该规则设置表面粘着元器件的焊盘和焊锡层孔之间的距离，如图 6-45 所示，图中的扩充设置项为设置延伸量的大小。

6.1.1.6 内层设计规则

Plane（内层设计）规则用于多层板设计中，有如下几种设置规则。

（1）Power Plane Connect Style（电源层连接方式）选项区域设置。

电源层连接方式规则用于设置导孔到电源层的连接，其设置界面如图 6-46 所示。

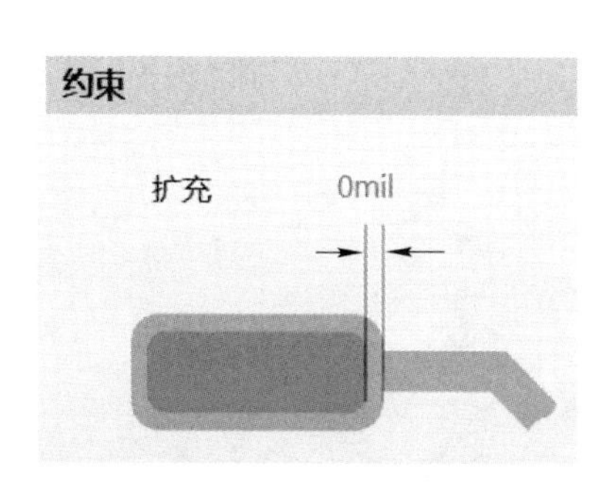

图 6-45 表面粘着元器件延伸量设置

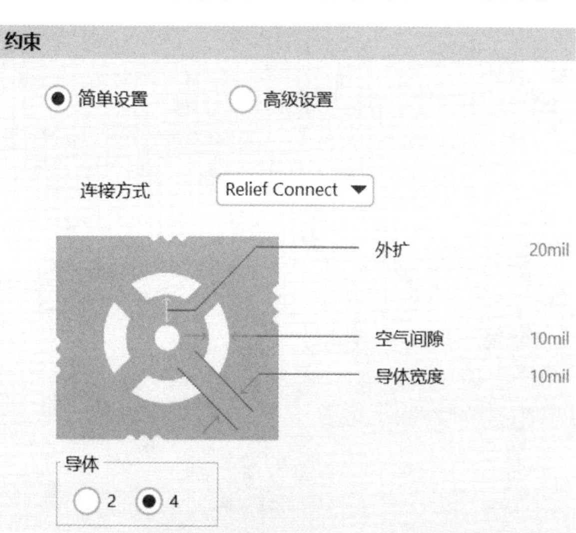

图 6-46 电源层连接方式设置

图中共有 5 项设置，如下所述。

1）Conner Style 下拉列表：用于设置电源层和导孔的连接风格。下拉列表中有 3 个选项可以选择：Relief Connect（发散状连接）、Direct Connect（直接连接）和 No Connect（不连接）。工程制板中多采用发散状连接风格。

2）Expansion（外扩）文本框：用于设置从导孔到空隙的间隔之间的距离。

3）Air-Gap（空气间隙）文本框：用于设置空隙的间隔的宽度。

4）Conductor Width 文本框：用于设置导通的导线宽度。

5）Conductors（导体）复选项：用于选择连通的导线的数目，可以有 2 条或者 4 条导线供选择。

（2）Power Plane Clearance（电源层安全距离）选项区域设置。

该规则用于设置电源层与穿过它的导孔之间的安全距离，即防止导线短路的最小距离，设置界面如图 6-47 所示，系统默认值为 20mil。

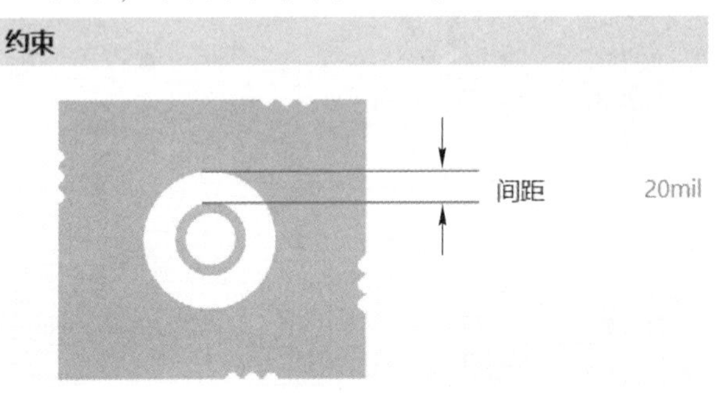

图 6-47　电源层安全距离设置

（3）Polygon Connect Style（敷铜连接方式）选项区域设置。

该规则用于设置多边形敷铜与焊盘之间的连接方式，设置界面如图 6-48 所示。

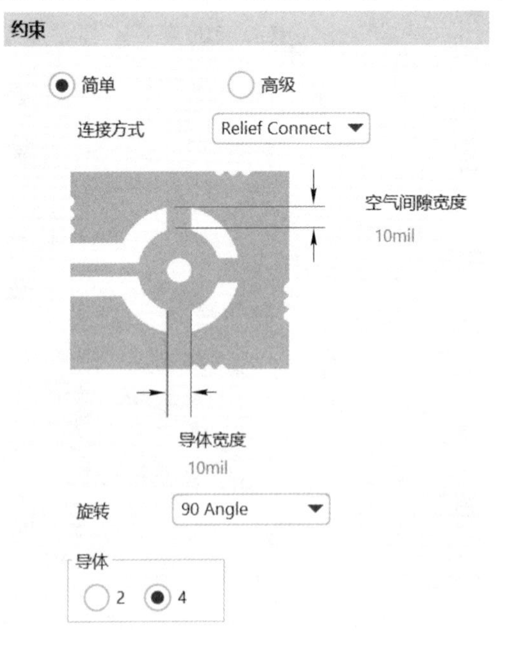

图 6-48　敷铜连接方式设置

该设置对话框中连接方式（Connect Style）、Conductors 和 Conductor Width 的设置与 Power Plane Connect Style 选项设置意义相同，在此不再赘述。

最后可以设定敷铜与焊盘之间的连接角度，有 90 Angle（90°）和 45 Angle（45°）两种方式可选。

6.1.1.7 测试点设计规则

测试点里面分为 Fabrication Testpoint（加工测试点）和 Assembly Testpoint（装配测试点），两种都包含以下设置。

（1）Testpoint Style（测试点风格）选项区域设置。

该规则中可以指定测试点的大小和格点大小等，设置界面如图 6-49 所示。

图 6-49 测试点风格设置

该设置对话框有如下选项：

尺寸文本框为测试点的大小，Hole Size 文本框为测试点的导孔的大小，可以指定 Min（最小值）、Max（最大值）和 Preferred（最优值）。

栅格文本框：用于设置测试点的网格大小，系统默认为 1mil。

允许元器件下测试点复选项：用于选择是否允许将测试点放置在元器件下面。复选项 Top、Bottom 等选择可以将测试点放置在哪些层面上。

右边多项复选项设置所允许的测试点的放置层和间距。

（2）Testpoint Usage（测试点用法）选项区域设置。

测试点用法设置的界面如图 6-50 所示。

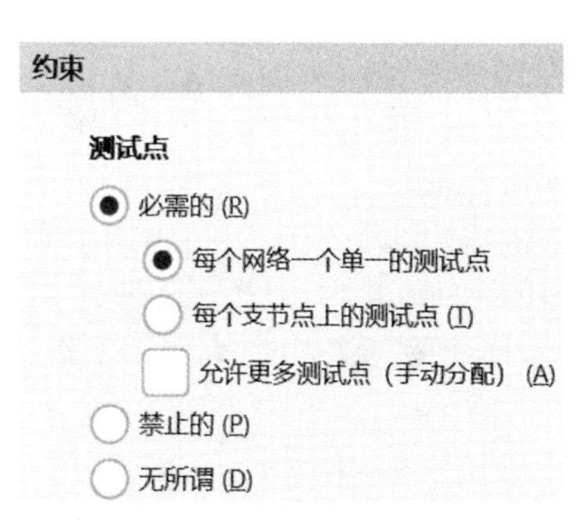

图 6-50 测试点用法设置

该设置对话框有如下选项：

测试点是选择必需的、禁止的还是无所谓，如果选择必需的，则分为三种情况，如图 6-50所示。

每个网络一个单一的测试点指这个网络所有导线、过孔、焊盘只有一个测试点；每个支节点上的测试点指节点都放置测试点；还有允许更多测试点。

6.1.2　PCB 布局

在设计中，布局是一个重要的环节。布局结果的好坏将直接影响布线的效果，因此可以这样认为，合理的布局是 PCB 设计成功的第一步。

布局方式分两种，一种是交互式布局，另一种是自动布局，一般是在自动布局的基础上用交互式布局进行调整，在布局时还可以根据走线的情况对电路进行再分配，将两个门电路进行交换，使其成为便于布线的最佳布局。在布局完成后，还可对设计文件及有关信息进行返回标注于原理图，使得 PCB 中的有关信息与原理图相一致，以便在今后的建档、更改设计能同步起来，同时对模拟的有关信息进行更新，使得能对电路的电气性能及功能进行板级验证。

PCB 布局基本原则从几个方面考虑：

6.1.2.1　元器件排列规则

（1）在通常条件下，所有的元器件均应布置在印制电路板的同一面上，只有在顶层元器件过密时，才能将一些高度有限并且发热量小的元器件，如贴片电阻、贴片电容、贴片 IC 等放在底层。

（2）在保证电气性能的前提下，元器件应放置在栅格上且相互平行或垂直排列，以求整齐、美观，一般情况下不允许元器件重叠；元器件排列要紧凑，输入和输出元器件尽量远离。

（3）某元器件或导线之间可能存在较高的电位差，应加大它们的距离，以免因放电、击穿而引起意外短路。

（4）带高电压的元器件应尽量布置在调试时手不易触及的地方。

（5）位于板边缘的元器件，离板边缘至少有两个板厚的距离。

（6）元器件在整个板面上应分布均匀、疏密一致。

6.1.2.2　按照信号走向布局原则

（1）通常按照信号的流程逐个安排各个功能电路单元的位置，以每个功能电路的核心元器件为中心，围绕它进行布局。

（2）元器件的布局应便于信号流通，使信号尽可能保持一致的方向。多数情况下，信号的流向安排为从左到右或从上到下，与输入、输出端直接相连的元器件应当放在靠近输入、输出接插件或连接器的地方。

6.1.2.3　防止电磁干扰

（1）对辐射电磁场较强的元器件，以及对电磁感应较灵敏的元器件，应加大它们相互之间的距离或加以屏蔽，元器件放置的方向应与相邻的印制导线交叉。

(2) 尽量避免高低电压元器件相互混杂、强弱信号的元器件交错在一起。

(3) 对于会产生磁场的元器件，如变压器、扬声器、电感等，布局时应注意减少磁力线对印制导线的切割，相邻元器件磁场方向应相互垂直，减少彼此之间的耦合。

(4) 对干扰源进行屏蔽，屏蔽罩应有良好的接地。

6.2 技能操作学习

6.2.1 原理图绘制

6.2.1.1 绘制顶层原理图

(1) 选择“文件”→“新的”→“项目”菜单命令，建立一个新的工程文件，另存为 STM32. PrjPcb。

选择“文件”→“新的”→“原理图”菜单命令，在新项目文件中新建一个原理图文件，将原理图文件另存为 MasterContrl_Top. SchDoc，并设置原理图图纸参数。

(2) 选择“放置”→“页面符”菜单命令，或者单击布线工具栏中的按钮，放置方块电路图。具体操作方法和项目 4 相同。

(3) 双击绘制完成的方块电路图，弹出方块电路属性设置面板，在该面板中设置方块电路属性。

(4) 设置好属性的方块电路如图 6-1 所示。在图 6-1 中实际有电气连接特性的只有两个方块：PowerAndInterface. SchDoc 和 STM32F103. SchDoc，StructureDiagram. SchDoc 仅用于指示信号流向。

(5) 选择菜单命令“放置”→“添加图纸入口”，或者单击布线工具栏中的按钮，放置方块图的图纸入口。此时鼠标指针变成十字形，在方块图的内部单击后，鼠标指针上出现一个图纸入口符号。移动鼠标指针到指定位置，单击放置一个入口，此时系统仍处于放置图纸入口状态，单击继续放置需要的入口。全部放置完成后，单击鼠标右键退出放置状态。

(6) 双击放置的入口，系统弹出 Properties（属性）面板，在该面板中可以设置图纸入口的属性。

最后用导线把各个方块图的图纸入口连接起来，最终绘制成的顶层原理图如图 6-1 所示。

6.2.1.2 绘制子原理图

完成了顶层原理图的绘制以后，要把顶层原理图中的每个方块对应的子原理图绘制出来。选择“设计”（Design）→“从页面符创建图纸”生成一些块图对应的输入输出端口，最后采用一般原理图的绘制方法绘制完子原理图。绘制好的子原理图如图 6-2~图 6-15 所示。

特别提示：

由于篇幅限制，把原理图分开展示了，实际上，图 6-11~图 6-15 要求绘制在一张原理图 PowerAndInterface. SchDoc 中，图 6-3~图 6-10 原理图均为 STM32F103. SchDoc 页面的原理图，图 6-2 Structure 框图不变。在该原理图中有多个原理图库需要自己制作，在此仅演示 TPS62130_RGT_16 的原理图库的制作，其余的类似不一一列举。

6.2.2 TPS62130_RGT_16 原理图库的制作

在原理图编辑界面下，用鼠标左键单击选中工程文件，用鼠标右键单击，弹出菜单，选择执行命令“添加新的…到工程”→Schematic Library 或者直接在“文件”（File）菜单栏选择“新的…”（New）→“库”（Library）→“原理图库”（Schematic Library）就创建了原理图元器件库文件，同时弹出编辑菜单。这时候原理图库文件就进入了工程文件下的专用文件夹中，单击 Projects 就可以查看。

单击原理图编辑工作界面控制面板的 Sch Library，就可以进入绘制原理图元器件库编辑界面。打开之后默认原理图文件名为 Component_1，在左侧编辑栏里双击 Component_1 弹出属性窗口修改其属性，如图 6-51 所示，并在 Footprint 栏添加名为 RGT16_1P7X1P7 的封装名，便于后面建立对应封装库。

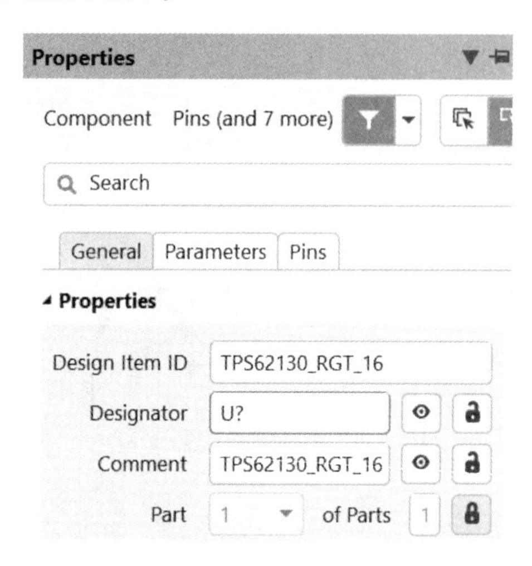

图 6-51 TPS62130_RGT_16 属性设置

然后在原理图库编辑器界面下放置矩形框和引脚，引脚全部设置为 passive，300mil，绘制方法详细见项目 3，让第一个引脚位于中心原点，完成的原理图库如图 6-52 所示。其他的原理图库元器件采用同样的方式实现，用户可以自己全部绘制所有元器件。

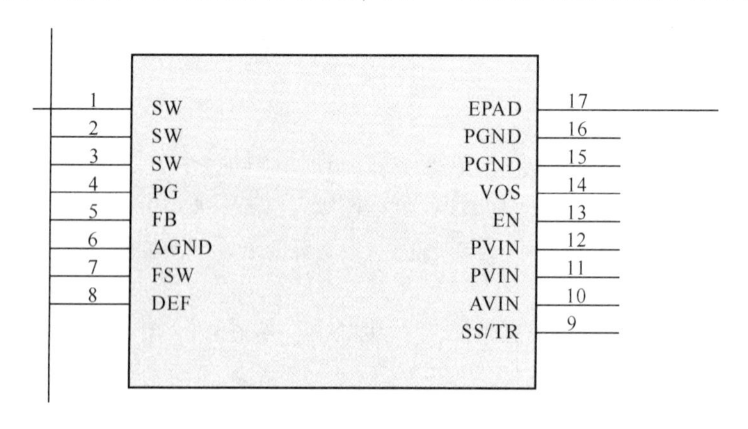

图 6-52 TPS62130_RGT_16 原理图库

6.2.3 PCB 库制作

完成原理图库制作后导入到 PCB 需要绘制相应的 PCB 库，在这里同样以 TPS62130_RGT_16 对应的 PCB 封装 RGT16_1P7X1P7 为例进行讲解。

在工程面板新建 PCB 库文件，这时候会弹出 PCB 库文件编辑界面，如图 6-53 所示。

在 PCB Library 界面下把默认 PCB 元器件名 PCBComponent_1 修改为 RGT16_1P7X1P7。

在主菜单选择“视图”→“面板”→“View Configuration”。根据图 6-53 中该元器件的参数进行 PCB 库绘制。

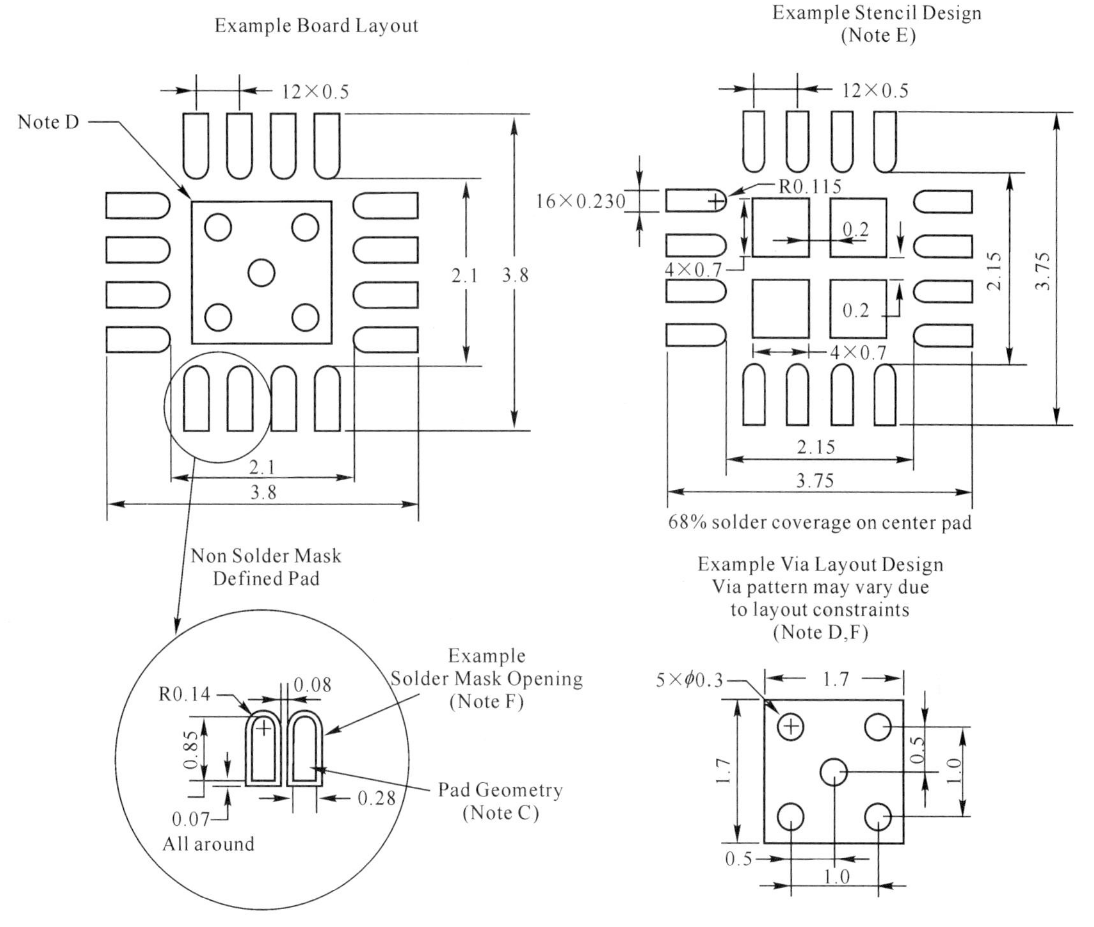

NOTES: A. All linear dimensions are in millimeters.
B. This drawing is subject to change without notice.
C. Publication IPC-7351 is recommended for alternate designs.
D. This package is designed to be soldered to a thermal pad on the board. Refer to Application Note, QFN/SON PCB Attachment, Texas Instruments Literature No. SLUA271, and also the Product Data Sheets for specific thermal information, via requirements, and recommended board layout.
These documents are available at www.ti.com <http://www.ti.com>.
E. Laser cutting apertures with trapezoidal walls and also rounding corners will offer better paste release. Customers should contact their board assembly site for stencil design recommendations. Refer to IPC 7525 for stencil design considerations.
F. Customers should contact their board fabrication site for minimum solder mask web tolerances between signal pads.

图 6-53 TPS62130 封装参数

从参数可知，该元器件需要绘制机械层、焊盘、阻焊层、丝印层。需要注意的是，最中心的散热部分可以适当绘制小一些，引脚则可以适当长一些。

原理图中第 17 引脚设置为地引脚，引脚 1～17 焊盘绘制方法：在工程界面单击 PCB Library，主菜单选择“放置”→“焊盘”，焊盘选择方形，层选择 Top Layer，1 引脚尺寸如图 6-54 所示，其余 15 个引脚也和图 6-54 一样，17 引脚如图 6-55 所示。放置好的顶层焊盘如图 6-56所示。实际上放置了顶层，Top Paste、Top Solder 就一起自动放置好了，然后再在丝印层放置外框，绘制好的 PCB 库如图 6-57 所示。

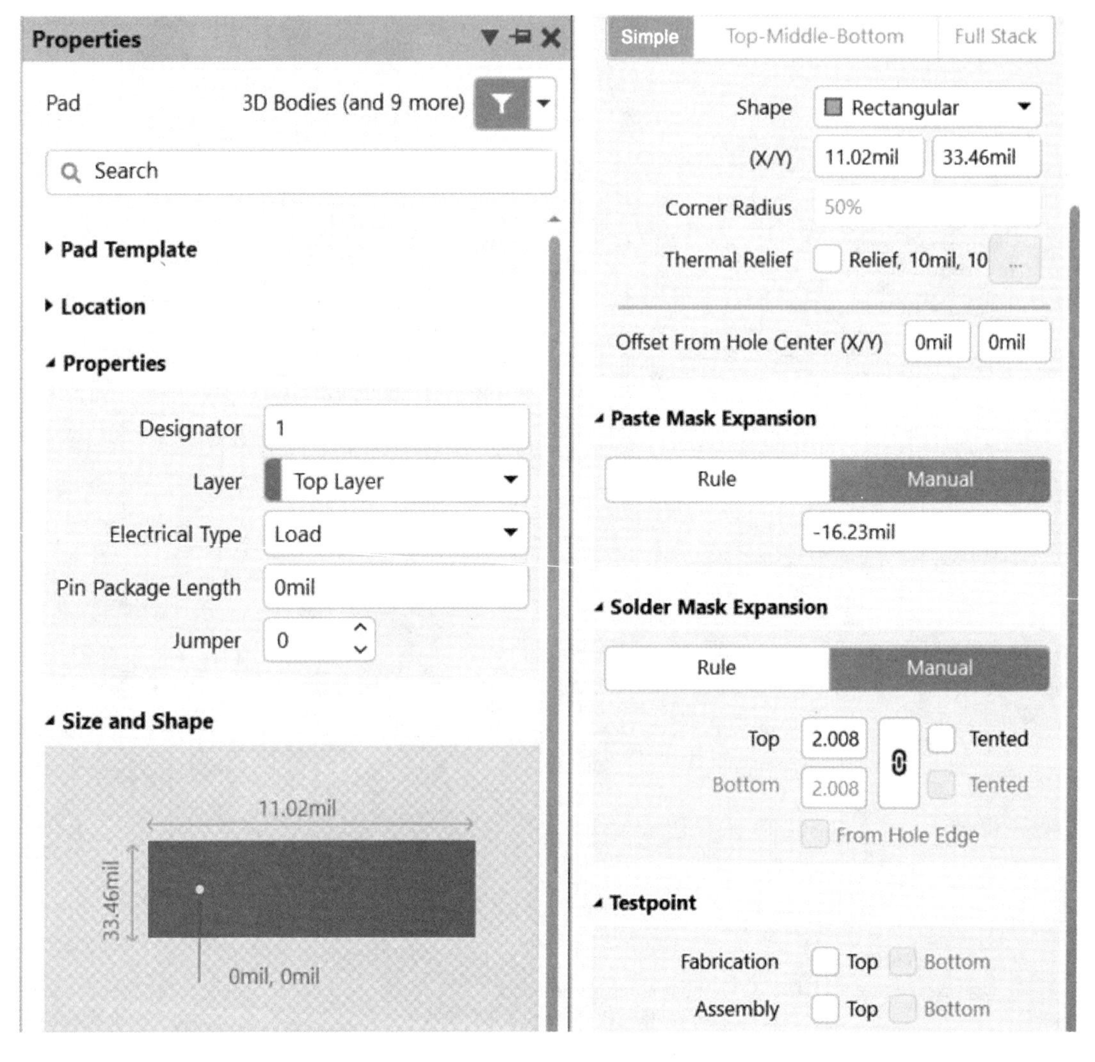

图 6-54　1 引脚尺寸属性

在图 6-57 中，圆圈是绘制 PCB 封装库的常用做法，通常用于指示第一个引脚。

6.2.4　集成库制作

在使用 Altium Designer 20 绘制电路板原理图时，都需要从已安装的库中调用各种元器件，那些库就是我们所说的集成库，集成了原理图库和对应的封装库。在绘制原理图或者

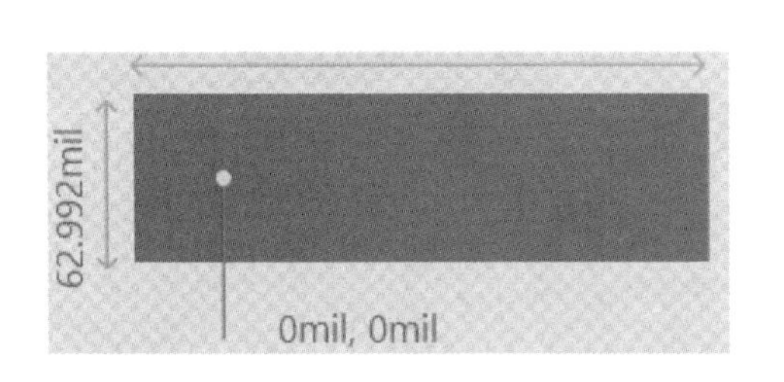

图 6-55　17 引脚尺寸

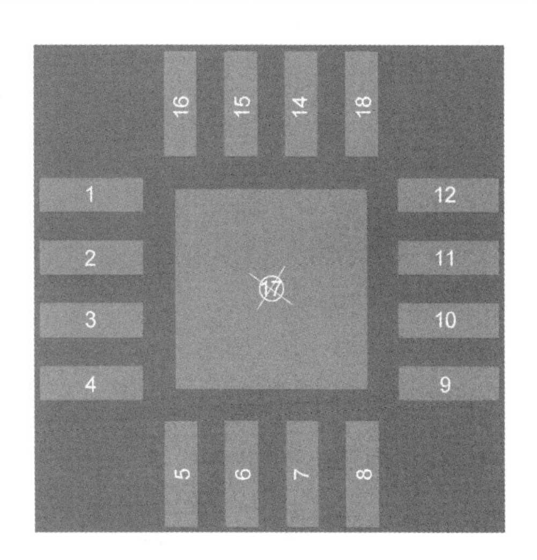

图 6-56　顶层焊盘

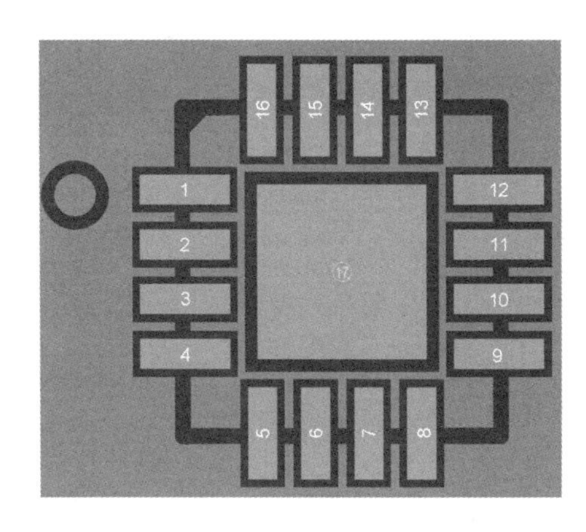

图 6-57　TPS62130 的封装

PCB 的时候，有些元器件我们在 Altium Designer 20 自带的所有集成库中是找不到的。这时就得自己动手制作自己的集成库了。下面详细介绍用 Altium Designer 20 如何制作一个集成库，并向其中添加 TPS62130 原理图库和封装库。

6.2.4.1　新建一个集成库

新建一个新的集成库。在原理图编辑界面下，选择菜单栏上“文件”→“新的”→“库”→“集成库”，具体操作如图 6-58 所示。

（1）做完上面的操作后，即可看到新建的一个空的集成库，如图 6-59 所示。

（2）选择保存新建的集成库，自定义命名并保存到工程文件夹。

6.2.4.2　向集成库中添加原理图库和封装库

新建一个原理图库。用鼠标右键单击集成库，操作界面选择菜单栏上的“添加已有文

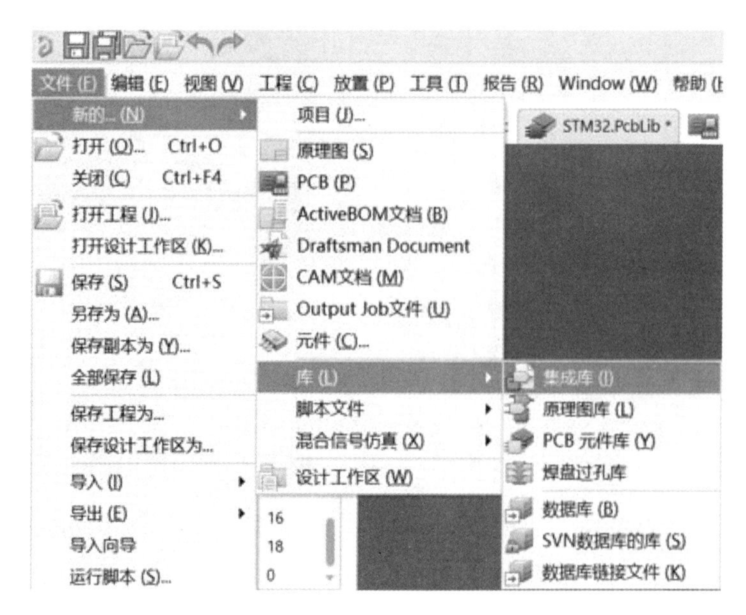

图 6-58　新建集成库命令

档到工程”，选择已经建好的原理图库，在这里也可以新建原理图库，新建原理图库的方法在前面已经有详细介绍，此处不再赘述。

新建一个 PCB 封装库。用鼠标右键单击集成库，操作界面选择菜单栏上的“添加已有文档到工程”，选择已经建好的 PCB 封装库，在这里也可以新建 PCB 封装库，新建 PCB 封装库的方法在项目 4 已经有详细介绍，此处不再赘述。此处假定建好的原理图库名为 TPS62130_RGT_16，封装库名为 RGT16_1P7X1P7。

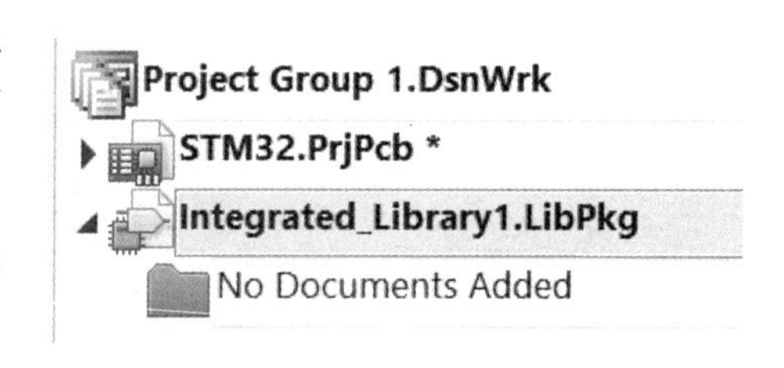

图 6-59　空的集成库

6.2.4.3　将原理图库中的元器件原理图和对应封装关联起来

在原理图库中双击 TPS62130，在右侧弹出的属性菜单栏 Footprint 选择 Add，然后在弹出的对话框中选择任意，名称输入 RGT16_1P7X1P7，单击确定按钮，如图 6-60 所示。此时原理图库就和 PCB 库对应起来了。

6.2.4.4　编译集成库

执行菜单命令 Compile Integrated Library，系统执行对集成库项目文档的编译操作，编译结束产生一个同名的集成库文件 STM32. IntLib，并自动加载到库文件管理面板。在编译过程中，系统会自动在指定目录下创建一个子目录，所创建的集成库文件就保存在该目录下。在库列表中选择所创建的集成库文件为当前库，在该列表下面会看到每一个元器件名称都对应一个原理图符号和一个元器件封装。现在就可以像使用系统自带的集成库一样来使用自己创建的集成库文件了。

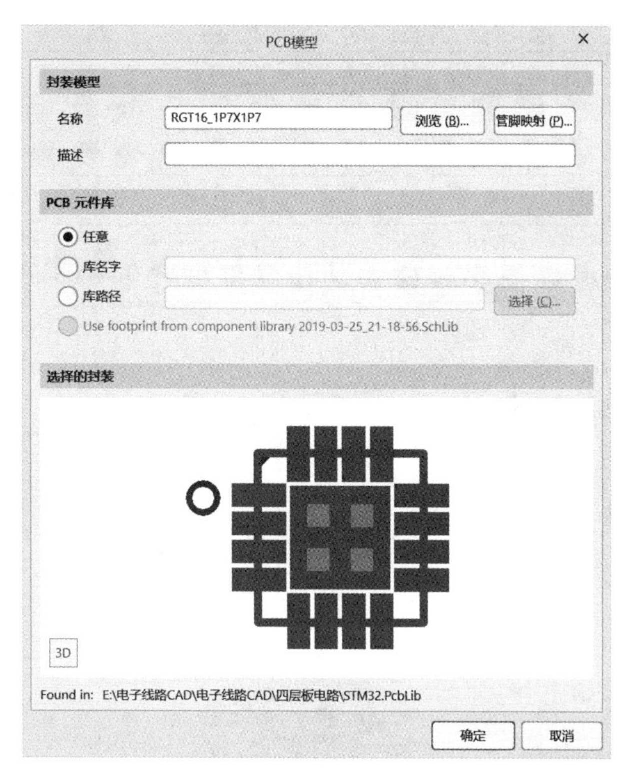

图 6-60 RGT16_1P7X1P7 名称指定

6.2.5 PCB 布局

和项目 5 一样把原理图导入到新建的 PCB 文件中，然后就开始放置元器件，本项目 PCB 尺寸选择公制，即单位为 mm。

面对如今硬件平台的集成度越来越高、系统越来越复杂的电子产品，对于 PCB 布局应该具有模块化的思维，要求无论是在硬件原理图的设计还是在 PCB 布线中均使用模块化、结构化的设计方法。作为硬件工程师，在了解系统整体架构的前提下，首先应该在原理图和 PCB 布线设计中自觉融合模块化的设计思想，结合 PCB 的实际情况，规划好对 PCB 进行布局的基本思路，一般设置好布局约束→固定元器件放置→交互式/模块化布局→局部模块化→布局评审。

6.2.5.1 固定元器件的放置

固定元器件的放置类似于固定孔的放置，也讲究精准的位置放置。这个主要是根据设计结构来进行放置的。对元器件的丝印和结构的丝印进行归类、调整放置，如图 6-61 所示。板子上的固定元器件放置好之后，可以根据飞线就近原则和信号优先原则对整个板子的信号流向进行梳理。

6.2.5.2 原理图和 PCB 的交互设置

为了方便元器件的找寻，需要把原理图与 PCB 对应起来，使两者之间能相互映射，

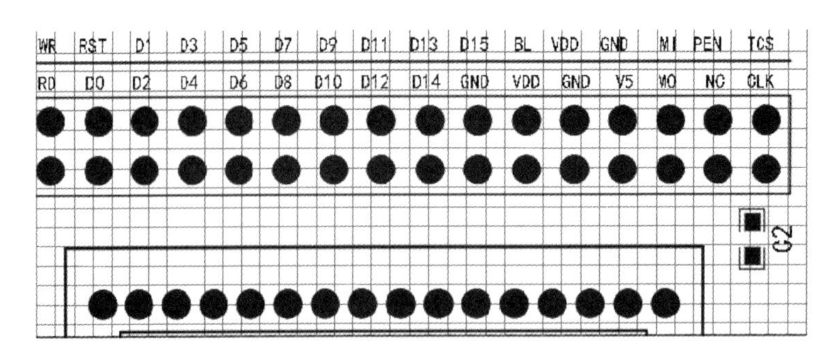

图 6-61　固定元器件的放置

简称交互。利用交互式布局可以比较快速地定位元器件，从而缩短设计时间，提高工作效率。

（1）为了达到原理图和 PCB 两两交互，需要在原理图编辑界面和 PCB 设计交互界面中都执行菜单命令“工具”→“交叉选择模式”，激活交叉选择模式，如图 6-62 所示。

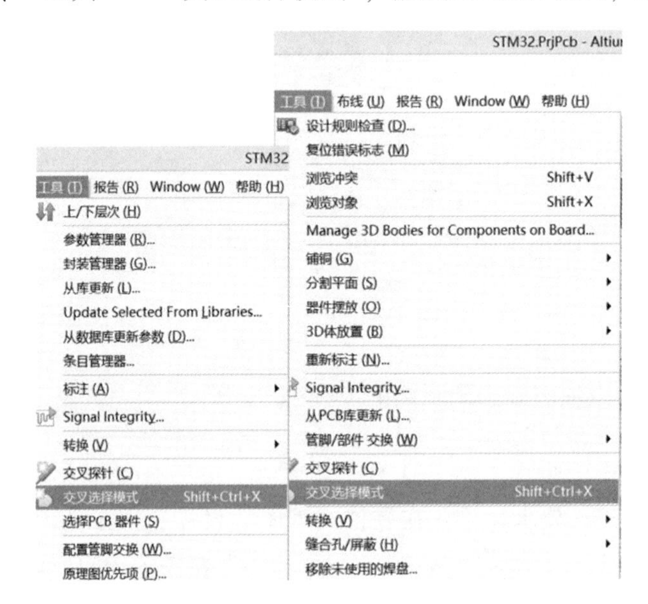

图 6-62　原理图和 PCB 交叉选择模式执行命令

（2）如图 6-63 所示，可以看到在原理图上选中某个元器件后，PCB 上相对应的元器件会同步被选中；反之，在 PCB 上选中某个元器件后，原理图上相对应的元器件也会被选中。

6.2.5.3　模块化布局

以元器件排列的功能举例讲解，即在矩形区域排列，可以在布局初期结合元器件的交互，方便地把一堆杂乱的元器件按模块分开并摆放在一定的区域内。

（1）在原理图上选择其中一个模块的所有元器件，这时 PCB 上与原理图相对应的元器件都被选中。

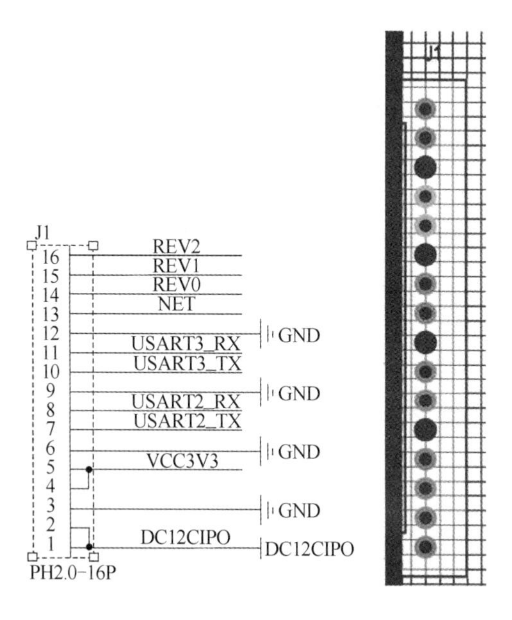

图 6-63　交互选择模式下的选择

(2) 执行菜单命令"工具"→"器件摆放"→"在矩形区域排列"。

(3) 在 PCB 上某个空白区域框选一个范围，这时这个功能模块的元器件都会排列到这个框选的范围内。利用这个功能，可以把原理图上所有的功能模块进行快速分块。

模块化布局和交互式布局是密不可分的。利用交互式布局，在原理图上选中模块的所有元器件，一个个地在 PCB 上排列好，接下来，就可以进一步细化布局其中的 IC、电阻、二极管了，这就是模块化布局。

在模块化布局时，可以通过"垂直分割"命令对原理图编辑界面和 PCB 设计交互界面进行分屏处理，如图 6-64 所示，方便我们查看视图，从而快速布局。

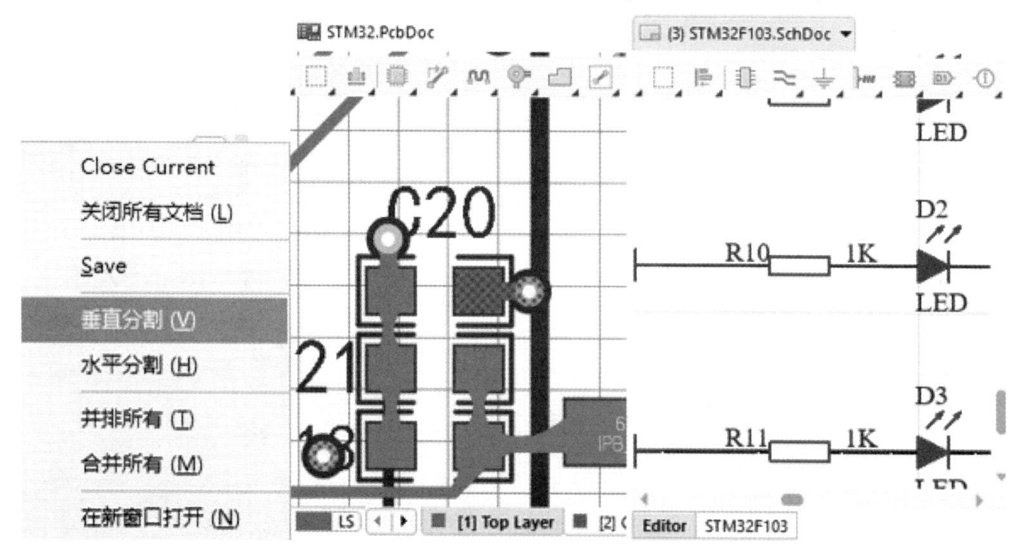

图 6-64　分屏处理

6.2.5.4　布局操作

对于刚导入 PCB 的元器件，其位号大小都是默认的，对元器件进行离散排列时，位号和元器件的焊盘重叠在一起，不好识别元器件，非常不方便。这时可以利用 Altium Designer 20 提供的全局操作功能，把元器件的位号先改小放置在元器件的中心，等到布局完成之后再用全局操作功能改到合适的大小即可，其具体操作步骤如下。

(1) 选中其中一个元器件的丝印，注意不是元器件，单击鼠标右键，执行“查找相似对象”命令，如图 6-65 所示。

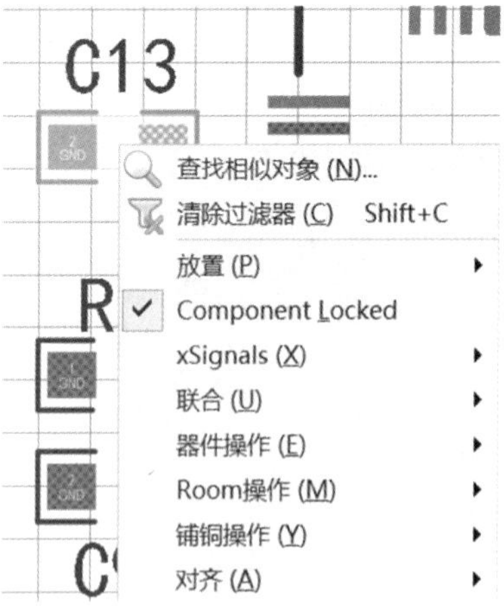

图 6-65　执行查找相似对象命令

(2) 在弹出的对话框中，对于“Designator”选项，选择“Same”，表示只对同是“Designator”属性的丝印位号进行选择。值得注意的是，对于下方的选择适配项应进行选择性的勾选。

1) 缩放匹配：对于匹配项进行缩放显示。

2) 选择匹配：对于匹配项进行选择。

3) 清除现有的：退出当前状态。

4) 打开属性：选择完成之后运行“Properties”。

(3) 选择完成之后，单击“确定”按钮，即运行“Properties”，如图 6-66 所示，将“Text Height”及“Stroke Width”选项分别更改为“0.254mm”与“0.05mm”。

(4) 对位号大小进行更改后，全选元器件，并按快捷键“AP”，弹出图 6-67 所示的对话框，把“标识符”放置在元器件的中心，单击“确定”按钮。此时，丝印位号不会阻碍视线，可以分出元器件位号对应的元器件，方便布局，如图 6-68 所示。

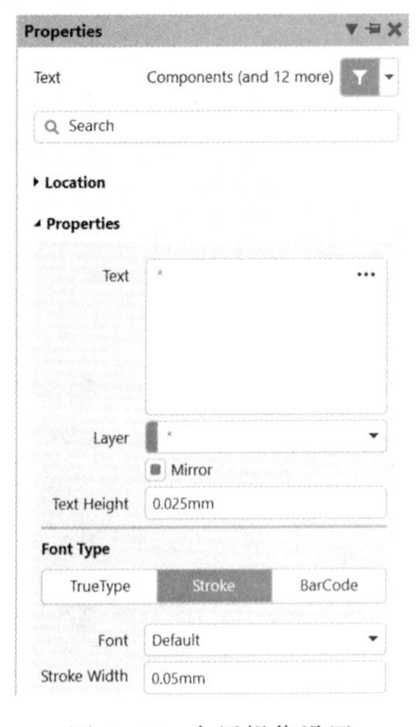

图 6-66　全局操作设置

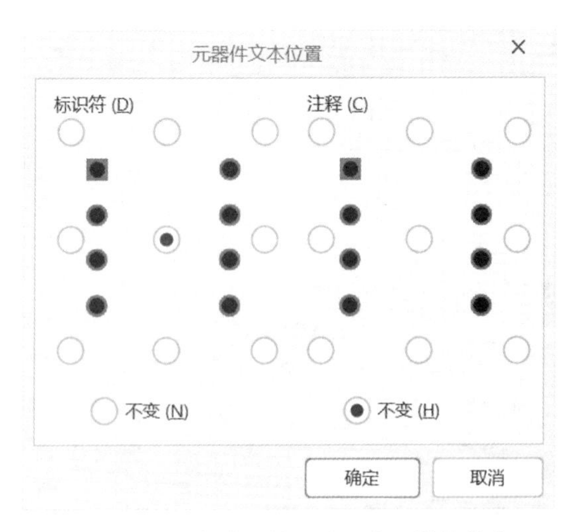

图 6-67　元器件位号快速放置在元器件的中心

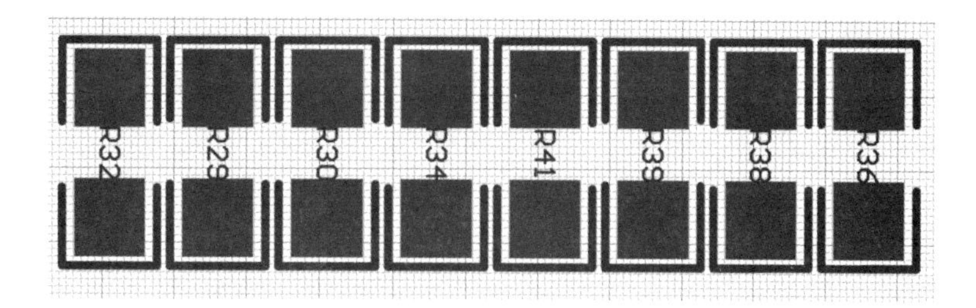

图 6-68 元器件位号与元器件

全局操作功能还可以用来修改、编辑元器件的锁定、过孔大小、线宽大小等属性，其操作与上面的操作类似。

小提示

选择相同属性的对象之后，可以通过集中方式调出“Properties”窗口，方便快速操作。

➢ 双击 Shift，可用于数量较少对象的全局修改。

➢ 按键盘上的功能键<F11>。

➢ 在右下角执行命令“Panels”→“Properties”。

6.2.5.5 选择

在 PCB 设计中，选择有多种多样，下面介绍选择的方法。

（1）单选。单击鼠标左键可以进行单个选择。

（2）多选：

1）按住<Shift>键，多次单击鼠标左键。

2）在左上角按住鼠标左键，向右下角拖动鼠标，在框选范围内的对象都会被选中，如图 6-69 所示，框选外面的或者和框选搭边的元器件无法被选中。

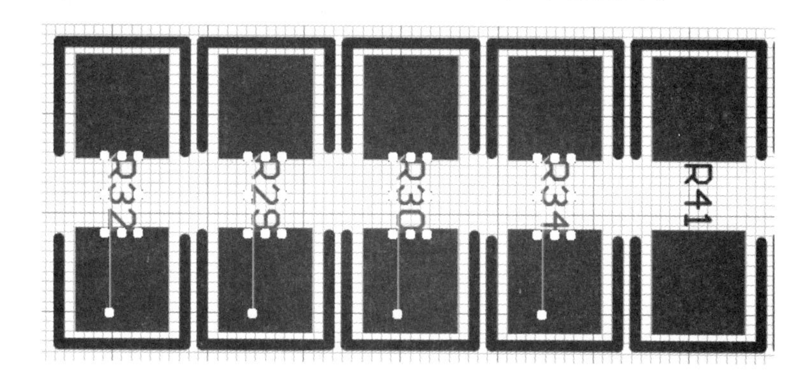

图 6-69 从上往下选择

3）在右下角按住鼠标左键，向左上角拖动鼠标，框选矩形框所碰到的对象都会被选中，和框选搭边的元器件也被选中了。

4）除了上述选择方法外，Altium Designer 还提供选择命令。选择命令是 PCB 设计中用到最多的命令之一。执行按键命令<S>，弹出选择命令菜单，如图 6-70 所示。在此介绍几种常用的选择命令。

图 6-70 选择命令菜单

①Lasso 选择：滑选，按快捷键<SE>，激活滑选命令，在 PCB 设计交互界面滑动，把需要选择的对象包含在滑选滑动的范围之内即可完成选择，如图 6-71 所示。

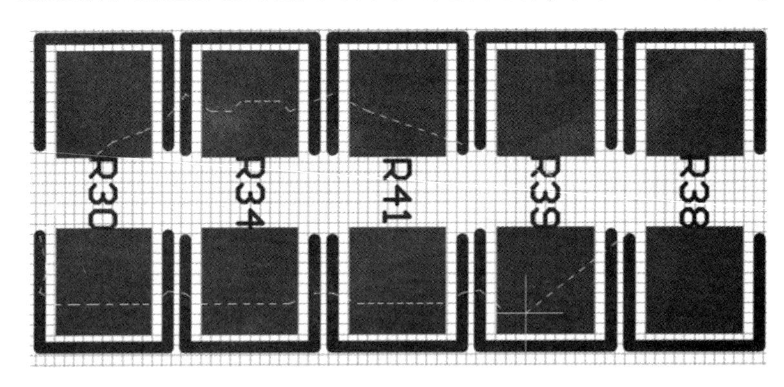

图 6-71 滑选操作

②区域内部：框选，按快捷键<SI>，把完全包含在框选范围内的对象选中。

③区域外部：反选，和框选相反，按快捷键<SO>，把框选范围之外的所有对象全部选中。

④线接触到的对象：线选，按快捷键<SL>，可以把走线碰到的对象全部选中，如图 6-72所示。

⑤网络：网络选择，按快捷键<SN>，单击一下需要选择的网络，只要和单击的网络相同的对象都会被选中。

⑥连接的铜皮：物理选择，按快捷键<SP>或者<Ctrl>+<H>，物理上相连接的对象（不管网络是否相同）都会被选中。

⑦自由对象：选择自由对象，按快捷键<SF>，可以选中 PCB 上独立放置的一些自由对象，如丝印标识、手工添加的固定孔等。

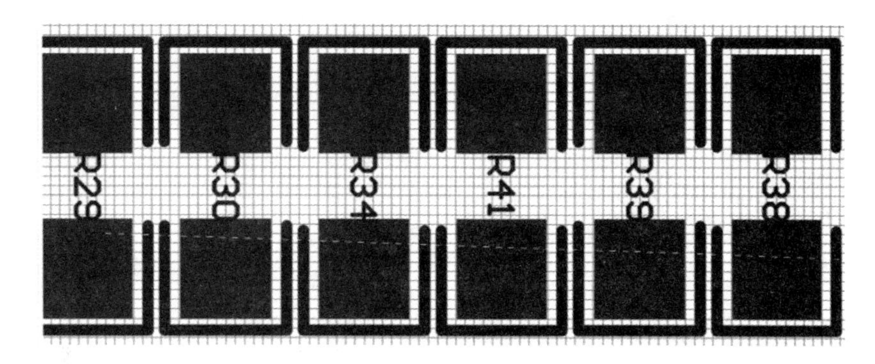

图 6-72　线选操作

6.2.5.6　移动

选择完元器件或其他对象之后，需要对选择的对象进行移动，方法如下。

（1）将鼠标指针放置在对象上，按住鼠标左键，然后直接移动鼠标，即可完成对象的移动。常见于对单个对象进行移动的情况。

（2）可利用移动命令进行移动。执行按键命令<M>，弹出移动命令菜单，如图 6-73 所示。在此介绍几种常用的移动命令。

1）器件：按快捷键<MC>，选中 C1，弹出“选择元器件”对话框，如图 6-74 所示。选择“跳至元器件”时，选择需要移动的元器件位号，鼠标指针即激活移动此元器件的命令，并且鼠标指针跳到此元器件的位置。选择“移动元器件到光标”时，可以直接自己选择单击需要移动的元器件。

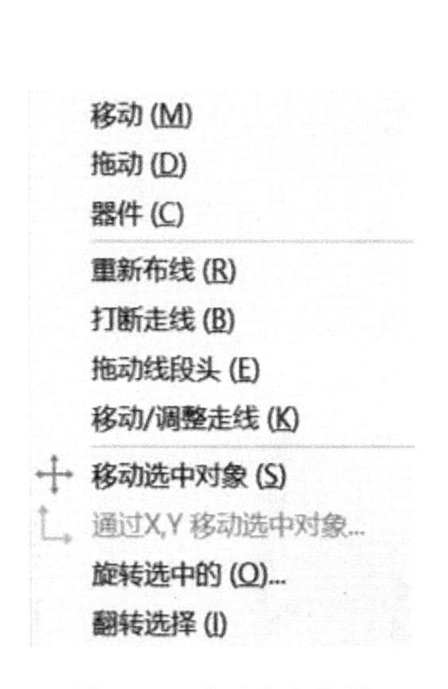

图 6-73　移动命令菜单

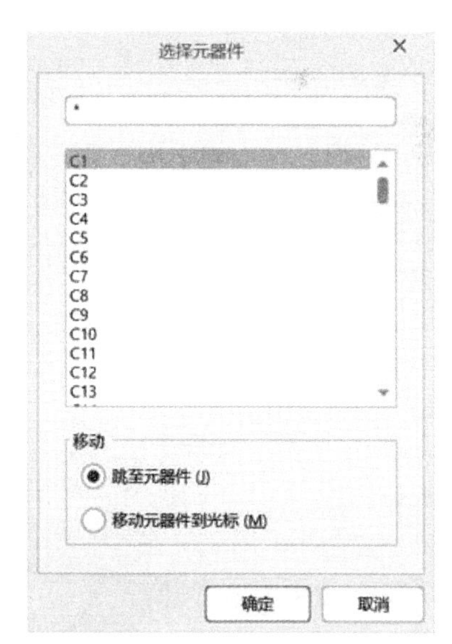

图 6-74　选择元器件对话框

2）移动选中对象：对象被选中之后，按快捷键<MS>，单击一下空白绘制或移动参考点即可实现对选中对象的移动。

3）通过 X、Y 移动选中对象：可以实现对选中对象的精准移动，如图 6-75 所示。

4）翻转选择：按快捷键<MI>，将选中对象移动到顶层或者底层，可以实现元器件或者走线的换层操作。不过在移动状态下按快捷键<L>，可以更加快捷地实现此操作。

图 6-75　对象的坐标精准移动

6.2.5.7　对齐

其他类设计软件通常是通过栅格来对齐元器件、过孔、走线的，Altium Designer 提供非常方便的对齐功能，可以对选中的元器件、过孔、走线等元素实行顶对齐、底对齐、左对齐、右对齐、水平分布、垂直分布。

对齐的操作和原理图的类似，这里不再进行详细说明，只介绍快捷对齐命令。

（1）左对齐：快捷键<AL>。

（2）右对齐：快捷键<AR>。

（3）水平分布：快捷键<AD>。

（4）顶对齐：快捷键<AT>。

（5）底对齐：快捷键<AB>。

（6）垂直分布：快捷键<AS>。

所有元器件在放置好接插件后，按照信号走向、功能需求等原则放置，保证信号前提下尽可能美观，本项目布局图请见二维码。

扫一扫查看
STM32 布局图

6.2.6　PCB 层叠设置

扫一扫查看
多层板设计

对于高速板来说，默认的两层设计无法满足布线信号直连及走线密度要求，这时候需要对 PCB 层叠进行添加，以满足设计的要求。

6.2.6.1　正片层与负片层

正片层就是平常用于走线的信号层，就是我们常看到的铜线的那一层，可以用导线、铜箔等进行大块铺铜与填充操作，如图 6-76 所示。

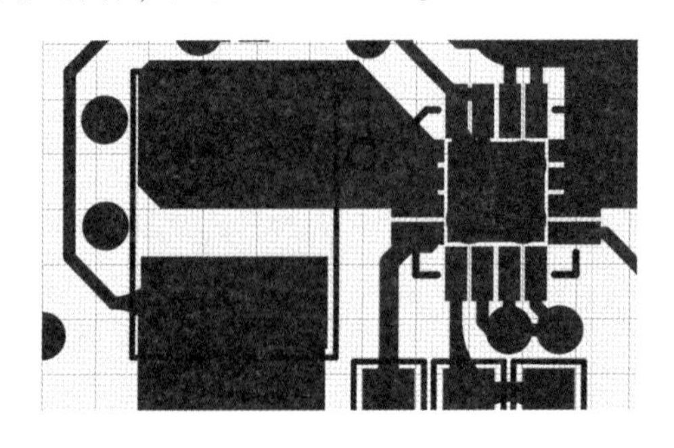

图 6-76　正片层

负片层则正好相反，即默认铺铜，就是生成一个负片层之后整一层就已经被铺铜了，走线的地方是分割线，没有铜存在。要做的事情就是分割铺铜，再设置分割后的铺铜的网络即可，如图 6-77 所示。

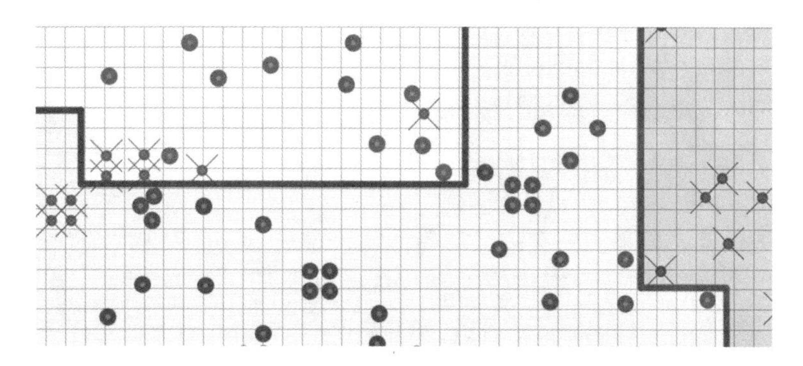

图 6-77　负片层

6.2.6.2　内电层的分割实现

在 Protel 版本中，内电压是用“分裂”来分割的，而现在用的版本 Altium Designer 20 直接用“线条”、快捷键<PL>来分割。分割线不宜太细，可以选择 15mil 及以上。分割铺铜时只要用“线条”画一个封闭的多边形框，再双击框内铺铜设置网络即可，如图 6-78 所示。

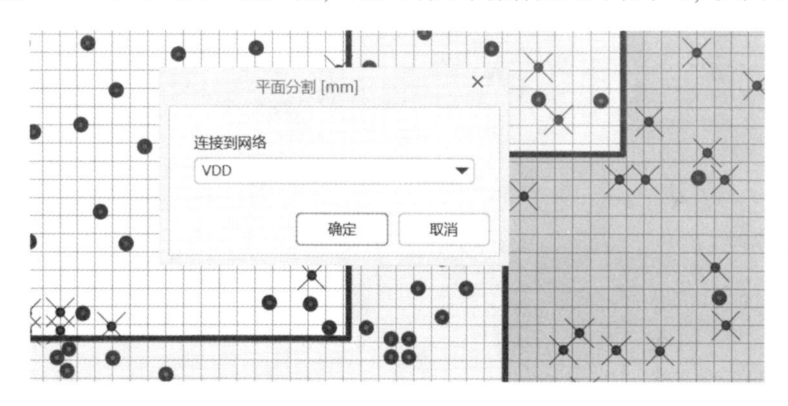

图 6-78　Plane 设置网络

正、负片都可以用于内电层，正片通过走线和铺铜也可以实现。负片的好处在于默认大块铺铜填充，再进行添加过孔、改变铺铜大小等操作都不需要重新铺铜，这样省去了重新铺铜计算的时间。中间层用电源层和 GND 层（也称地层、地线层、接地层）时，层面上大多是大铺铜，这样用负片的优势就很明显。

6.2.6.3　PCB 层叠的认识

随着高速电路的不断涌现，PCB 的复杂度也越来越高，为了避免电气因素的干扰，信号层和电源层必须分离，所以就牵涉到多层 PCB 的设计，在设计多层 PCB 之前，设计者需要首先根据电路的规模、电路板的尺寸和电磁兼容（EMC）的要求来确定所采用的电路板结构，也就是决定采用 4 层、6 层，还是更多层数的电路板。这就是设计多层板的一个简单概念。

确定层数之后，再确定内电层的放置位置及如何在这些层上分布不同的信号。这就是 PCB 层叠结构的选择问题。层叠结构是影响 PCB 的 EMC 性能的一个重要因素，一个好的层叠设计方案将会大大减小电磁干扰（EMI1）及串扰的影响。

板的层数不是越多越好，也不是越少越好，确定多层 PCB 的层叠结构需要考虑较多的因素，从布线方面来说，层数越多越利于布线，但是制板成本和难度也会随之增加。对生产厂家来说，层叠结构对称与否是 PCB 制造时需要关注的焦点。所以，层数的选择需要考虑各方面的需求，以达到最佳的平衡。

对有经验的设计人员来说，在完成元器件的预布局后，会对 PCB 的布线瓶颈处进行重点分析，再综合有特殊布线要求的信号线（如差分线、敏感信号线等）的数量和种类来确定信号层的层数，然后根据电源的种类、隔离和抗干扰的要求来确定内电层的层数。这样，整个电路板的层数就基本确定了。

（1）常见的 PCB 层叠。

确定了电路板的层数后，接下来的工作便是合理地排列各层电路的放置顺序。图 6-79 和图 6-80 分别列出了常见的 4 层板和 6 层板的层叠结构。

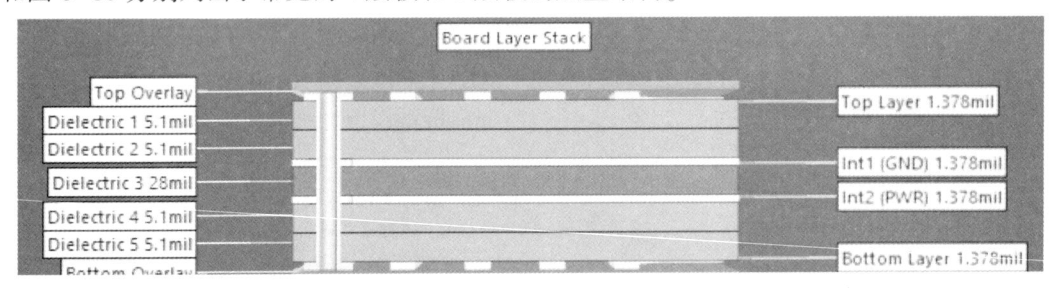

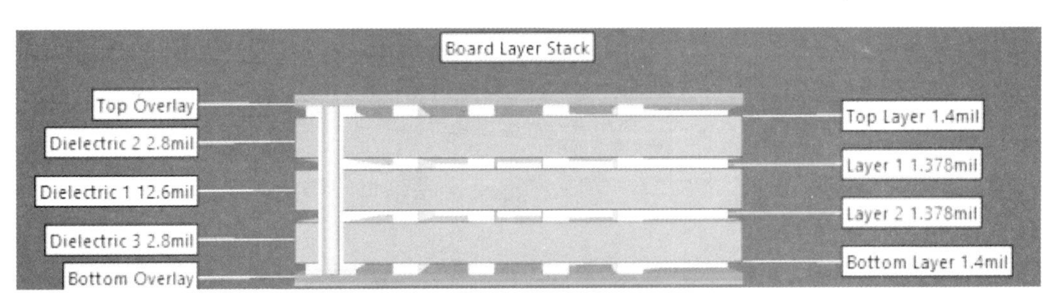

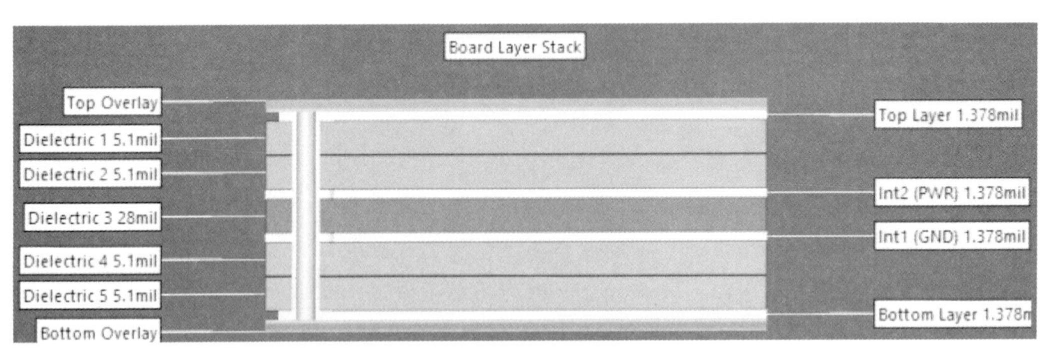

图 6-79　常见 4 层板的层叠结构

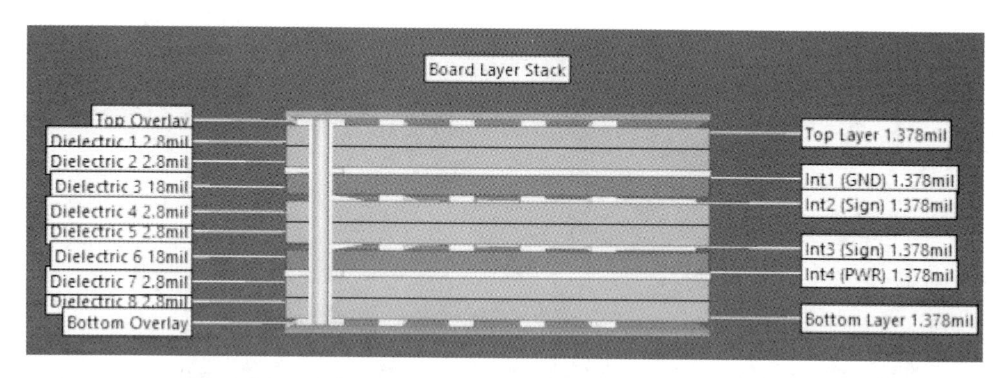

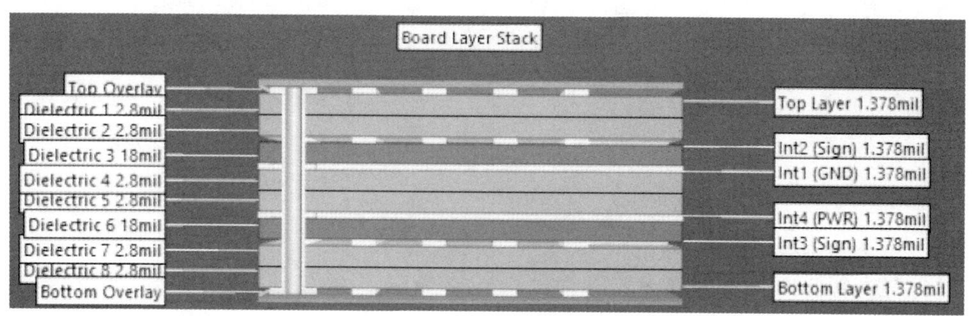

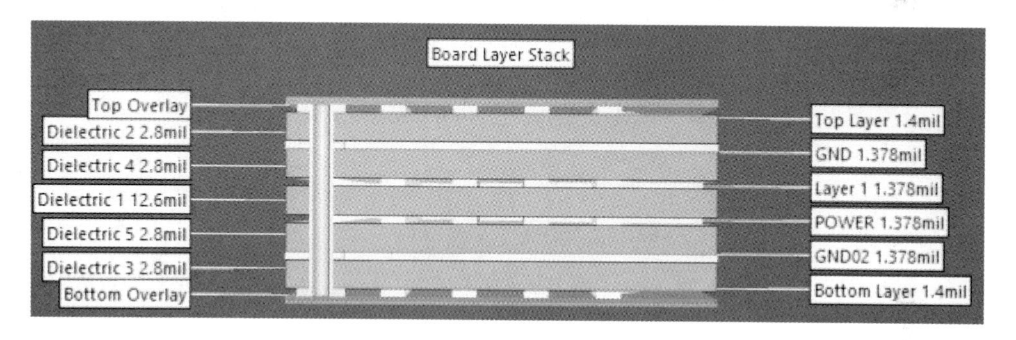

图 6-80 常见 6 层板的层叠结构

（2）层叠分析。

层叠一般遵循以下几点基本原则。

1）元器件面、焊接面为完整的地平面（屏蔽）。

2）尽可能无相邻平行布线层。

3）所有信号层尽可能与地平面相邻。

4）关键信号与地层相邻，不跨分割区。

6.2.6.4 层的添加及编辑

本项目采用 4 层板设计，确认层叠方案之后，需要进行层叠操作。

（1）执行菜单命令“设计”→“层叠管理器”或者按快捷键<DK>，进入图 6-81 所示的层叠管理器，进行相关参数设置。

（2）单击鼠标右键，执行“Insert layer above”或“Insert layer below”，可以进行添加

#	Name	Material	Type	Thickness	Weight	Dk
	Top Overlay		Overlay			
	Top Solder	Solder Resist	Solder Mask	0.01mm		3.5
1	Top Layer		Signal	0.036mm	1oz	
	Dielectric1	FR-4	Core	0.254mm		4.2
2	GP1		Plane	0.036mm	1oz	
	Dielectric 2		Prepreg	0.127mm		4.2
3	GP2		Plane	0.036mm	1oz	
	Dielectric 3		Core	0.254mm		4.2
4	Bottom Layer		Signal	0.036mm	1oz	
	Bottom Solder	Solder Resist	Solder Mask	0.01mm		3.5
	Bottom Overlay		Overlay			

图 6-81　层叠管理器

层操作，可添加正片或负片：执行“Move Layer Up”或“Move Layer Down”命令，可以对添加的层顺序进行调整。

（3）双击相应的名称，可以更改名称，一般可以改为 TOP、GNDO2、SIN03、SIN04、PWR、BOTTOM 这些，即采用“字母+层序号（Altium Designer 20 自带这个功能）”，这样方便读取识别。

（4）根据层叠结构设置板层厚度。

（5）为了满足设计的 20H，可以设置负片层的内缩量。

（6）单击“OK”按钮，完成层叠设置。

本项目确定采用 4 层板设计，其中 GP1 为 GND 层，GP2 为 POWER 层。信号层采取正片的方式处理，电源层和地线层采取负片的方式处理，可以在很大程度上减小文件数据量的大小和提高设计的速度。即 TOP 和 BOTTOM 层采用正片的方式，GP1 和 GP2 采用负片的方式。如果中间层也要采用正片的方式则直接在层叠管理器中选择插入信号层即可。该项目的层叠结构如图 6-82 所示。

图 6-82　STM32 电路 PCB 层叠结构

6.2.7　手动布线

布线首先要考虑元器件的推荐设计方案，图 6-83 是 TPS62130 的推荐布线方案，我们尽可能严格遵守才能实现元器件的功能、指标。该推荐电路要求 PGND 和 AGND 之间用电容连接，具体参数可以看相应的 Datasheet。

手动走线方式如下：

在 PCB 编辑器界面下，在相应的层执行命令“放置”→“走线”，就可以开始走线了，也可以直接使用快捷键<PT>。走线需要注意以下几个方面。

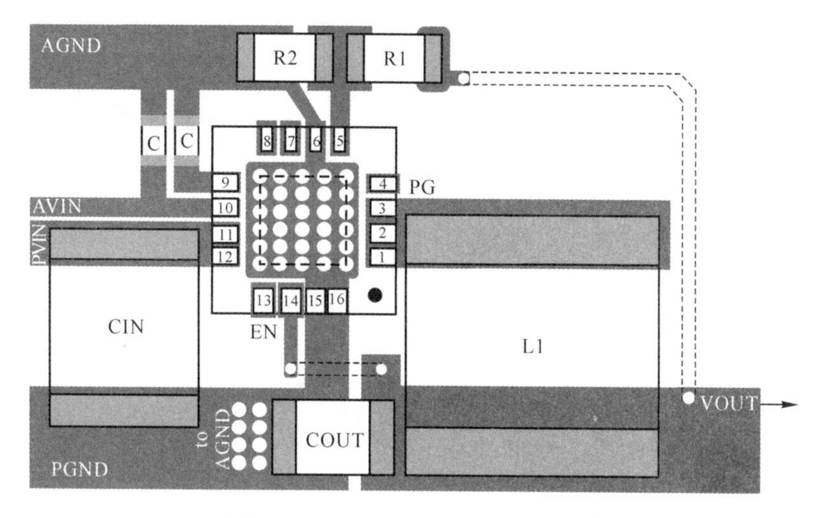

图 6-83 TPS62130 的推荐布线方案

6.2.7.1 印制导线转角

印制导线转折点内角不能小于 90°，避免在转角处出现尖角，一般应选择 135°或圆角，如图 6-84 所示。由于工艺原因，在印制导线的小尖角处，印制导线有效宽度将变小，电阻增加，且容易产生电磁辐射（也正因如此，在射频电路中转折处尽可能采用圆角）；另一方面，小于 135°的转角，会使印制导线总长度增加，也不利于减小印制导线的寄生电阻和寄生电感。

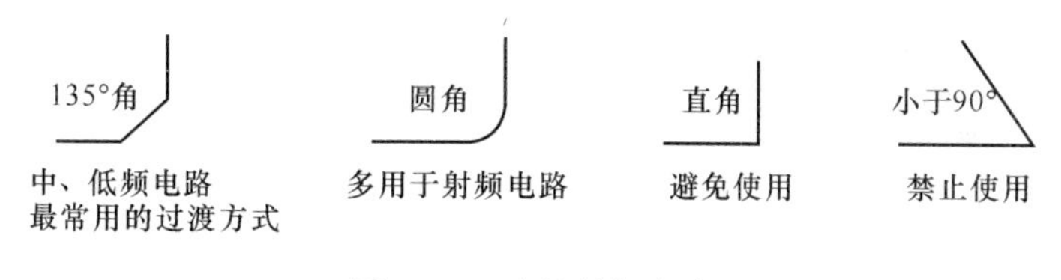

图 6-84 走线转折方式

6.2.7.2 同一印制导线宽度应均匀一致

在印制板上，不同信号线宽度可根据电流大小、工作频率高低选择不同的线宽，但同一印制导线在走线过程中，应均匀一致，不能在信号前进方向上突然变小，否则会恶化 EMI 指标。

6.2.7.3 走线尽可能短

走线越短，被干扰的可能性就越小；走线越短，寄生电阻、寄生电感也越小，信号畸变程度也越小；走线越短，对外辐射的电磁信号幅度也越小。尤其要注意控制强干扰源导线（如开关电源主回路电源线/地线、开关节点连线、时钟信号线等），以及对干扰敏感的信号线（如晶体管基极、MOS 栅极、同步触发控制信号、微弱模拟信号输入线等）的走线长度。

6.2.7.4　焊盘、过孔处的连线

对于圆形焊盘、过孔来说，必须从焊盘中心引线，使印制导线与焊盘或过孔交点的切线垂直，如图 6-85（a）所示。在方形焊盘处引线时，引线与焊盘长轴方向最好相同，以保证导线与焊盘连接处的导线宽度不因钻蚀现象而减小，如图 6-85（b）所示。

此外，小尺寸贴片元器件，如 0603、0805、1206 等两焊盘因连线而增加的热容应尽可能相同，以避免在焊接过程中可能出现移位、立碑等不良现象，图 6-85（c）列举了典型的因连线不当引起贴片元器件引脚焊盘热容不对称的现象及改进方法。

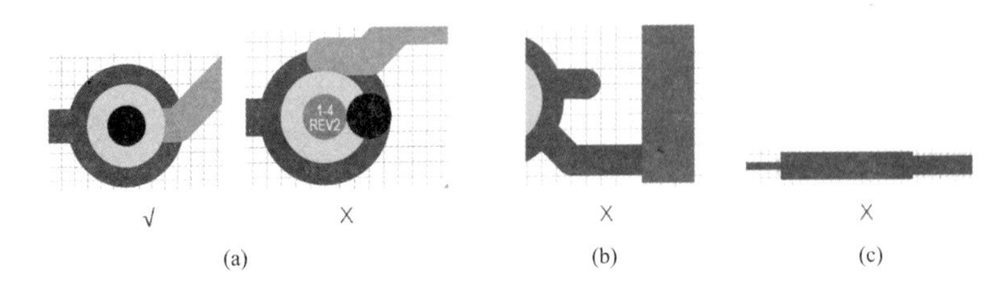

图 6-85　焊盘引线方式

（a）焊盘连线；（b）方形焊盘引线；（c）小尺寸焊盘连线

6.2.7.5　差分线走线

本项目中 SPI 接口 IPB_OUT_P 与 IPB_OUT_N，IPB_P 与 IPB_N 是差分对信号，需要按照差分对规则走线。如果两条导线电流大小相等，而流向相反，那么这两条导线就称为差分线。例如，同一负载的连线、同一电源绕组的连线、同一电路板或单元电路的电源和地线等均属于差分线。差分对信号为了保证信号质量，需要对其设置规则约束，IPB_P 与 IPB_N 如图 6-86 所示。

最小宽度	最小间隙	优选宽度	优选间距	最大宽度	最大间隙	名称
0.206mm	0.155mm	0.257mm	0.206mm	0.381mm	0.508mm	1 - Top Layer
0.206mm	0.155mm	0.257mm	0.206mm	0.381mm	0.508mm	2 - Bottom Layer

图 6-86　差分对 IPB_P 与 IPB_N 布线规则设置

根据电磁感应原理，同信号层内的差分线应尽可能平行走线，如图 6-87 所示；相邻信号层内的差分线最好重叠走线，以减少电磁辐射干扰，这对于高频、大电流印制导线尤其必要。

6.2.8　泪滴与孤岛

扫一扫查看泪滴的处理

泪滴的作用包括以下几个方面：

（1）避免电路板受到巨大外力冲撞时导线与焊盘或者导线与导孔的接触点断开，也可以使电路板显得更美观。

（2）焊接时，可以保护焊盘，避免多次焊接时焊盘脱落；生产时，可以避免蚀刻不均、过孔偏位出现的裂缝等。

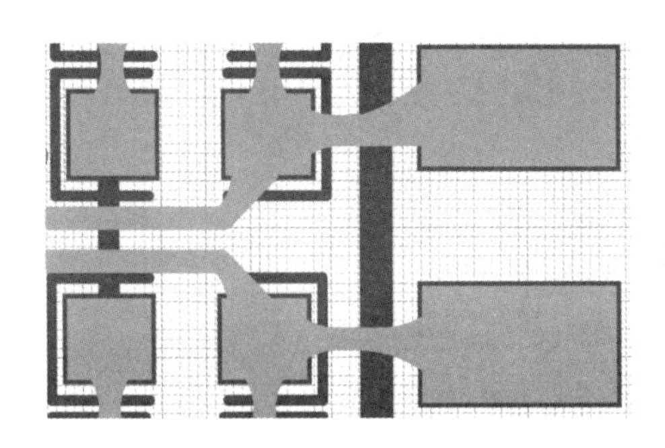

图 6-87 IPB_P 与 IPB_N 并行走线

（3）信号传输时平滑阻抗，减少阻抗的急剧跳变；避免高频信号传输时由于线宽突然变小而造成反射，可使走线与焊盘之间的连接趋于平稳过渡。

执行菜单命令“工具”→“泪滴”，弹出泪滴属性设置对话框，如图 6-88 所示。

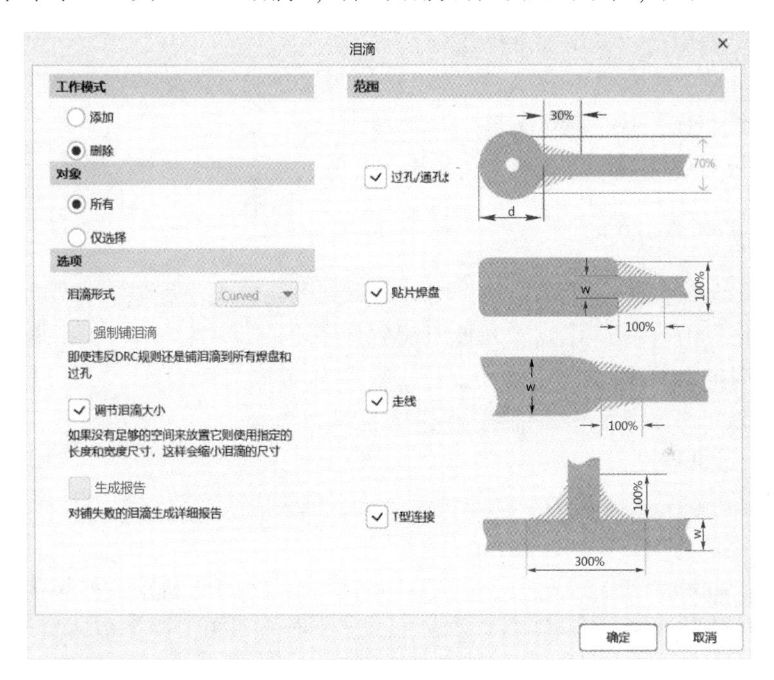

图 6-88 泪滴属性设置

1）工作模式：添加，执行命令添加泪滴；删除，执行命令删除已经有的泪滴。

2）对象：选择匹配对象，一般选择所有，在图 6-88 中该选项右边，会适配相应的对象，包括“过孔/通孔焊盘”“贴片焊盘”“走线”“T 形连接”。

3）泪滴形式：Curved，泪滴形状选择弯曲的补充形状；Line，泪滴形状选择直线的补充形状。

4）强制铺泪滴：对于添加泪滴的操作采取强制执行方式，即使存在 DRC 报错，一般来说为了保证泪滴的添加完整，对此项进行勾选，后期 DRC 再修正即可。

5）调节泪滴大小：当空间不足以添加泪滴时，变更泪滴的大小，可以更加智能地完成泪滴的添加动作。

泪滴添加效果示意图如图 6-89 所示。

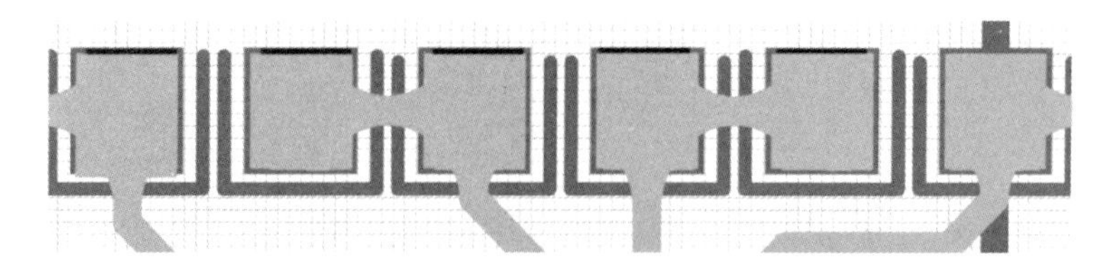

图 6-89　泪滴添加效果

6.2.9　PCB 铺铜

扫一扫查看
铺铜设计

所谓铺铜就是将 PCB 上闲置的空间作为基准面，然后用固体铜填充，这些铜区又称为建铜。铺铜也称敷铜。铺铜的意义如下。

（1）增加载流面积，提高载流能力。

（2）减小地线阻抗，提高抗干扰能力。

（3）降低压降，提高电源效率。

（4）与地线相连，减小环路面积。

（5）多层板对称铺铜可以起到平衡作用。

6.2.9.1　局部铺铜

对于 PCB 设计中的一些电源模块，因为考虑到电流的大小载流，需要加宽载流路径，走线时，因为路径上含有过孔或者其他阻碍物，不会自动避让，不方便进行 DRC 处理，这个时候可以用到局部铺铜。

执行菜单命令“放置”→“铺铜”，进入铺铜设置窗口，为了更有效率地进行铺铜，按照图 6-90 所示进行设置。

（1）Hatched（Tracks/Arcs）：动态铺铜方式，铺铜由线宽和铜距组合而成，铺铜会相对圆滑，符合高速设计要求。

（2）Track Width：铺铜线宽。Grid Size：铺铜线宽之间的间距，如果需要实心铺铜，那么线宽值比栅格值大就好，推荐线宽值 5mil，栅格值 4mil，这个值不宜设置过大或者过小。

（3）设置过大，一些较小 Pitch 间距的 BGA 没办法铺铜进去，造成铜皮的断裂，影响平面完整性。

（4）设置过小，铺铜更容易进入一些电阻、电容的缝隙中，造成狭长铜皮的出现，增加生产上的难度或者产生串扰。

（5）Pour Over All Same Net Objects：选择此选项，对于相同的网络都需要铺铜，不然会出现相同网络的走线和铜皮无法连接的现象。

（6）Remove Dead Copper：移除死铜，勾选此选项可以对铺铜产生的孤立铜皮进行清除，如图 6-91 所示。

（7）完成第 1 步的铺铜设置之后，即可激活放置铺铜的命令，在 PCB 上，根据实际需要绘制一个闭合的铜皮区域，完成局部铺铜的放置。

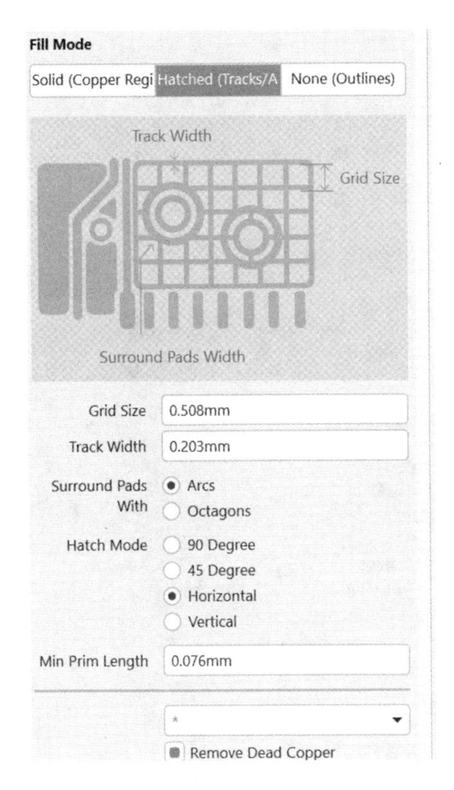

图 6-90 铺铜设置

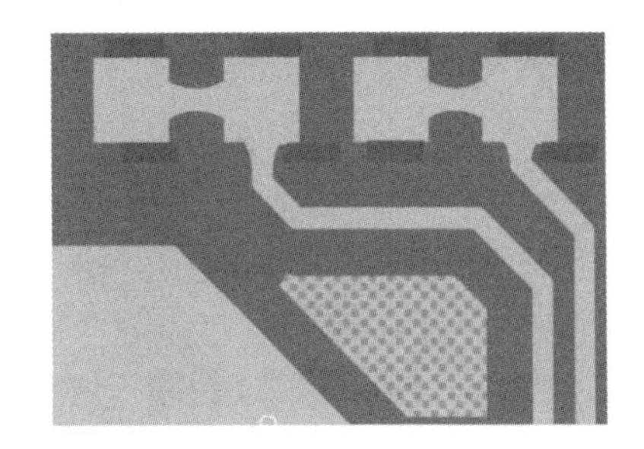

图 6-91 应该删除的死铜

6.2.9.2 异形铺铜的创建

很多情况下，有一个圆形的板子或者非规则形状的板子，需要创建一个和板子形状一模一样的铺铜，该怎么处理呢？下面说明异形铺铜的创建。

（1）选中封闭的异形板框或者区域，例如，选中一个圆形的闭合环。

（2）执行菜单命令“工具”→“转换”→“从选择的元素创建铺铜”，如图 6-92 所示，即可创建一个圆形的铺铜。

（3）双击铺铜，可更改铺铜的铺铜模式、网络及层属性。

（4）采取同样的方式也可以创建其他异形的铺铜，如图 6-93 所示。

6.2.9.3 全局铺铜

全局铺铜一般在整板铺铜好之后进行，可以系统地对整个板子的铺铜进行优先级设置新铺铜等操作。执行菜单命令“工具”→“铺铜”→“铺铜管理器”，进入铺铜管理器，图 6-94 所示铺铜管理器主要分为 4 个区。

（1）视图/编辑：可以对铺铜所在层和网络进行更改。

（2）铺铜管理操作命令栏：可以对铺铜的动作进行管理。

（3）铺铜顺序：可以进行铺铜优先级设置。

（4）铺铜预览区：可以大概看到铺铜之后或者选择的铺铜。

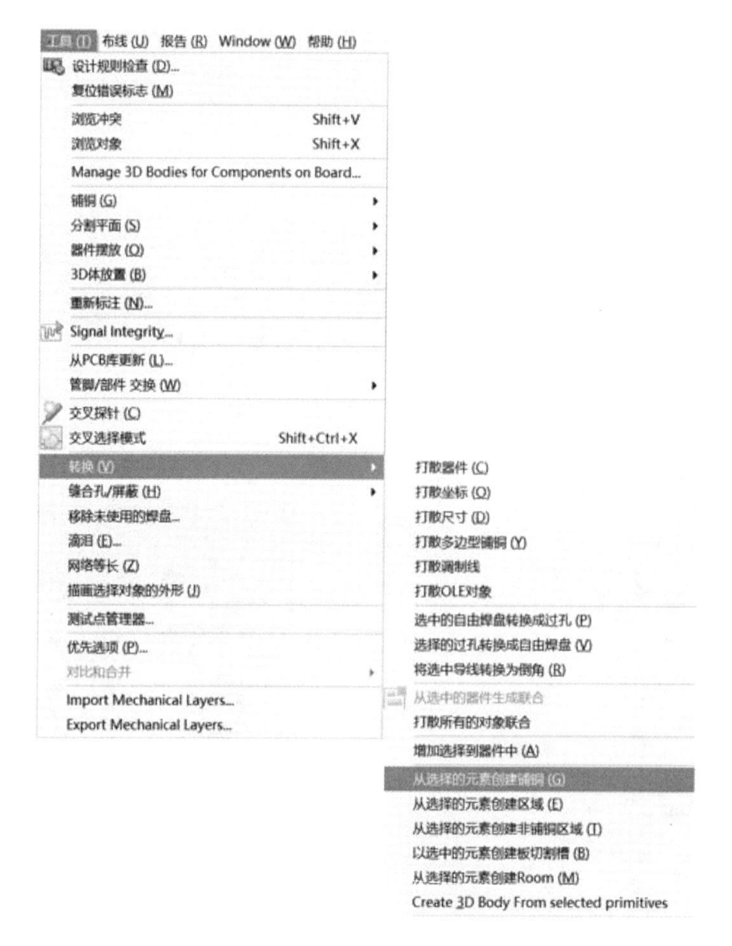

图 6-92　异形铺铜的创建命令

图 6-93　异形铺铜的创建

有时在铺铜之后还需要去删除一些碎铜或尖的铜皮，多边形铺铜挖空的功能是禁止铺铜进该区域，只针对铺铜有效，不作为独立的铜存在，放置完成后不用删除。

执行菜单命令“放置”→“多边形铺铜挖空”，激活放置命令，然后和绘制铜皮一样

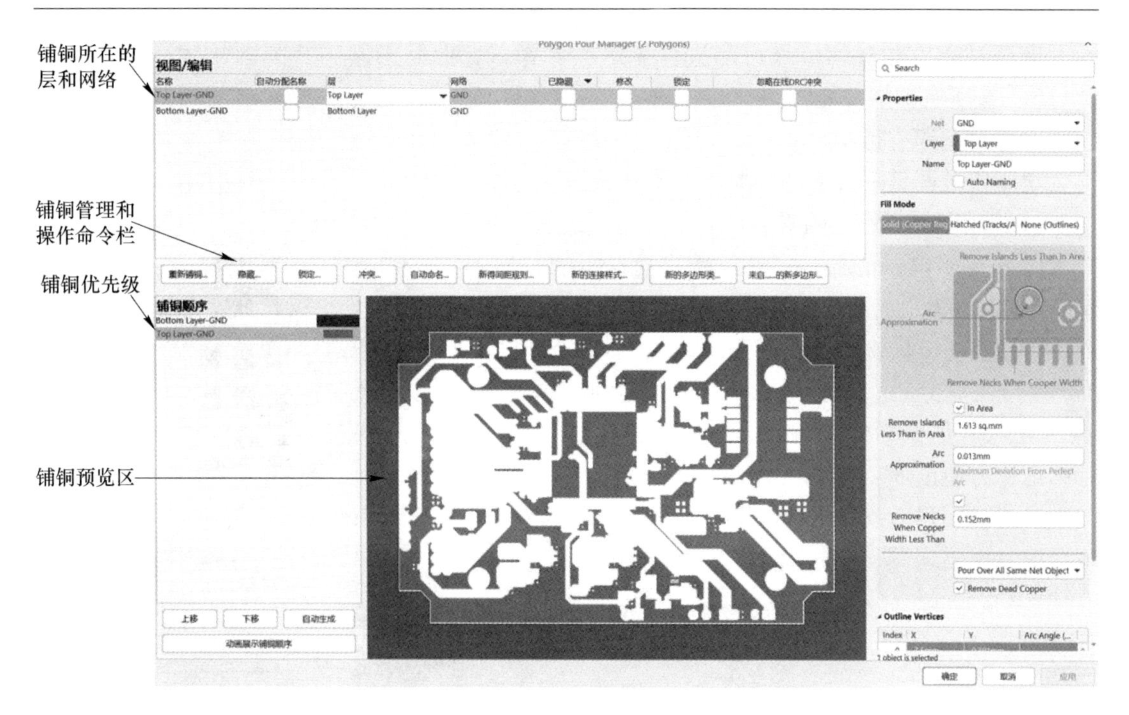

图 6-94 铺铜管理器

进行放置操作，一般放置尖的铜皮上重新灌铜一下，尖尖的铺铜就被删除了。

双击多边形铺铜挖空，可以对其属性进行设置，“Layer”可以选择多边形铺铜挖空的应用范围，这里根据实际情况可以选择所放置的当前层或者选择“Multi-Layer”可以适用所有层，即对所有层的铺铜都禁止。

6.2.9.4 修整铺铜

铺铜不可能一步到位，在实际应用中，铺铜完成之后，需要对所铺铜的形状等进行一些调整，如铺铜宽度的调整、钝角的修整等。

（1）铺铜的直接编辑：单击选中需要编辑的铺铜，选中之后，即可看到此块铺铜的四周有一些白色“小点”，如图 6-95 所示，将鼠标指针放在白色“小点”上拖动，可以对此块铺铜的形状及大小进行调整，调整完成之后，记得对此块铺铜进行铺铜刷新（在铺铜上单击鼠标右键，选择执行命令“铺铜操作”→“调整铺铜大小”）。

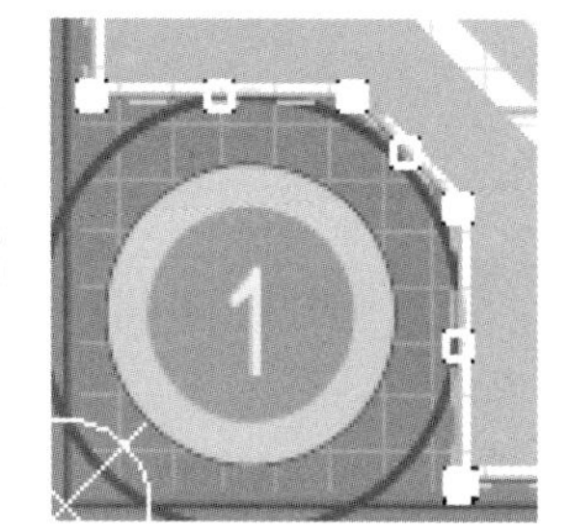

图 6-95 铺铜的形状及大小调整

（2）铺铜的分离操作（即钝角的修整）：执行菜单命令“放置”→“裁剪多边形铺铜”（快捷键<PY>），激活分离命令，在铺铜的直角处横跨绘制一条分割线，绘制之后，铺铜会分离成两块铜皮，删掉尖角那一块，即可以完成当前铺铜钝角的修整。

6.2.10 丝印处理

针对后期元器件装配，特别是手工装配元器件，一般都得出 PCB 的装配图，用于元器件放料定位用，这时丝印位号就显示出其必要性了。

生产时 PCB 上丝印位号可以进行显示或者隐藏，但是不影响装配图的输出。按快捷键<L>，按所有图层关闭按钮，即关闭所有层，再单独勾选只打开丝印层及相对应的阻焊层，即可对丝印进行调整了。

丝印位号调整一般遵循的原则及常规推荐尺寸如下：

（1）丝印位号不上阻焊，放置丝印生产之后缺失。

（2）丝印位号清晰，字号推荐字宽/字高尺寸为 4/25mil、5/30mil、6/45mil。

（3）保持方向统一性，一般一块 PCB 上不要超过两个方向摆放，推荐字母在左或在下，如图 6-96 所示，实在放不下最多三个方向。

（4）对于一些放不下的丝印标志，可以放置辅助线或方块进行标记，方便读取。

最终该项目布线结果参考 PCB 请扫描二维码观看，3D 效果图请扫描二维码观看。

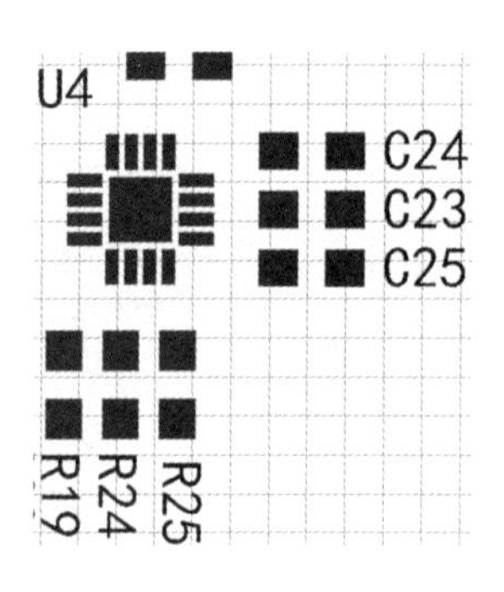

图 6-96　丝印位号显示方向

扫一扫查看
PCB 布局布线

扫一扫查看
PCB 3D 效果图

6.2.11　DRC 检查

DRC 就是检查设计是否满足所设置的规则。需要检查什么，其实都是和规则相对应的，在检查某个选项时，请注意对应的规则是否能打开。

执行菜单命令“工具”→“设计规则检查”（快捷键<TD>），打开图 6-97 所示的设计规则检查器。

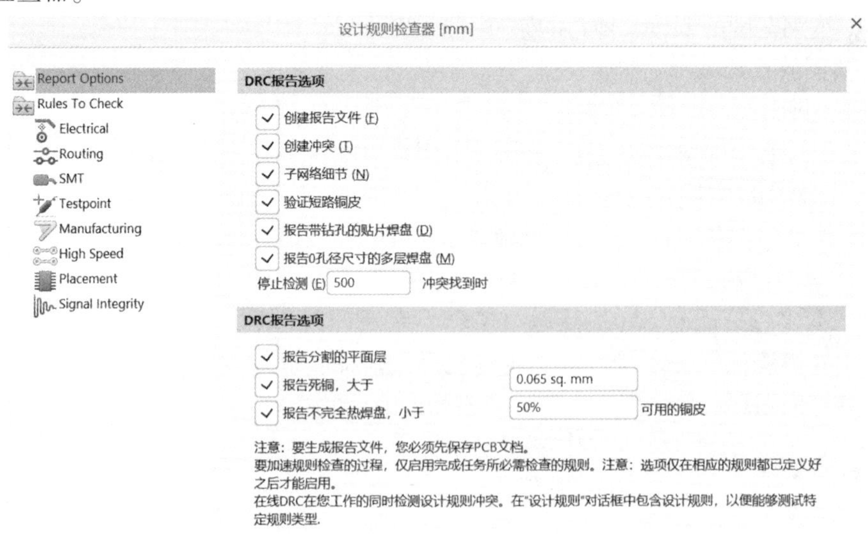

图 6-97　设计规则检查器

执行完 DRC 之后，Altium Designer 20 会创建一个关于 DRC 的报告，对报错信息会给出详细的描述并会给出报错的位置信息，方便设计者对报错信息进行解读，如图 6-98 所示。

图 6-98　DRC 详细报告内容

6.2.12　生产文件输出

扫一扫查看光绘文件的制作

生产文件的输出俗称 Gerber Out。Gerber 文件是所有电路设计软件都可以产生的文件，在电子组装行业又称为模板文件（Stencil Data），在 PCB 制造业又称为光绘文件。可以说，Gerber 文件是电子组装业中最通用、最广泛的文件，生产厂家拿到 Gerber 文件可以方便和精确地读取制板的信息。

（1）在 PCB 设计交互界面中，执行菜单命令“文件”→“制造输出”→“Gerber Files”，进入“Gerber 设置”界面，如图 6-99 所示。

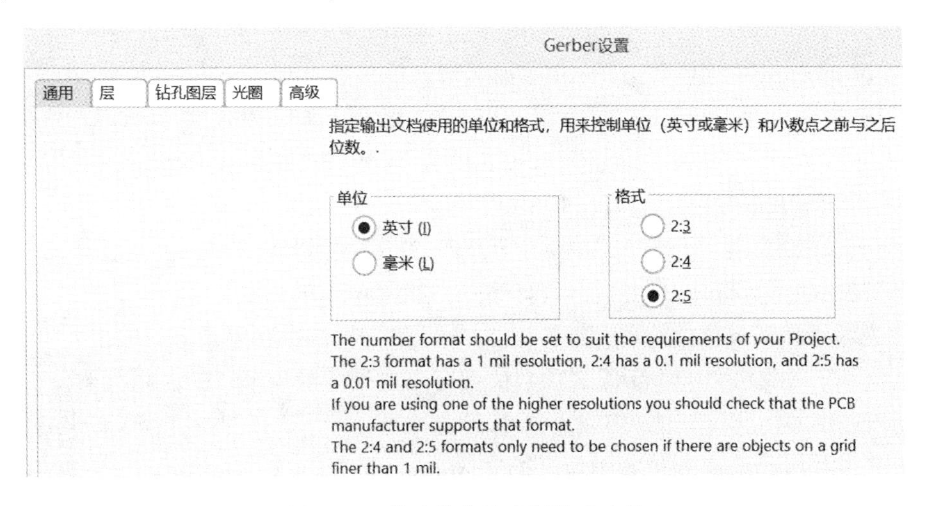

图 6-99　输出单位及比例格式选择

1）单位：输出单位选择，通常选择“英寸”。

2）格式：比例格式选择，通常选择“2∶4”。

（2）层：选项设置如下。

1）在“绘制层”下拉菜单中选择“所使用的”选项，意思是在设计过程中用到的层都进行选择，当然，对于不需要输出的层，可以直接在上面的列表框中取消勾选。

2）在“镜像层”下拉菜单中选择“全部去掉”选项，意思是全部关闭，不能镜像输出。

3）@层的输出选择如图 6-100 所示，注意必选项和可选项。

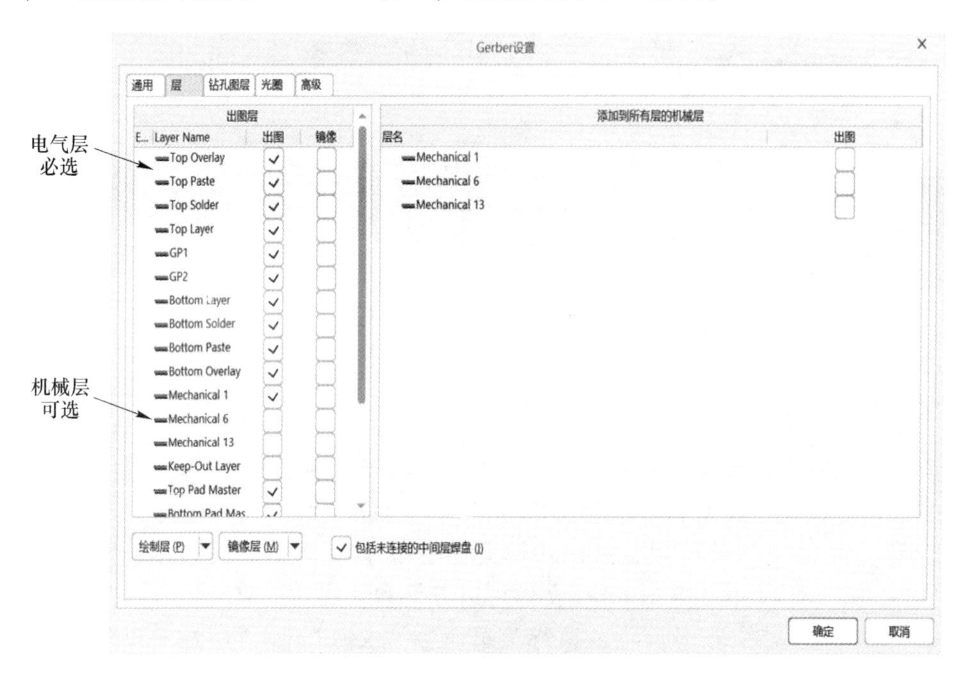

图 6-100 层的输出选择

Top Overlay：顶层丝印层。Top Paste：顶层钢网层。Top Solder：顶层阻焊层。Top Layer：顶层线路层。Ground：地线层。Power：电源层。Bottom Layer：底层线路层。Bottom Solder：底层阻焊层。Bottom Paste：底层钢网层。Bottom Overlay：底层丝印层。Mechanical 1：机械标注 1 层。Keep-Out Layer：禁止布线层。

（3）钻孔图层。对“钻孔图”和“钻孔向导图”两处的“输出所有使用的钻孔对”进行勾选，表示对用到的钻孔类型都进行输出，如图 6-101 所示。

（4）光圈。默认设置此选项，选择嵌入的孔径“RS274X”格式进行输出。

（5）高级。如图 6-102 所示，3 项数值都在末尾处增加一个“0”，增大数值，防止出现输出面积过小的情况。其他选项采取默认设置即可。

如果不扩大设置，可能出现提示“The Film is too small for this PCB”，有可能造成文件输出不全的情况。

最终输出 Gerber 文件效果图见二维码。

扫一扫查看
Gerber 文件效果图

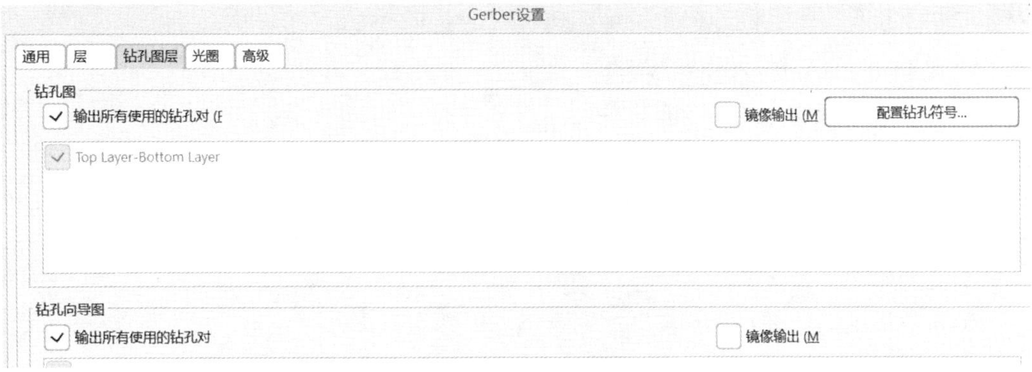

图 6-101　钻孔图层设置

图 6-102　高级设置选项

小结

PCB 布局的好坏直接关系到板子的成败，根据基本原则并掌握快速布局的方法，有利于对整个产品的质量把控。PCB 布线是 PCB 设计中比重最大的一个部分，是学习中的重点。

本项目讲解了 PCB 层的管理、常见 PCB 布局约束原则、PCB 模块化布局、固定元器件的放置、原理图与 PCB 交互设置及布局常用操作，讲解了布线常用方法，泪滴的设置，铺铜的技巧，DRC 检查及后期加工文件的输出。

习题

6-1　简述 PCB 布局过程和注意事项。

6-2　PCB 手动布线常用的命令有哪些?

6-3　层管理器可以实现哪些功能?

6-4　DRC 检查的意义是什么?

6-5　常用的 4 层和 6 层 PCB 的层叠安排是什么?

6-6　泪滴的作用是什么?

6-7　铺铜的作用是什么?

6-8　丝印层的丝印放置要求是什么?

6-9　为什么生产的时候要输出 Gerber 文件? 目的是什么?

附录　本书国标和软件自带符号对照表

序号	名称	国家标准的画法	软件中的画法
1	发光二极管		
2	二极管		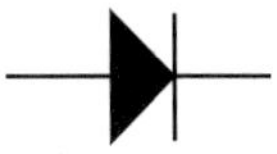
3	线圈		
4	晶振	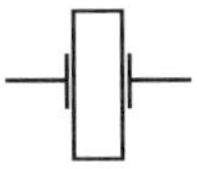	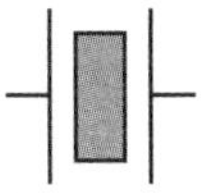
5	接地	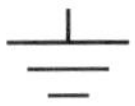	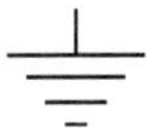
6	可变电阻	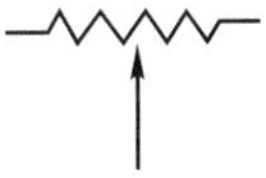	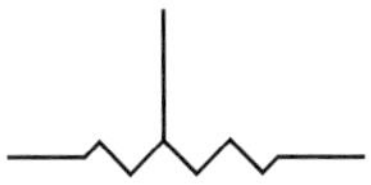
7	按钮开关	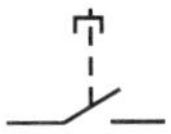	

参 考 文 献

[1] 潘永雄，沙河．电子线路 CAD 实用教程 [M]. 西安：西安电子科技大学出版社，2017.
[2] 王廷才．电子线路 CAD Protel 2004 [M]. 北京：机械工业出版社，2018.
[3] 林超文．Altium Designer 20 高速 PCB 设计实战攻略 [M]. 北京：电子工业出版社，2020.
[4] 段荣霞．Altium Designer 20 标准教程 [M]. 北京：清华大学出版社，2020.
[5] 兰建花．电子电路 CAD 项目化教程 [M]. 北京：机械工业出版社，2016.
[6] Altium 中国技术支持中心．Altium Designer 19 PCB 设计官方指南 [M]. 北京：清华大学出版社，2019.
[7] 郑振宇．Altium Designer 19 电子设计速成实战宝典 [M]. 北京：电子工业出版社，2019.
[8] 杨瑞萍．电子线路 CAD 项目化教程 [M]. 北京：电子工业出版社，2017.